Einfluss der separaten Materialzuführung auf die Schichtzusammensetzung beim Hochgeschwindigkeits-Laserauftragschweißen

Influence of the Separate Material Supply regarding Coating Composition using Laser Based High Speed Directed Energy Deposition

Von der Fakultät für Maschinenwesen
der Rheinisch-Westfälischen Technischen Hochschule Aachen
zur Erlangung des akademischen Grades eines
Doktors der Ingenieurwissenschaften
genehmigte Dissertation

vorgelegt von

Stephan Mathias Koß

Berichter/in:

Univ.-Prof. Dr.-Ing. Dipl.-Wirt.-Ing. Johannes Henrich Schleifenbaum
Univ.-Prof. Dr.-Ing. Stefan Kaierle

Tag der mündlichen Prüfung: 09. Januar 2025

Diese Dissertation ist auf den Internetseiten der Universitätsbibliothek online verfügbar.

ERGEBNISSE AUS DER ADDITIVEN FERTIGUNG

Stephan Mathias Koß

Einfluss der separaten Materialzuführung auf die Schichtzusammensetzung beim Hochgeschwindigkeits-Laserauftragschweißen

Herausgeber:
Univ.-Prof. Dr.-Ing. Dipl.-Wirt.-Ing. Johannes Henrich Schleifenbaum

dap Digital Additive Production | RWTH AACHEN UNIVERSITY

Bibliografische Information der Deutschen Nationalbibliothek
Die Deutsche Nationalbibliothek verzeichnet diese Publikation in der Deutschen Nationalbibliografie; detaillierte bibliografische Daten sind im Internet über https://portal.dnb.de abrufbar.

Stephan Mathias Koß:

Einfluss der separaten Materialzuführung auf die Schichtzusammensetzung beim Hochgeschwindigkeits-Laserauftragschweißen

1. Auflage, 2025

Gedruckt auf holz- und säurefreiem Papier, 100% chlorfrei gebleicht.

Wissenschaftsverlag des Instituts für Industriekommunikation und Fachmedien an der RWTH Aachen
Steinbachstr. 25, 52074 Aachen, Deutschland
Internet: www.apprimus-verlag.de, E-Mail: info@apprimus-verlag.de

Druck: CPI Druckdienstleistungen GmbH
Ferdinand-Jühlke-Straße 7 | 99095 Erfurt | Deutschland

ISBN 978-3-98555-275-7

D 82 (Diss. RWTH Aachen University, 2025)

Danksagung

Die vorliegende Arbeit entstand neben meiner Tätigkeit als wissenschaftlicher Mitarbeiter am Lehrstuhl Digitale Additive Production in der Gruppe Advanced Processes. Ich möchte mich hiermit bei allen bedanken, die mich auf diesem Weg begleitet und wesentlich zum Gelingen der Arbeit beigetragen haben.

Meinen besonderen Dank möchte ich meinem Doktorvater Herrn Prof. Dr.-Ing. Dipl.-Wirt.-Ing. Johannes Henrich Schleifenbaum für die Überlassung des Themas und die Betreuung der Arbeit aussprechen. Für die Übernahme des Koreferats bedanke ich mich bei Herrn Prof. Dr.-Ing. Stefan Kaierle. Bei Frau Prof. Dr.-Ing. Katharina Schmitz bedanke ich mich für die Übernahme des Prüfungsvorsitzes.

Ebenso möchte ich meinen Kollegen und Kolleginnen für die gegenseitige Unterstützung, die produktiven Diskussionen, das Engagement und die Zusammenarbeit danken. Besonders möchte ich dabei Friedrich Winkler, Louis Völkel, Enie Dreyling, Clemens Müller, Florian Fischer, Jan-Hendrik Koch, Christoph Krull, Johannes Schütz, Cedric Leifer, Marie Bode, Achill Holzer, Marvin Schmidt, Jan Hagedorn, Gerhard Backes, Gustavo Melo, Maximilian Voshage, Lennart Sayk und Klaus Büßenschütt für die enge und vertrauensvolle Zusammenarbeit hervorheben.

Für die gute Unterstützung und Begleitung der Arbeit möchte ich mich bei Lucas Jauer und für das Lektorat bei Yvonne Dobranszki-Esser bedanken.

Die konstruktive Umsetzung der separaten Materialzuführung in Form der Triple-Two Düse ist in Kooperation mit der Firma HD Sonderoptiken erfolgt. Ich möchte mich für die offene, professionelle und gute Zusammenarbeit bei Sadagopan Tharmakulasingam und Jonas Abels bedanken.

Den größten Dank möchte ich meiner Frau Hanna und meinen Kindern aussprechen. Ihr habt mich über den gesamten Zeitraum unterstützt, immer wieder motiviert und habt maßgeblich zur erfolgreichen Promotion beigetragen. Darüber hinaus möchte meiner Familie und meinen Freunden, die mich auf dem Weg begleitet haben, danken.

Kurzzusammenfassung

Beschichtungen zur Oberflächenveredelung gewinnen innerhalb verschiedener Industriezweige zunehmend an Bedeutung, um den wachsenden Anforderungen, wie mechanischen, thermischen oder chemischen Beanspruchungen, gerecht zu werden. Hierbei können mittels Beschichtungen Standzeiten von Komponenten erhöht und Reibung reduziert werden. Insbesondere der Einsatz des laserbasierten High-Speed Directed Energy Deposition (HS DED-LB, deutsch: Hochgeschwindigkeits-Laserauftragschweißen) birgt Vorteile für einen effizienten Beschichtungsprozess und eine effektive Beschichtung aufgrund der Verfahrenseigenschaften wie Produktivität, realisierbare Materialkombinationen, Material- und Energieeffizienz.

Für Oberflächenveredelungen werden je nach Einsatzgebiet zunehmend pulverförmige Materialmischungen oder mehrlagige Beschichtungssysteme eingesetzt. Herausfordernd sind hierbei Materialmischungen, bei denen sich die jeweiligen Materialeigenschaften, wie Pulvermorphologie oder Schmelztemperatur, voneinander unterscheiden. Abhängig von diesen Eigenschaften beeinflussen die Prozessparameter das Verhalten der Materialien im Prozess und die resultierenden Schichteigenschaften unterschiedlich. Ein Lösungsweg liegt in der Verlagerung der Materialvermischung in den Laserstrahl. Möglich wird das durch die Weiterentwicklung der Pulverzufuhr hin zu einer separaten Materialzuführung durch zwei unabhängige Pulvergasstrahlen (PGS) mit zu einander positionierbaren Pulverfokuspositionen. Die entwickelte Pulverzufuhr kann relativ zueinander innerhalb der drei Raumdimensionen positioniert werden. Dies erlaubt die Interaktionszeit zwischen Pulverpartikel und Laserstrahl durch die Steuerung der Interaktionsstrecke und durch die Steuerung der Partikelgeschwindigkeit zu beeinflussen. Auf diese Weise kann das Mischungsverhalten zueinander hinsichtlich homogenen bzw. separierenden Lösungsverhalten der Materialien über die Schichthöhe beeinflusst werden. Die Einflüsse der separaten Materialzuführung auf die Beschichtung sind bisher unbekannt und werden im Rahmen dieser Arbeit untersucht und charakterisiert.

Einen großen Einfluss auf die Partikelgeschwindigkeit und die Pulverfokuslage hat der Fördergasvolumenstrom (FGVS). Zur Identifizierung des FGVS-Einflusses sowohl auf die einzelnen PGS als auch auf die Interaktion der PGS zueinander wird eine FE-Simulation mittels ANSYS Fluent durchgeführt. Nachfolgend werden die Prozesseinflüsse der Parametervariation Prozessgeschwindigkeit, Laserspotdurchmesser und FGVS auf den Siliziumanteil in der Matrix AISI 316L der Metal Matrix Composite (MMC) AISI 316L und SiC mittels PGS-Verschiebung in z-Richtung untersucht. Mittels der PGS-Verschiebung in x-Richtung wird die Machbarkeitsstudie zur Erzeugung einer einlagig gradierten Beschichtung durchgeführt. Auf den Ergebnissen der Machbarkeitsstudie aufbauend, werden die Einflüsse der Prozessparameter Prozessgeschwindigkeit und Spurüberlappung auf die Schichtgradierung über die Schichthöhe untersucht. Abschließend werden die gewonnenen Erkenntnisse in Form einer Oberflächenveredelung der beiden Anwendungen Steuerspiegel einer Axialkolbenpumpe und Rotationsmodul-Bremsscheibe demonstriert.

Abstract

Coatings for surface finishing are becoming increasingly important across various industries to meet growing demands, such as mechanical, thermal or chemical exposure. These coatings can extend service life of components and reduce friction. In particular, the use of laser-based High-Speed Directed Energy Deposition (HS DED-LB) offers great advantages for an efficient coating process and effective coating due to its process characteristics like productivity, achievable material combinations, material and energy efficiency.

Depending on application, powder material mixtures or multi-layer coating systems are increasingly used for surface coatings. Challenges arise with material mixtures in which the respective material properties, such as powder morphology or melting temperature, differ. Depending on these properties, process parameters have varying influences on the behavior of the materials during the process and the resulting coating properties. A solution involves moving the material mixing into the laser beam through further developing the powdered material supply into a separate material supply with two independent powder gas streams (PGS) with adjustable powder focus positions. The developed powder feed can be positioned relative to each other within the three spatial dimensions. This allows control over the interaction time between powder particles and the laser beam by managing the interaction path and particle velocity. In this way, the mixing behavior can be influenced in terms of homogeneous or separating solution behavior of the materials across the layer height. The influence of the separate material supply on the coating are still unknown and is being investigated and characterized within the scope of this work.

The conveying gas volume flow rate (CGVF) has a major influence on particle velocity and powder focus position. An FE simulation using ANSYS Fluent is carried out to identify the influence of the CGVF on both the individual PGS and the interaction of the PGS with each other. Subsequently, the process influences of the parameter variation process speed, laser spot diameter and FGVS on the Si content in the matrix AISI 316L of the Metal Matrix Composite (MMC) AISI 316L and SiC are analysed by means of PGS displacement in z-direction. The feasibility study for producing a single-layer graded coating is conducted using the PGS displacement in the x-direction. Finally, the knowledge gained is demonstrated in two applications: the control mirror of an axial piston pump and brake disc of a rotary module.

Inhaltsverzeichnis

Formelzeichen und Abkürzungsverzeichnis

Abkürzung	Einheit	Bezeichnung
$\dot{A}_A$	cm²/min	Flächenrate
A_{Spot}	mm²	Fläche des Laserspots auf dem Substrat
$\bar{d}$	m	Mittlerer Partikeldurchmesser
$\dot{m}$	g/min	Pulvermassenstrom
μ	kg/m s	Dynamische Viskosität
AISI	-	American Iron and Steel Institute
α	-	Erwärmung
Ar	-	Argon
BS	-	Block Shaped Phasen
Bspw.	-	Beispielsweise
c	m/s	Schallsgeschwindigkeit
c_P	kJ/kg K	Spezifische Wärmekapazität
d	m	Durchmesser
DAP	-	RWTH Aachen University – Digital Additive Production
DED-LB	-	Directed Energy Deposition Laser Based
Δt	s	Zeitschritt
DEM	-	Diskrete Elemente Methode
DPM	kg/m³	Partikelkonzentration
d_{Spot}	mm	Durchmesser Laserspot auf Substratoberfläche
E_F	J/m²	Flächenenergiedichte
$E_{V,DED\text{-}LB}$	J/m³	Volumenenergiedichte beim DED-LB
$E_{V,HS\ DED\text{-}LB}$	Jm³	Volumenenergiedichte beim HS DED-LB
f	mm/U	Vorschubgeschwindigkeit
F	N	Kraft
FGVS	l/min	Fördergasvolumenstrom
HICLAD	-	High Power Cladding
HS DED-LB	-	High-Speed Directed Energy Deposition Laser Based
HV	-	Härte Vickers
I	W/mm²	Intensität

KFZ	-	Kubisch Flächenzentriert
KRZ	-	Kubisch Raumzentriert
λ	W/m K	Wärmeleitfähigkeit
Ma	-	Machzahl
MMC	-	Metal Matrix Composite
$\dot{m}_{SiC}$	g/min	Pulvermassenstrom SiC
$\dot{m}_{316L}$	g/min	Pulvermassenstrom AISI 316L
$\dot{m}_{718}$	g/min	Pulvermassenstrom Alloy 718
$\dot{m}_{F690}$	g/min	Pulvermassenstrom F-690-HV2
n	-	Spread Parameter
N-S	-	Navier-Stokes
P_1	-	Kollisionswahrscheinlichkeit Partikel
PF	-	Pulverfokus
PGK	-	Pulvergaskanäle
PGK	-	Pulvergaskanal
PGS	-	Pulvergasstrahl
PGSA	-	Pulvergasstrahlanalyse
P_L	W	Laserleistung
PSD	-	Particle Size Distribution
Q	J	Wärmeenergie
r	mm	Partikelradius
Re	-	Reynoldszahl
ρ	kg/m³	Dichte
ρ_P	kg/m³	Volumentstromanteil Partikel
SiC	-	Siliziumkarbid
sk-Modell	-	Stochastisches Kollisionsmodell
SP	-	Sphärische Phasen
STO	mm	Stand-off
$STO_{konstr.}$	mm	Stand-off konstruktive PF-Position
STO_{316L}	mm	Stand-off PF-Position AISI 316L
STO_{SiC}	mm	Stand-off PF-Position SiC

STO_{F690}	mm	Stand-off PF-Position F-690-HV2
STO_{718}	mm	Stand-off PF-Position Alloy 718
$STO_{Düse}$	mm	Arbeitsabstand Düse zu Substrat
STO_{TT}	mm	Arbeitsabstand der Triple-Two Düse zum Substrat (STO_{TT})
TTH	-	Triple-Two Düse mit Verschiebung in x-Richtung
TTV	-	Triple-Two Düse mit Verschiebung in z-Richtung
u	m/s	Strömungsgeschwindigkeit Gas
U	J	Innere Energie
v	m/s	Partikelgeschwindigkeit
v_p	m/min	Prozessgeschwindigkeit
v_{rel}	m/s	Relativgeschwindigkeit der Partikel
$\dot{V}_{FG}$	l/min	Fördergasvolumenstrom
$\dot{V}_{SG}$	l/min	Schutzgasvolumenstrom
$\dot{V}_P$	m³/s	Volumentstrom Partikel
$\dot{V}_{SiC}$	l/min	Fördergasvolumenstrom SiC
$\dot{V}_{316L}$	l/min	Fördergasvolumenstrom AISI 316L
$\dot{V}_{718}$	l/min	Fördergasvolumenstrom Alloy 718
$\dot{V}_{F690}$	l/min	Fördergasvolumenstrom F-690-HV2
W	J	Arbeitsenergie
WEZ	-	Wärmeeinflusszone
WS	-	Well-Shaped Phasen
XRD	-	X-Ray Diffraction (Röntgenbeugung)
Y_d	-	Rosin-Rammler Verteilung

1 Einleitung

Die Oberflächentechnik ist ein Instrument zur Entwicklung und Herstellung von Oberflächeneigenschaften, die weder durch das Beschichtungsmaterial noch durch den Grund- bzw. Substratwerkstoff allein erreicht werden können [Qui14]. Meist werden Beschichtungen zur Verlängerung der Lebensdauer von Komponenten eingesetzt. Insbesondere der Korrosionsschutz bildet aus ökonomischen Gründen zur Reduzierung des gesamtwirtschaftlichen Schadens das größte Einsatzgebiet für Beschichtungen weltweit ab [För18, Kan23]. Die National Association of Corrosion Engineers (NACE International) beziffert den weltweiten wirtschaftlichen Schaden auf ca. 3,4 % des globalen Bruttoinlandsprodukt (BIP) [Ger16]. Die NACE International zeigt, dass bei Anwendung der derzeit verfügbaren Korrosionsschutzmethoden die Kosten für Korrosionsverluste um 15 – 35 % reduziert werden könnten [Ger16, Kan23, She17]. Derzeit eingesetzte Korrosionsschutzmethoden sind bspw. Lackierungen von Autos, das Schmelztauchen von Fahrzeuggestellen, sowie die Galvanisierung mit Nickel bei Kokillen.

Neben dem Korrosionsschutz werden Beschichtungen außerdem für tribologische Kontakte zur Reduzierung des Verschleißes und zur Beeinflussung der Reibung eingesetzt. Durch die Abnutzung des Materials an Kontaktflächen beeinflusst der Verschleiß die Lebensdauer mechanischer Komponenten negativ [Zha21]. Ebenso haben Beschichtungen einen Einfluss auf die Energieeffizienz und Feinstaubemissionen. In den Untersuchungen nach *Holmberg et al.* wurde für 2017 ein durch Reibung verursachter Energieverlust von ca. 103 EJ (Exajoule) und ein Verschleiß von ca. 16 EJ für die verschiedenen Bereiche Transport, Industrie und Wohnen weltweit ermittelt. Dadurch entstehen energetische und materielle Mehraufwendungen durch Instandsetzungen von ca. 1860 Mrd.€ und durch Verschleiß ca. 680 Mrd.€. Durch den Einsatz neuer Materialien, geeigneter Beschichtungsverfahren und Schmierstoffe könnten die Verluste um bis zu 40 % bis 2032 reduziert werden. Die größten Einsparungspotenziale sind dabei im Bereich Transport und Energiegewinnung erzielbar. [Hol17]

Beispiele für Verschleißschutztechnologien sind die Beschichtung von Bohrern mittels physikalischer Gasabscheidung (PVD, *engl. Pysical Vapour Deposition*), die Beschichtung von Hydraulikzylindern mittels galvanischer Hartverchromung und die Beschichtung von Bremsscheiben zur Reduzierung der Feinstaubemissionen mittels thermischem Spritzen (HVOF, *engl. High Velocity Oxygen Fuel)*, Kaltgasspritzen oder laserbasiertem Directed Energy Deposition (DED-LB).

Für die Erzeugung von Korrosions- und Verschleißschutzbeschichtungen können galvanische Beschichtungsverfahren eingesetzt werden. Grundsätzlich umfassen die galvanischen Verfahren die drei Verfahrensschritte Reinigung, Metallabscheidung und Nachbehandlung einschließlich Trocknung [Ger03]. Aufgrund des hohen Bedarfs an unterschiedlichen, teilweise toxischen Betriebsmitteln für die einzelnen Verfahrensschritte und dem großen Energiebedarf ist der Einsatz von galvanischen Verfahren im Hinblick auf den Umweltschutz, insbes. EC 1907/2006 (Registration, Evaluation,

Authorisation of Chemicals, REACH-Verordnung), der CO_2-Reduzierung und der Energieeffizienz (z. B. 1999/13/EC, 2011/65/EU, 2012/19/EU) reglementiert [Spa14]. Insbesondere der Einsatz von Chrom VI ist aufgrund seiner mutagenen und kanzerogenen Wirkung seit September 2017 nur unter strengen Auflagen erlaubt [REA06].

Alternativ zur galvanischen Beschichtung können Beschichtungen aus pulverförmigen Werkstoffen mittels Spritzverfahren, wie dem thermischen- oder dem Kaltgasspritzen, und DED-Prozessen erzeugt werden. Insbesondere in den Bereichen System- und Prozesstechnik für das DED-LB sind in den vergangenen Jahren große Entwicklungsschritte erfolgt. Dadurch konnte die Integrationstiefe in der industriellen Anwendung vergrößert werden [TWI20]. In der Oberflächenfunktionalisierung und der Reparatur ist insbesondere das High-Speed DED-LB (HS DED-LB) aufgrund des großen ökonomischen und ökologischen Potenzials ein etabliertes Verfahren. [Li19, Qui14]

Im Zuge wachsender Ressourcenknappheit und steigender technischer Anforderungen werden zunehmend kombinierte Oberflächeneigenschaften gefordert, wie kombinierter Verschleiß- und Korrosionsschutz. Zur Realisierung der gewünschten Oberflächeneigenschaften können beim HS DED-LB Materialmischungen oder mehrlagige Schichtsysteme eingesetzt werden. Für die Erzeugung von Materialmischungen werden beim HS DED-LB mehrere Materialien simultan gefördert und in-situ vor der Prozesszuführung gemischt oder als vorabgemischte Pre-Blends zugeführt und mittels der thermischen Energie des Laserstrahls aufgeschmolzen. Für den Auftragprozess werden die Prozessparameter in Abhängigkeit der Materialmischung derart entwickelt, dass eine geschlossene, möglichst riss- und porenfreie Schicht entsteht. Die Aufheizung der einzelnen Materialien innerhalb der Mischung und daraus resultierend die Schichtzusammensetzung kann nur eingeschränkt beeinflusst werden. [Bay21, Li18, Wei18]

Die simultane Verarbeitung von zwei Materialien mit individueller Steuerung des thermischen Energieeintrags kann durch eine separate Materialzuführung realisiert werden. Dabei werden die einzelnen Pulvermaterialien dem Laserstrahl simultan und getrennt über separate Pulvergasstrahlen (PGS), welche relativ zueinander im Laserstrahl positioniert werden können, zugeführt. Der jeweilige Energieeintrag in die Pulvermaterialien kann durch die Interaktionszeit der Partikel im Laserstrahl gesteuert und dadurch das Lösungsverhalten der beiden Materialien innerhalb der Beschichtung beeinflusst werden. Dies ermöglicht innovative Beschichtungen zu erzeugen und bietet das Potenzial die Eigenschaften von Zweischichtsystemen in einer Schicht zu realisieren.

Bisher sind keine Untersuchungen zur separaten Materialzuführung und den Einflüssen der relativen PGS-Verschiebung zueinander sowie der Prozessparameter auf die Zusammensetzung der Beschichtung durchgeführt worden. Im Rahmen dieser Arbeit soll der Ansatz der separaten Materialzuführung zur Vergrößerung des Prozessverständnisses systematisch untersucht und die Prozessparametereinflüsse auf die resultierende Beschichtungszusammensetzung analysiert werden.

2 Stand der Technik

2.1 Beschichtungsverfahren

Die grundlegende Norm zur Einteilung der unterschiedlichen Fertigungsverfahren ist die DIN 8580. Diese definiert und erläutert Grundbegriffe, die für die Beschreibung und Einteilung der Fertigungsverfahren benötigt werden, legt die Grundlagen zum Aufbau eines Ordnungssystems der Fertigungsverfahren fest und gibt eine Übersicht über deren Einteilung in Hauptgruppen, Gruppen und Untergruppen [DIN03]. Nach der DIN 8580 werden alle Verfahren als Fertigungsverfahren bezeichnet, die zur Herstellung von geometrischen Körpern genutzt werden. Hierzu zählen die Verfahren zur Gewinnung einer ersten Form aus einem formlosen Zustand (Urformen), zur Veränderung dieser Form (Umformen, Trennen, Fügen, Beschichten) sowie zur Veränderung der Stoffeigenschaften dieser Form [DIN03, För18]. In Tabelle 1 ist eine Übersicht der 6 Hauptgruppen und der Beschreibung deren Merkmale nach DIN 8580 angeführt [DIN03].

Tabelle 1: Einteilung der Fertigungsverfahren nach DIN 8580 mit Beschreibung der Merkmale [DIN03]

Fertigungsverfahren nach DIN 8580					
Schaffen der Form	**Ändern der Form**				**Ändern der Stoffeigenschaften**
Zusammenhalt schaffen	Zusammenhalt beibehalten	Zusammenhalt vermindern	Zusammenhalt vermehren		
Hauptgruppe 1	Hauptgruppe 2	Hauptgruppe 3	Hauptgruppe 4	Hauptgruppe 5	Hauptgruppe 6
Urformen	Umformen	Trennen	Fügen	Beschichten	Stoffeigenschaften ändern

Alle Fertigungsverfahren, bei denen aus einem formlosen Stoff ein Körper hergestellt wird, werden als Urformen bezeichnet. Mit diesem Verfahren wird der Zusammenhalt der Stoffteilchen erstmalig geschaffen. Die neuen Körper können hierbei etwa aus einem flüssigen, gasförmigen, plastischen oder pulverförmigen Ausgangzustand erzeugt werden [För18]. Die additiven Fertigungsverfahren zählen im Sinne der Systematik dieser Norm zu den urformenden Fertigungsverfahren [DIN03, För18]. Diese trennen im Gegensatz zu fast allen anderen Fertigungsverfahren kein Werkstückvolumen ab, um die Endkontur zu erhalten, sondern bauen das gesamte Bauteilvolumen schichtweise auf. [För18]

Darüber hinaus werden additive Fertigungsverfahren, wie das DED oder auch Schmelzauftragschweißen [DIN03], der 5. Hauptgruppe „Beschichten“ zugeordnet.

Eine Definition des Beschichtens lautet „Beschichten ist das Aufbringen einer fest haftenden Schicht aus formlosem Stoff auf einen Werkstoff“ [Awi20, S.313]. Unabhängig davon, in welcher Form der Beschichtungsstoff vorliegt, entsteht durch die Beschichtung eine fest haftende Schicht auf einem festen Stoff mit einer definierten Schichtdicke [ISO22]. Die dafür verwendeten unterschiedlichen Beschichtungsverfahren sind nach DIN 8580 der fünften Hauptgruppe „Beschichten“ zugeordnet und in acht Gruppen untergliedert (s. Bild 1). [Tho12]

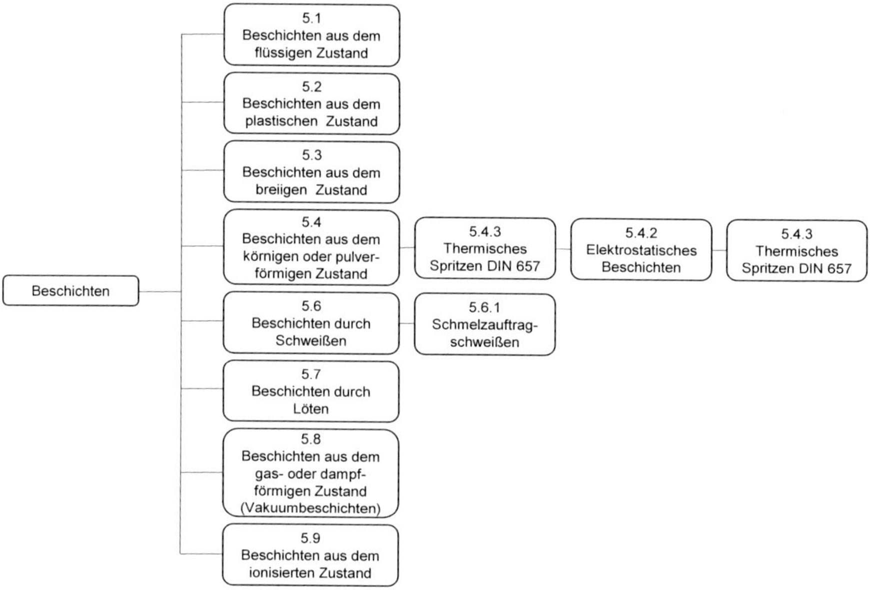

Bild 1: Übersicht über die Einteilung der Hauptgruppe 5 in Gruppen und mit Auswahl an Untergruppen für die Beschichtung mittels metallischem Pulver nach [DIN03]

Für die Unterteilung der fünften Hauptgruppe „Beschichten“ wird die Unterteilung der ersten Hauptgruppe „Urformen“ herangezogen. Dabei kommen jedoch im Gegensatz zur ersten Hauptgruppe „Urformen“ die Verfahren Schweißen und Löten zusätzlich hinzu. Die Gruppe 5.5 entfällt in der fünften Hauptgruppe „Beschichten“, da Beschichten aus dem spanförmigen Zustand nicht vorkommt. [DIN03]

Die Beschichtung aus dem pulverförmigen Zustand kann durch Sprühen (Pulverlackieren, Tauchen (Wirbelsintern)) oder Flammspritzen sowie durch Schweißen mittels DED (Schmelzauftragschweißen) erfolgen. Das Pulverlackieren und das Wirbelsintern sind Fertigungsverfahren, die überwiegend für die Beschichtung von Metallen mit Kunststoffen verwendet werden. Für metallische Beschichtungen aus körnigem oder pulverförmigem Zustand werden vorwiegend das thermische Spritzen und das Schmelzauftragschweißen (DED) verwendet. [För18, Jam13, Mit22]

2.1.1 Thermisches Spritzen

Das thermische Spritzen umfasst nach DIN 657 Beschichtungsverfahren, bei denen Spritzzusätze inner- und außerhalb von Spritzgeräten aus-, auf- oder abgeschmolzen und auf vorbereitete, vorwiegend gestrahlte Substrate geschleudert werden [Mit22]. Hierbei werden die Oberflächen der Substrate nicht aufgeschmolzen. Mittels thermischen Spritzen wird die Erzeugung von Schichten aus Metallen, Keramiken, Verbundmaterialien und Kunststoffen ermöglicht [Mit22, Zha24]. Alle thermischen Spritzverfahren benötigen zur Erzeugung von Spritzschichten zwei Energiearten: thermische und kinetische Energie [Fah14]. Die Höhe der thermischen Energie ist durch die Wahl des Spritzverfahrens, d.h. durch den Energieträger, vorgegeben. Zu den Energieträgern zählen derzeit die Brenngas- Sauerstoff- Flamme, elektrische Energie, das Plasma oder der Laserstrahl. Weiterentwicklungen haben sich in letzter Zeit in der Erhöhung der kinetischen Energie ergeben, die in Form der Partikelgeschwindigkeit bemessen wird. Die Steigerung der Partikelgeschwindigkeit führt zu einer Steigerung des Impulses der Partikel. Die Partikelgeschwindigkeit ist unter anderem eine Stellgröße für die resultierende Dichte der Schicht und die Haftzugfestigkeit der erzeugten Spritzschicht in sich sowie die Haftzugfestigkeit der Schicht zum Substrat. [Fah06, Fah14]

Nach DIN 657 können industriell genutzte Spritzverfahren entsprechend der Verfahrensspezifikationen in die folgend aufgeführten 5 Gruppen eingeteilt werden: [Fah14]

- Thermisches Spritzen mittels Zerstäubens einer Schmelze: z.B. Schmelzbadspritzen
- Spritzen mittels Gasexpansion ohne Verbrennung: z.B. Kaltgasspritzen
- Thermisches Spritzen mittels elektrischem Lichtbogen/Gasentladung: z.B. Lichtbogenspritzen, Plasmaspritzen
- Thermisches Spritzen mittels Verbrennung (Brenngas oder Brennflüssigkeit): z.B. Pulverflammspritzen, Hochgeschwindigkeitsflammspritzen
- Thermisches Spritzen mittels gebündeltem Lichtstrahls (Laser): z.B. Laserstrahlspritzen

Die kinetische Energie ist bei den einzelnen Verfahren des thermischen Spritzens sehr unterschiedlich und vom eingesetzten Spritzmaterial sowie der Partikelgröße abhängig [Kri77].

Insbesondere das Pulverflamm-, Kaltgas- und Hochgeschwindigkeitsflammspritzen wird bei der Produktion von Verschleiß- und Korrosionsschutzschichten angewendet. Hierbei wird bei den Spritzverfahren Flammspritzen und HVOF ein Brenngas in einer Brennkammer erhitzt. Der dabei entstehende Druck wird in eine Gasgeschwindigkeit umgesetzt und das Beschichtungsmaterial als Draht oder Partikel über eine Zufuhrdüse dem heißen Gasstrahl zugeführt und aufgeschmolzen. Die entstehenden heißen Partikel werden in dem Gasstrahl beschleunigt und erstarren auf der Wegstrecke zum Substrat wieder. Die Partikel treffen im festen Zustand auf die Substratoberfläche und erzeugen dort eine mechanische Anbindung durch Verklammerung. Der

Pulverwirkungsgrad liegt in dieser Anwendung bei ca. 50 – 60 % [Dar21]. In Bild 2 ist eine schematisches Prozessbild dargestellt.

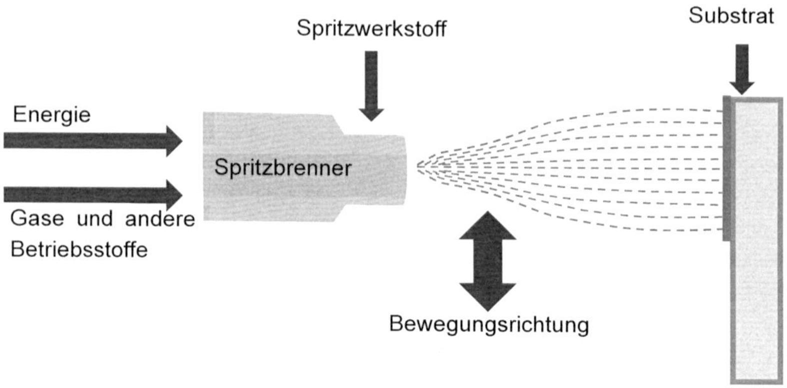

Bild 2: Schematische Darstellung des thermischen Spritzen nach [Mit22]

Beim Flammspritzen werden durch die resultierenden Gasgeschwindigkeiten aus der Verbrennung eines Acetylen-Sauerstoff-Gemisches die Partikel auf eine Geschwindigkeit von ca. 50 m/s beschleunigt. Die Verweilzeit der Pulverpartikel im Bereich der Brennflamme beträgt ca. 2,5 ms. Beim HVOF werden unterschiedliche Brenngase und -stoffe wie z.B. Propan, Wasserstoff oder Kerosin verwendet, welche innerhalb der Brennkammer mit Sauerstoff verbrannt werden. Die entstehenden Drücke von ca. 6 – 10 bar erzeugen einen Flammstrahl mit Gasgeschwindigkeiten ≥ 2000 m/s. Je nach Material werden Partikelgeschwindigkeiten von ca. 520 – 650 m/s erreicht. [BAN07, Fah14, Oer22, Sch19b]

Durch die großen Partikelgeschwindigkeiten können porenarme Schichten (ohne Einschmelzen) erzeugt werden, wodurch das HVOF für die Erzeugung von Korrosionsschutzschichten geeignet ist. Zudem können Karbide, wie z.B. Wolframkarbid, in diesem Verfahren für die Erzeugung von Verschleißschutzschichten verwendet werden. Mit dem HVOF sind Auftragsraten von typischerweise ca. 2 – 4 kg/h, abhängig von Material und Prozessführung auch bis zu 15 kg/h erreichbar. Die Schichtdicken betragen zwischen 0,05 bis 1,0 mm. Das HVOF wird in der industriellen Anwendung derzeit zur Erzeugung von Verschleißschutz- (ca. 60 %), Korrosionsschutz- (ca. 15 %), Gleit- (ca. 8 %) und elektrisch leitfähigen Beschichtungen (ca. 10 %) eingesetzt [Fah14]. Die verbleibenden ca. 7 % sind verschiedene Beschichtungsanwendungen wie z.B. Dekoration oder elektrische Isolierungen. Eine graphische Darstellung der industriellen Anwendung von HVOF ist in Bild 3 dargestellt. [Fah14, GTV22, Sch19b]

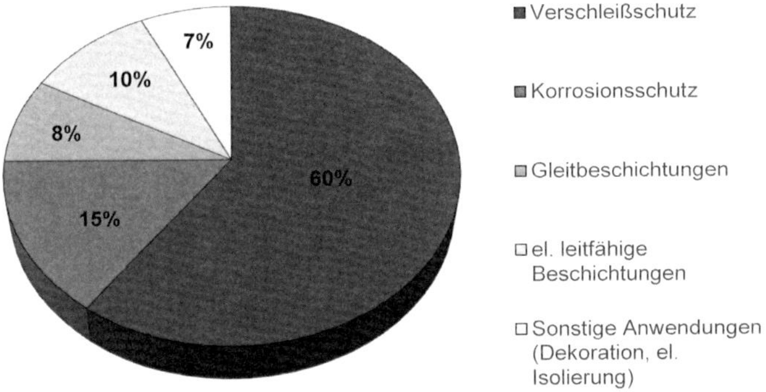

Bild 3: Graphische Darstellung der industriellen Anwendung des HVOF nach [Fah14]

Im Gegensatz zum HVOF wird das pulverförmige Beschichtungsmaterial beim Kaltgasspritzen (thermisches Spritzen mittels Gasexpansion ohne Verbrennung) nicht aufgeschmolzen. Zur Beschleunigung der Spritzpulver werden Prozessgase, vorzugsweise Stickstoff oder Helium, bei bis zu 70 bar Druck einer Spritzpistole zugeführt und dort auf maximale Temperaturen von bis zu 1100°C aufgeheizt [Imp23]. Das erhitzte Prozessgas wird mit Hilfe einer Laval-Düse auf Überschallgeschwindigkeit beschleunigt und kühlt dabei auf unter < 100 °C ab [Imp23, Mit22]. Das Spritzpulver wird mittels einer Pulverförder-Einheit und einem gleichartigen Trägergas im konvergenten Bereich der Düse injiziert und im Hauptgasstrom auf Partikelgeschwindigkeiten von bis zu 1200 m/s beschleunigt [Imp23, Sch15]. Durch die kinetische Energie beim Aufprall auf die Substratoberfläche verformen sich die Partikel plastisch und erzeugen dadurch eine mechanisch angebundene Schicht. Da keine thermische Energie mittels Gasstrahl übertragen wird, wird sowohl das Substrat als auch das Beschichtungsmaterial thermisch kaum beeinflusst und die zugrunde liegenden Materialeigenschaften bleiben während des Prozesses erhalten. [May22, Sch15]

Ein Hauptmerkmal für das Kaltgasspritzen ist die große Haftzugfestigkeit. Diese beträgt beim Anwendungsbeispiel Graugussbremsscheibe ca. 130 MPa und resultiert aus der mechanischen Verklammerung sowie Diffusionsprozessen mit der Substratoberfläche. Der Auftragwirkungsgrad bei der Beschichtung von Bremsscheiben bei einem zugeführten Pulvermassenstrom von ca. 12 kg/h beträgt ca. 88 – 89 %. [May22]

Für die Beschleunigung der Partikel werden in den verschiedenen Spritzverfahren große Mengen an Gas, im Bereich von mehreren 100 l/min benötigt. Aufgrund der entstehenden großen Schallerzeugung von bis zu 130 dB(A), verursacht durch die Gasströmungen und den Materialauftrag, ist eine Schallisolierung der Prozessanlage notwendig. Zudem wird eine Vorbehandlung der Oberfläche zur Vergrößerung dieser durch Prozesse wie bspw. Sandstrahlen benötigt. Sie ist notwendig zur Erzeugung einer ausreichenden Haftung der Beschichtung und ist für einen wirtschaftlichen Prozess nachteilig. [GTV22, Sch19b]

2.1.2 Directed Energy Deposition

Nach ISO/ASTM 52900:2021 ist das DED ein additives Fertigungsverfahren (AM, *engl. Additive Manufacturing*), bei den Materialien durch eine fokussierte thermische Energie beim Auftragen miteinander verschmolzen werden. Dabei bedeutet fokussierte thermische Energie, dass eine Energiequelle, wie z.B. ein Laser (DED-LB), Elektronenstrahl (DED-EB) oder Plasmabogen (DED-Arc), lokal am Auftragort genutzt wird, um die aufzubringenden Materialien zu schmelzen [ISO22]. Das Schweißverfahren kann je nach eingesetztem Schweißzusatz in die Anwendungen Reparatur und Erzeugung eines Werkstoffverbundes mit bestimmten Funktionen untergliedert werden. DED mit vorzugsweise verschleißfestem Beschichtungsmaterial gegenüber dem Grundwerkstoff wird als Panzern, DED mit vorzugsweise chemisch beständigem Beschichtungsmaterial gegenüber dem Grundwerkstoff wird als Plattieren bezeichnet. Das DED eines Zusatzwerkstoffes mit Eigenschaften, die zwischen nicht artgleichen Materialen eine beanspruchungsgerechte Verbindung gewährleisten, wird Puffern genannt [Dil94].

DED eignet in hohem Maße zur Verarbeitung von hochlegierten Materialien bzw. Hochleistungsmaterialien wie rostfreie Stähle, Werkzeugstähle, Titan-, Kobalt-, Nickel-, Aluminium-, Formgedächtnislegierungen und Verbundwerkstoffen sowie für die Erzeugung funktional gradierter Schichten [Fra14]. Die Materialien werden für die Erzeugung von Beschichtungen oder Volumen meist in Pulverform zugeführt [Gib15, Sin20]. Beim pulverbasierten DED werden die Prozesseinflüsse in die drei Hauptbereiche Systemspezifikationen, Pulvermaterial, und Auftragparameter/Prozessparameter untergliedert (s. Bild 4) [Sve21].

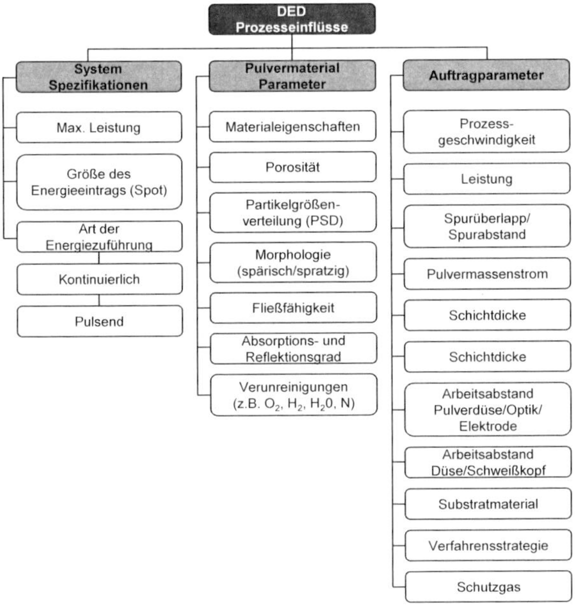

Bild 4: Überblick der Prozessparameter und -einflüsse beim DED nach [Sve21]

Aus Bild 4 wird ersichtlich, dass der DED-Prozess in hohem Maße von den Eigenschaften des Pulvermaterials abhängig ist [Ola15]. Daraus ergibt sich die Notwendigkeit der materialspezifischen Anpassung des DED-Prozesses. [Sve21]

DED-Systeme zur Verarbeitung pulverförmiger Materialien bestehen aus einer thermischen Energiequelle, einem Handlingsystem, einer Steuerung und der Zuführung von Betriebsmitteln. Die Steuerung der Bahnen zur Generierung eines dreidimensionalen Körpers wird auf mehrachsigen CNC-Maschinen oder Robotern realisiert [Lou23, Wil14, Zap23]. DED-Systeme werden in drei Typen unterschieden: [Fra14, Sve21]

- Das Substrat ist stationär und der Bearbeitungskopf wird bewegt
- Der Bearbeitungskopf ist stationär und das Substrat wird bewegt
- Eine Kombination aus beiden Bewegungen zueinander

Die Planung und Herstellung der Werkstückkonturen kann mit der Verwendung von Computersoftwares (CAM/CAD) unterstützt werden. Mit DED-Handlingsystemen können damit Bauteilvolumen bis zu 3000 · 3500 · 5000 mm³ (X · Y · Z) erzeugt werden [Add23, Lou23, Tof18].

Die thermische Energie der erzeugten Leistung kann kontinuierlich oder pulsend zugeführt werden [Fra14]. Mittels thermischer Energie wird auf dem Substrat ein Schmelzbad erzeugt, in welches das Pulvermaterial gefördert wird. Auf diese Weise wird eine einzelne Schweißspur generiert, die schematisch in Bild 5 dargestellt ist.

Durch Überlagerung einzelner Schweißspuren in den drei Raumdimensionen können Beschichtungen und Volumenkörper erzeugt werden. [Da22]

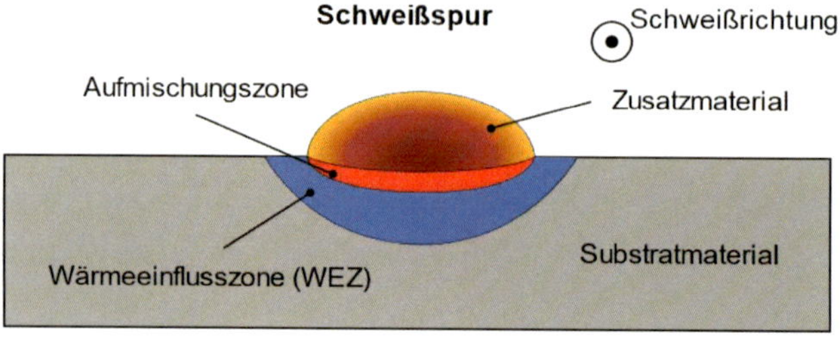

Bild 5: Schematische Darstellung einer generierten Schweißraupe mittels pulverbasiertem DED nach [Da22]

Die Schmelzbadgröße ist abhängig von der Fläche des thermischen Energieeintrags, der Interaktionszeit von thermischer Energie mit der Substratoberfläche und der zugeführten Materialmenge. Diese wird durch die Auftragparameter Leistung, Prozessgeschwindigkeit, Wirkfläche auf der Oberfläche (z.B. Laserspotdurchmesser), und durch die Materialcharakteristik des Substrats beeinflusst. Die Prozessparameter beeinflussen die Wärmeeinflusszone (WEZ) und die Schweißspurgeometrie hinsichtlich Breite, Höhe und Größe der Aufmischungszone [Da22]. Darüber hinaus hat die Intensitätsverteilung der thermischen Energieeinbringung einen Einfluss auf das Aufschmelzverhalten von Beschichtungs- und Substratmaterial. Beim laserbasierten DED (DED-LB) ist die Intensitätsverteilung abhängig von der Strahlformung (rund, rechteckig, ringförmig oder andere Profile) und der Intensitätsverteilung im Strahl. Zudem wird durch die Steigerung der zugeführten Pulvermenge, welche im Schmelzbad aufgeschmolzen wird, thermische Energie entzogen und das Schmelzbad wird kleiner. [Liu23a, Pin07, Sam21]

Bei hohen Abkühlgeschwindigkeiten von bis zu 10^4 Ks^{-1}, die im DED auftreten können, bilden sich im erstarrten Gefüge Bereiche mit unterschiedlicher chemischer Zusammensetzung aus. Dabei besteht die Schweißraupe oder aufgetragene Schweißschicht fast vollständig aus dem eingesetzten Zusatzwerkstoff. Die kurze Zeit im schmelzflüssigen Zustand reicht nicht aus, um eine homogene Vermischung zwischen Zusatzwerkstoff und Grundwerkstoff zu ermöglichen. Stattdessen bildet sich im Übergangsbereich zwischen dem aufgeschmolzenen Zusatz- und Grundwerkstoff eine Aufmischungszone aus (Bild 5), in der eine Mischung aus beiden Werkstoffen vorliegt. Die Energieeinbringung beeinflusst nicht nur die Verbindung der beiden Werkstoffbereiche, sondern auch die umliegenden Bereiche außerhalb der Schweißschicht. Dieser durch Wärmeeinwirkung beeinflusste Bereich wird Wärmeeinflusszone (WEZ) genannt. In Bild 5 ist die WEZ als blauer Bereich unterhalb der Schweißraupe gekennzeichnet. Die WEZ kann für Grundwerkstoffe aus Stahl in Abhängigkeit der Entfernung zum Schmelzbad in vier Hauptbereiche unterteilt werden. Diese unterscheiden sich in der Form der lokalen Wärmebehandlung und der damit einhergehenden Veränderung des Gefüges. In der nachfolgenden Auflistung und in Bild 6 sind die vier Bereiche benannt und beschrieben, ausgehend von der Aufschmelzzone bis zum Ende der Wärmeeinflusszone im Substrat [Ble22b, Dil05]:

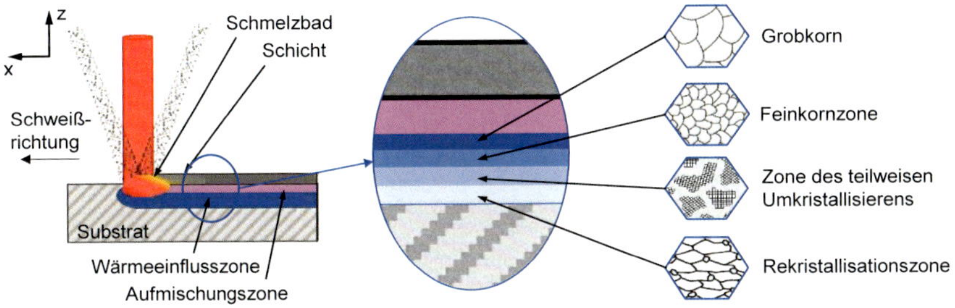

Bild 6: Graphische Darstellung der 4 Hauptbereiche der Wärmeeinflusszone ausgehend vom Schmelzbad des DED-LB Prozess nach [Ble22b, Dil05, Tho17]

- **Überhitzungs- oder Grobkornzone**
  In diesem Bereich wird der Grundwerkstoff bis nahe an die Schmelztemperatur erwärmt. Dadurch bildet sich ein grobkörniges Gefüge aus. Durch den hohen Verlust an Zähigkeit ist dies ein kritischer Bereich für den Schweißvorgang.
- **Normalisierungs- oder Feinkornzone**
  In dieser Zone wird der Grundwerkstoff auf eine Temperatur erwärmt, die einer Normalisierungs-Wärmebehandlung entspricht. Hierbei stellt sich ein homogenes und feinkörniges Gefüge ein. Über zu hohe Abkühlgeschwindigkeiten können sich Härtespitzen ausbilden, die zu Rissen führen können.
- **Zone des teilweisen Umkristallisierens**
  Durch auftretende Phasenumwandlung im Grundwerkstoff finden teilweise Gefügeänderungen statt. Dabei kann die Härte auf Werte unterhalb derer des Grundwerkstoffs sinken.
- **Anlass- oder Rekristallisationszone**
  Durch geringe Temperatureinwirkungen treten in diesem Bereich leichte Anlass- oder künstliche Alterungseffekte auf. Infolge von Keimbildung entstehen neue Gefüge, die mit einer Kornfeinung und Festigkeitssteigerung einhergehen.

Die Wärmeeinflusszone kann beim Schweißen von mehreren Lagen auch vorherige Schweißschichten beeinflussen. Über die Leistung und die Größe der Abkühlgeschwindigkeit kann ein direkter Einfluss auf das sich ausbildende Gefüge genommen werden. Bei der Erforschung von Schweißverbindungen mit neuen Werkstoffkombinationen und Herstellungsverfahren wird daher versucht, im Prozess eine möglichst kleine WEZ zu erzeugen. [Ble22b, Mah18].

Die Wirkzusammenhänge der Auftragparameter und der Pulvermaterialien auf die resultierenden Spureigenschaften sind im Anhang (Kap. 10.1) in Bild 103 nach *A. Pinkerton* dargestellt [Pin15, Pis23]. Das Pulvermaterial wird im Pulverförderer dosiert und mittels eines inerten Fördergasvolumenstroms (FGVS), wie Argon oder Helium, zum Prozess geleitet und über eine Pulverzufuhrdüse dem Schmelzbad zugeführt [Pin07].

Der Auftragprozess um das Schmelzbad und die Materialzuführung ist lokal durch einen Schutzgasvolumenstrom oder global durch eine Schutzgasatmosphäre gegen Oxidation abgeschirmt [Sve21]. Mittels dem FGVS kann die Partikelgeschwindigkeit variiert werden. Die Partikelgeschwindigkeit nimmt mit dem FGVS linear zu und wird ebenfalls von Partikelkollisionen beeinflusst, die den Verlauf des PGS verändern [Chu08, Zha20]. Mit höherem FGVS wird die Kollisionsrate reduziert und in Kombination mit der gleichzeitig größeren Partikelgeschwindigkeit wir die Ablenkung der Partikel von der Fördergasströmung durch Kollisionen und Gravitation reduziert [Jia22, Zha20]. Die maximal erreichbare Partikelgeschwindigkeit ist im Auftragprozess auf die Gasgeschwindigkeit des FGVS beschränkt [Li21a]. Zudem kann der geometrische Verlauf der Pulverzuführung mittels Schutz- und Fördergasvolumenstrom beeinflusst werden. Bei kontinuierlichen Ringspaltdüsen kann z.B. die Pulverfokusebene (PF) durch den FGVS dahingehend beeinflusst werden, dass diese mit steigendem FGVS einen kleineren Abstand zum Düsenaustritt aufweist. [Fer20, Jar20]

Der pulverförmige Schweißzusatzwerkstoff bietet den Vorteil einer homogenen Einbringung in den Prozess. Durch die Verwendung von Pulverwerkstoffen können niedrigere Oberflächenrauheiten, eine genauere Einstellung von Legierungsgehalten in der Beschichtung und die Mischung verschiedener Ausgangsmaterialien realisiert werden [Ma17, Sha19]. Neben der Materialzuführung haben die Charakteristiken der Materialien und der Pulverpartikel in Kombination mit den Prozessparametern einen Einfluss auf die resultierenden Schweißspureigenschaften (s. auch Bild 4). [Da22, Iam22a, Sin20]

Die Alterung bei bspw. AlSi10Mg von 48 h und 96 h hat durch die Reaktion von Wasser und Sauerstoff in der Luft sowohl einen großen Einfluss auf den Sauerstoff- als auch den Wasserstoffgehalt innerhalb der Partikel. Die jeweiligen Gehälter sind im Vergleich zu Neumaterial von ca. 0,045 %-Sauerstoff und ca. 20 ppm-Wasserstoff um den Faktor 2,5 – 4 größer. Dies hat bspw. einen negativen Einfluss auf die Absorption beim DED-LB, die im Wellenlängenbereich von Dioden- und Faserlasern von ca. 940 – 1080 nm im Bereich 8 – 17 % reduziert wird. Die vergrößerten Sauerstoff- und Wasserstoffgehälter im Pulver führen innerhalb der generierten Schichten zu einer deutlichen Vergrößerung der Porosität von ca. 2 % auf 6 – 9 %, die zu einer reduzierten Zugfestigkeit führen kann. [Da22]

Bei den DED-Verfahren werden im Auftragprozess üblicherweise die Größen effektive Energieflächendichte EF (J/mm²) auf der Substratoberfläche (Gl. 2.1) und Pulverdichte F (g/mm²) (Gl. 2.2) für einen generellen Vergleich oder die Prozessentwicklung verwendet: Bei diesen Größen werden die dominanten Auftragparameter für eine kontinuierliche Schichtgenerierung kombiniert und ein Zusammenhang der zugeführten Leistung P (W), der Prozessgeschwindigkeit v_P (mm/s), dem Laserspotdurchmesser auf der Bauteiloberfläche d (mm) und dem Pulvermassenstrom $\dot{m}$ (g/s) hergestellt. [Sve21, Toy05]

$$E_F = \frac{P}{d \cdot v_p} \tag{2.1}$$

$$F = \frac{\dot{m}}{d \cdot v_p} \tag{2.2}$$

E_F: Energieflächendichte [J/mm²], P: Leistung [W], d: Laserspotdurchmesser [mm], v_p: Prozessgeschwindigkeit [mm/s], F: Pulverdichte [g/mm²], $\dot{m}$: Pulvermassenstrom [g/s]

Mit den beide Größen kann die effektive Verweilzeit des Lasers bestimmt und der Einfluss auf die Temperatur des Schmelzbades, die Abkühlgeschwindigkeit und die resultierende Mikrostruktur beschrieben werden [Sve21]. Andere Studien weisen darauf hin, dass der Pulvermassenstrom zu einer Laserabschwächung in der Nähe des Pulverfokus führt und somit indirekt auch die Energiedichte beeinflusst [Pin07]. In einer Studie von [Tra20] wird ermittelt, dass der Vergleichsparameter S (Gl. 2.3) für DED-Prozesse aufschlussreicher und geeigneter für Parametervergleiche ist, da in der Gleichung sowohl die zugeführte Leistung und der zugeführte Pulvermassenstrom abhängig des Laserspotdurchmessers ist. [Sim03, Sve21, Tof18, Tra20]

$$S = \frac{P}{d \cdot \dot{m}} \tag{2.3}$$

S: Vergleichsparameter, P: Leistung [W], d: Laserspotdurchmesser [mm], $\dot{m}$: Pulvermassenstrom [g/s]

Die am Bsp. DED-LB beschriebenen Gleichungen können auf andere DED-Verfahren angewendet werden, wenn für d der Querschnittdurchmesser der Leistungseinbringung auf dem Substrat verwendet wird.

2.2 Laserbasiertes Directed Energy Deposition

Für DED-LB existieren ergänzend zu den allgemeinen Standards im DED weiterführende branchenspezifisch relevante Standards. In der Luft- und Raumfahrtindustrie existieren bspw. spezifische Normen wie die AMS7010, welche die Anforderungen an das DED-LB von Werkstücken für die Luft- und Raumfahrtindustrie definiert [AMS21].

Der Laserstrahl ist beim DED-LB meist senkrecht zur Oberfläche auf das Werkstück gerichtet, um ein Schmelzbad zu erzeugen. In das Schmelzbad wird das Zusatzmaterial als Draht oder Pulver zugeführt, das im Schmelzbad aufschmilzt und bei Erstarrung eine schmelzmetallurgische Anbindung erzeugt. Insbesondere die pulverförmige Materialzuführung bietet, durch die vielfältige Materialauswahl und die Möglichkeit Materialmischungen einzusetzen, ein großes Potential für den anwendungsorientierten Einsatz. [Ahn21, Da22, Sin20]

Das DED-LB zeichnet sich zudem durch den kontrollierten Wärmeeintrag und eine somit kleine Wärmeeinflusszone (WEZ) gegenüber anderen Auftragschweißverfahren aus [Dil00, Möl21]. Je nach verwendeter Laserleistung und der Interaktionsstrecke des Pulvers im Laserstrahl wird mittels des Abstands zwischen Düse und Pulverfokus (PF), dem so genannten „Stand-off“ (STO), der Arbeitsabstand zwischen Substratoberfläche und Pulverzufuhrdüse definiert [Zek07]. In Bild 7 a) ist die schematische Darstellung des DED-LB mit PF-Position auf der Substratoberfläche und in Bild 7 b) mit PF-Position oberhalb der Substratoberfläche abgebildet. Für den pulverbasierten DED-LB-Prozess wird meist die PF-Position auf dem Substrat verwendet, bei welcher der STO ungefähr dem konstruktiven PF-Abstand zur Düsenaustrittfläche entspricht [Da22, Gib15]. Zum Schutz vor Reaktionen des Schmelzbades mit der Atmosphäre wird der gesamte Prozess sowohl während des Aufschmelzens als auch in der Abkühlphase lokal mit Inertgas, meist Argon oder Helium [Rib20], umströmt. Durch eine Relativbewegung von Grundwerkstoff zu Bearbeitungskopf werden Schweißspuren erzeugt. [Rud18]

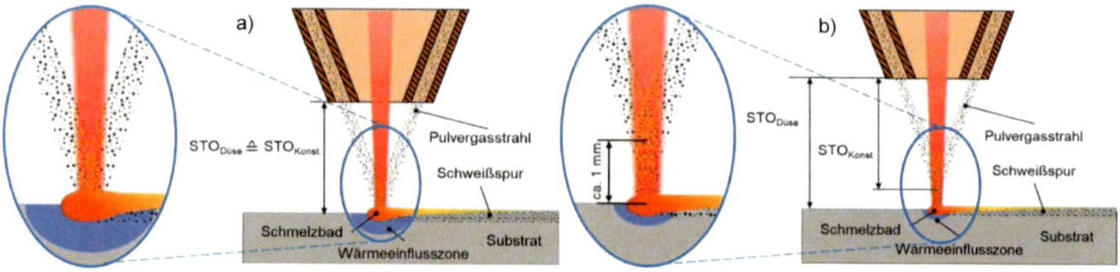

Bild 7: Schematische Darstellung des DED-LB Materialauftrags, a) DED-LB mit Pulverfokuslage im Schmelzbad; b) HS DED-LB mit Pulverfokuslage oberhalb des Schmelzbades nach [Zho24]

Für das DED-LB sind verschiedene Prozessparameter zu berücksichtigen. Zu den Prozessparametern zählen die Laserleistung P_L, die Prozessgeschwindigkeit v_P, der Schutzgasvolumenstrom $\dot{V}_{SG}$, der Spurversatz bzw. die Vorschubgeschwindigkeit und der Massenstrom $\dot{m}$ des Beschichtungsmaterials. Für die pulverförmige Materialzuführung ist zudem der Fördergasvolumenstrom $\dot{V}_{FG}$ (FGVS) eine essenzielle Prozessgröße, da hierüber unter anderem die Partikelgeschwindigkeit gesteuert werden kann [Sch20]. In Bild 8 ist der Schichtauftrag mit näherer Beschreibung der einzelnen Prozessparameter schematisch dargestellt. Für das DED-LB typische Schichtdicken liegen im Bereich 500 – 1000 µm. Die Prozessgeschwindigkeit beträgt bis ca.2 m/min, bei einer Auftragsrate von 10 – 50 cm²/min. [Sch16]

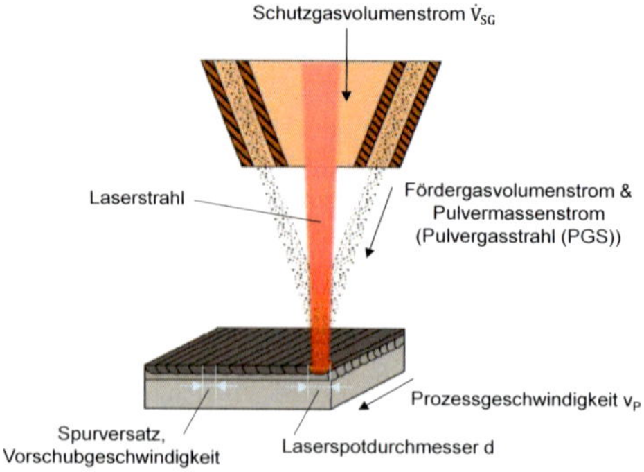

Bild 8: Schematische Darstellung der Prozessparameter beim DED-LB

Die Einstellung der Auftragrate kann durch die Variation der Prozessparameter erfolgen. Mit Steigerung der eingebrachten Laserleistung kann eine größere Menge zugeführten Pulvermaterials bzw. Substratmaterials pro Zeitschritt aufgeschmolzen und resultierend die Auftragrate vergrößert werden [Fra21]. Entsprechend kann eine Erhöhung der Prozessgeschwindigkeit sowie des Pulvermassenstroms durch die Steigerung der Laserleistung erzielt werden. Durch die Variation der Prozessparameter lässt sich die Auftragrate etwa verdreifachen. Des Weiteren ist es möglich, durch höhere Laserleistungen Metallpulver mit einer größeren Partikelgrößenverteilung zu nutzen und damit die Kosten für das pulverförmige Beschichtungsmaterial zu reduzieren. [Bar22, Hil21, Mar21]

Neben dem Fraunhofer-Institut für Werkstoff und Strahltechnik IWS, das Laserleistung von bis zu 20 kW im DED-LB nutzt, setzt die Firma GTV Verschleiß-Schutz GmbH Laserleistungen ≥ 16 kW ein. Die daraus resultierenden Beschichtungen weisen bei Prozessgeschwindigkeiten von bis zu 400 m/min Schichtdicken von 80 – 500 µm auf. Für die Beschichtung von Bremsscheiben wird durch die Nutzung von 16 kW Laserleistung eine Flächenrate von ca. 1060 cm²/min (ca. 6 m²/h) erreicht. Dabei werden Schichtdicken von 100 – 200 µm bei Prozessgeschwindigkeiten von 100 – 200 m/min erreicht. Durch Steigerung der Laserleistung auf 22 kW kann die Flächenrate auf bis zu ca. 1300 cm²/min (8 m²/h) für AISI 316L gesteigert werden. [And21, Mar20]

Im High-Speed DED-LB (HS DED-LB) wird die Steigerung der Auftragrate über eine Veränderung des Pulverfokusposition in z-Richtung (s. Bild 7 b), sodass der Hauptenergieeintrag des Laserstrahls direkt in das Pulvermaterial erfolgt [Da22]. Hierfür werden auf die konstruktive Pulverfokuslage der Pulverzufuhrdüse für den STO ein Wert zwischen 0,2 – 7 mm addiert, wobei meist ein PF-Offset von 1 mm genutzt wird [Küp11]. Durch die Positionierung des PF oberhalb der Substratoberfläche wird die Interaktionszeit der Pulverpartikel mit dem Laserstrahl verlängert. Resultierend treffen die Pulverpartikel bereits im geschmolzenen Aggregatzustand auf die Substratoberfläche [Da22]. Die transmittierte Restenergie sowie die Partikeltemperatur erzeugen auf der Substratoberfläche im Vergleich zu anderen DED-Verfahrensvariationen ein flacheres Schmelzbad mit einer kleineren Wärmeeinflusszone. [Bac12, Hua24, Küp11]

Der geänderte thermische Energieeintrag ermöglicht höhere Prozessgeschwindigkeiten von bis zu 500 m/min, Abkühlraten im Bereich von 10^4 – 10^8 K/s, die Möglichkeit zur Erzeugung unkonventioneller Materialpaarungen, wie die Beschichtung von Aluminium mit einer Eisenlegierung, und die Beschichtung von wärmesensitiven Materialien [Hua24, Kel12, Sch17]. Der Auftragwirkungsgrad beträgt je nach Prozessparametern und verwendeten Beschichtungsmaterialien bis zu 95 %. Typische Schichthöhen im HS DED-LB betragen zwischen 20 – 350 µm bei Flächenraten von bis zu 1300 cm²/min bei einer verwendeten Laserleistung bis 8 kW [Arc20, Koß23b, Sch17].

Beim Einsatz von Pulvermischungen aus mindestens zwei Pulvermaterialien sind die einzelnen Stoffeigenschaften, wie die Schmelztemperatur bei Metal Matrix Composites (MMC), unterschiedlich. Bei der Materialzuführung der Materialmischung mit einem PGS beim HS DED-LB können die Prozessparameter jedoch nicht individuell für jedes Material angepasst werden. Für die angepasste Verarbeitung von Pulvermischungen besteht die Möglichkeit die Pulvermaterialien dem Prozess separat über zwei PGS zuzuführen (s. Bild 9). Durch die relative Positionierung der jeweiligen PGS im Laserstrahl in den Raumdimensionen x, y, z zueinander kann der thermische Energieeintrag individuell für jedes Material über die Interaktionszeit im Laserstrahl gesteuert werden. Zudem wird der thermische Energieeintrag ins Substrat reduziert, sodass u.a. die Beschichtung von Faserverbundkunststoffen (FVK) möglich ist. [Koß21b, Koß22, Koß23a]

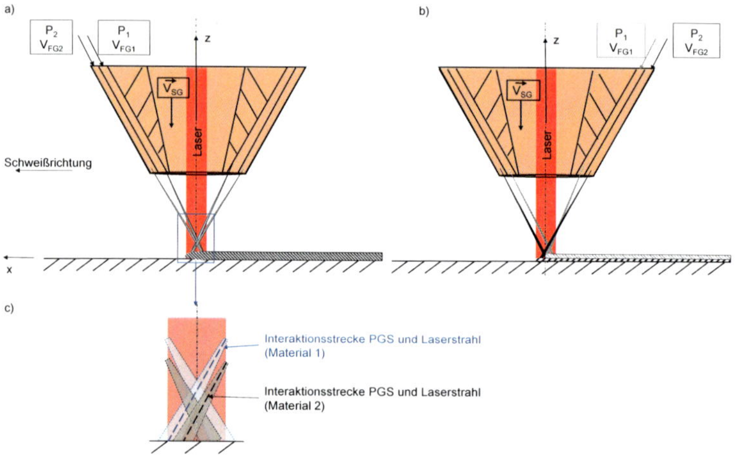

Bild 9: Schematische Darstellung der separaten Materialzuführung beim DED-LB, a) PGS-Verschiebung in z-Richtung; b) PGS-Verschiebung in x-Richtung, c) Darstellung der PGS-Interaktionsstrecken im Laserstrahl der beiden PGS mittels PGS-Verschiebung in z-Richtung nach [Koß21b]

Die separate Materialzuführung ermöglicht, Materiallösungsverhalten durch die PGS-Verschiebung innerhalb der drei Raumdimensionen über die Schichthöhe anzupassen

- PGS-Verschiebung zueinander relativ in z-Richtung (Bild 9 a): Innerhalb der aufgetragenen Schicht hinsichtlich homogenem Materiallösungsverhalten
- PGS-Verschiebung zueinander in x- und/oder y-Richtung (Bild 9 b): Innerhalb der aufgetragenen Schicht hinsichtlich separierendem Materiallösungsverhalten

Durch die separate Materialzuführung können sowohl Abschirmungseffekte der PGS zueinander, variable Partikelgeschwindigkeiten durch unterschiedliche FGVS als auch separate Interaktionsstrecken für die Steuerung des thermischen Energieeintrags in Abhängigkeit von Pulvermorphologie, Korngrößenverteilung, Reflexionsgrad und Schmelztemperatur genutzt werden. [Koß21b, Pis23]

2.3 Pulverzufuhrdüsen

Das pulverförmige Zusatzmaterial wird im DED-LB mittels Pulverzufuhrdüsen dem Auftragprozess zugeführt. Die Pulverzufuhr ist entscheidend für den thermischen

Energieeintrag in die Pulvermaterialien und die resultierende Schichtcharakteristik. Für die Pulverzuführung zum Schmelzbad werden im DED-LB verschiedene Düsenkonzepte verwendet (Bild 10). Die Düsen werden, relativ zur Positionierung zum Laserstrahl, in die laterale (off-axis) und koaxiale Pulverzuführung unterschieden. Die koaxiale Pulverzuführung wird meist in zwei konstruktive Möglichkeiten unterteilt: der diskreten und der kontinuierlichen Pulverzuführung. [Bra17]

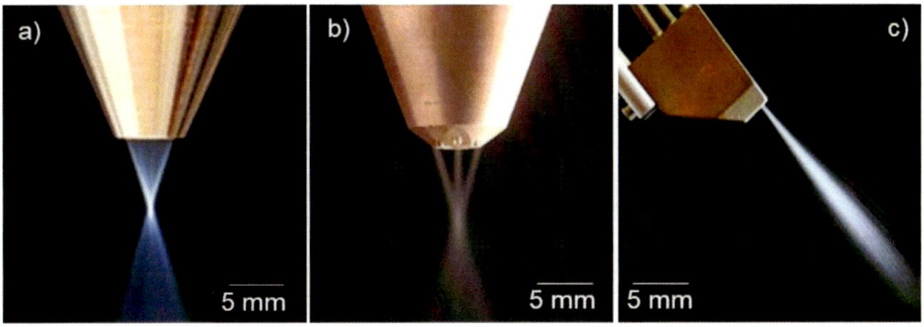

Bild 10: Aufnahmen von Pulverdüsen beim DED-LB, a) kontinuierliche Koaxialdüse, b) diskrete Koaxialdüse, c) Off-Axis- Düse [Bra17]

In Abhängigkeit ihrer konstruktiven Ausführung weisen Die Pulverdüsen weisen unterschiedliche Eigenschaften in der Pulverzufuhr auf. Bei lateraler Pulverzufuhr, wie die Off-Axis Düse, wird das Pulvermaterial über ein meist einzelnes Zuführröhrchen zugeführt, so dass ein einzelner Pulverstrahl erzeugt wird (s. Bild 10 c). Die Positionierung der Düse ist abhängig von der Vorschubrichtung, weshalb der Materialauftrag richtungsabhängig und dadurch bedingt 3D-fähig ist. Kontinuierliche koaxiale Düsenausführungen sind 3D-fähig und erzeugen den PGS über einen ringförmigen Spalt. So entsteht über einen konisch geformten Düsenkörper an der Düsenspitze ein PGS in Form einer Kegelmantelfläche (s. Bild 10 a). Ähnlich zur kontinuierlichen Koaxialdüse verhält sich die diskrete Koaxialdüse (s. Bild 10 b). Der PGS einer diskreten Koaxialdüse besteht aus einzelnen Pulverstrahlen, welche symmetrisch um den Laserstrahl angeordnet sind und im Laserstrahl zu einem PF zusammengeführt werden. [Nas22, Sch19b]

In Richtung der Substratoberfläche unterhalb der koaxialen Düsen bildet sich der PF, der definiert ist als die Ebene unter der Düse mit dem kleinsten Durchmesser der Partikelverteilung [Jar20, Li21a]. Die technische Ausführung der Düse und die Größe der Düsenaustrittfläche haben einen Einfluss auf die resultierende Partikelgeschwindigkeit, die Größe des PF und dessen Abstand zum Düsenaustritt. Daher haben die unterschiedlichen Eigenschaften der Pulverzufuhrdüsen sowohl einen Einfluss auf den thermischen Energieeintrag ins Pulvermaterial als auch den Auftragwirkungsgrad im Prozess. [Kum22]

Sie wirken sich auf die Divergenz des PGS, auf die Größe des PF hinsichtlich Durchmesser und die Interaktionszeit der Partikel im Laserstrahl aus. Die Partikelgeschwindigkeit und die Partikelflugbahnen lassen sich durch den verwendeten FGVS beeinflussen, wobei die Gewichtskraft einen größeren Einfluss auf die Bahnänderung der Partikel bei geringerem FGVS durch die kleinere Partikelgeschwindigkeit hat [Kov13]. Neben diesen Einflüssen haben Pulvermorphologie, Partikelanzahl, Materialdichte und Partikelgeschwindigkeit resultierend aus dem FGVS in Kombination mit der Düsenausführung bzw. -einstellung einen Einfluss auf die PF-Größe und die Position relativ zum Düsenausgang. Eine höhere Partikelgeschwindigkeit sowie ein geringeres Partikelgewicht führen zu einem kleineren Düsenabstand des Pulverfokus, da die Bahnänderung der Partikel kleiner ist [Rib20]. Größere Partikelgrößen und eine höhere Partikelanzahl hingegen können zu einem größeren PF-Durchmesser führen, da die Anzahl der Partikelkollisionen steigt und die Bahnänderung der Partikel verstärkt wird [Iam22b]. Im angehängten Kap. 10.3 ist eine Übersicht der derzeit marktverfügbaren Düsen zusammengefasst. [Li21a]

Die Positionierung des PGS, respektive des PF, zum Laserstrahl in Abhängigkeit der Vorschubgeschwindigkeit hat einen großen Einfluss auf die Schichtcharakteristik hinsichtlich Porosität, Rauheit und Materialauftrag. Zur Umsetzung dieses Konzeptes wird die diskrete koaxiale Triple-Two Düse (HD Sonderoptiken für die Lasertechnik GmbH & Co. KG, Übach-Palenberg, Deutschland) verwendet. Sieerzeugt zwei PGS, die relativ zueinander in den drei Raumkoordinaten positioniert werden können. Bild 11 ist die Triple-Two Düse abgebildet. [Koß21b, Mat20]

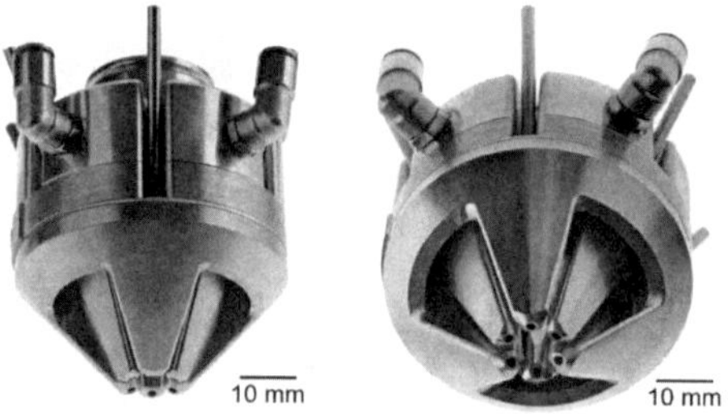

Bild 11: Aufnahme der Triple-Two Düse von RWTH DAP und HD Sonderoptiken GmbH [Koß23a]

Bei der separaten Materialzuführung werden die jeweiligen Materialien über verschiedene PGS dem thermischen Auftragprozess zugeführt. Entsprechend kann der jeweilige thermische Energieeintrag individuell mittels der relativen PGS-Positionierung zueinander, der konstruktiven Einflüsse der Materialzuführung und der Prozessparameter gesteuert werden. [Koß21b, Koß23a]

2.4 Materialien für die für die laserbasierte Oberflächenbeschichtung

Der Aufmischungsgrad spielt eine entscheidende Rolle in der Erreichung gewünschter Eigenschaften der Beschichtung. Er bezeichnet das Verhältnis der Flächen- bzw. Massenanteile des aufgeschmolzenen Substrates zum Schweißgut und muss so gering wie möglich gehalten werden [Dil05, Sch19a].

Um die Schweißeignung beteiligter Werkstoffe für einen Schweißprozess sicherzustellen, müssen viele Faktoren beachtet werden. Eine vereinfachte Einordnung der Schweißeignung kann über das Kohlenstoffäquivalent getroffen werden, das lediglich bei niedrig legierten Stählen zuverlässig anwendbar ist [Ble22b, San18]. Das Kohlenstoffäquivalent dient zur Abschätzung von Härtbarkeit und damit einhergehender Martensitbildung sowie resultierender Versprödung und Rissanfälligkeit des Werkstoffs. Zur Ermittlung des Kohlenstoffäquivalents werden verschiedene Legierungselemente berücksichtigt, die härtende und martensitbildende Eigenschaften aufweisen. Für die Berechnung des Kohlenstoffäquivalents wurden diverse Formeln entwickelt, die je nach Anwendungsfall unterschiedlich zuverlässige Einschätzungen liefern. [Ble22b, San18]

Zur Einschätzung der Schweißeignung bei großen Abkühlraten, eignet sich der P_{CM}-Wert, der von *Yoshinori Ito* und *Kyjoshi Bessyo* entwickelt wurde [Ito68]. Die Formel ist in der nachfolgenden Gleichung (2.4) für die verschiedenen Gewichtsprozente der angeführten Elemente angegeben [Ito68]:

$$P_{CM} = \%\,C + \frac{\%\,Si}{30} + \frac{\%\,(Mn + Cu + Cr)}{20} + \frac{\%\,Ni}{60} + \frac{\%\,Mo}{15} + \frac{\%\,V}{10} + 5\,\%\,B \qquad (2.4)$$

Je kleiner der berechnete P_{CM}-Wert für einen Werkstoff ist, desto geeigneter kann der Werkstoff für einen Schweißprozess sein. Ist die Schweißeignung gering, kann sich eine inkonstante Verbindung zwischen Schweißschicht und Substrat einstellen und das Auftreten von Materialdefekten, wie Rissen und Poren, wird wahrscheinlicher. Eine Gegenmaßnahme ist das Vorwärmen der beteiligten Bauteile und Werkstoffe. Über die Legierungsentwicklung und die Fortschritte in der Prozesstechnik sind aktuell auch hochlegierte Stähle mit niedrigen bis mittleren Kohlenstoffgehalten schweißbar, ohne dass große Poren und Risse auftreten. Aus den genannten Gründen kann das Kohlenstoffäquivalent für eine Voreinschätzung zu Rate gezogen werden, niemals aber ein Ausschlusskriterium darstellen [Ble22b, Wit19].

Durch die geeignete Legierungsauswahl bzw. Materialmischung können die physikalischen, chemischen oder tribologischen Eigenschaften der Beschichtung gezielt beeinflusst werden. Beim DED-LB werden Materialmischungen wie Verbundwerkstoffe (MMC, *engl. Metal Matrix Composites*), Mehrschichtsysteme bestehend aus verschiedenen Legierungen als einzelne Schichten und gradierte Beschichtungen entsprechend der Oberflächenanforderungen für kombinierte Anforderungen als Beschichtung verwendet. (s. Bild 12) [Das19, GTV22]

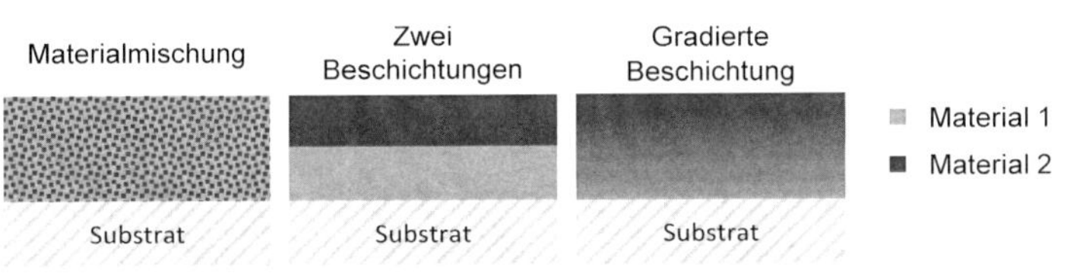

Bild 12: Schematische Darstellung der Beschichtungsprinzipien auf Basis der Beschreibung nach [Das19]

Fe-Basislegierungen mit zulegierten Elementen im Bereich von 1 – 50 wt.-% werden als Beschichtungsmaterialien in den Industriebereichen Mobilität, Chemie, Rohstoffförderung und in der Hydraulik eingesetzt. Die Materialmischungen bieten eine große Festigkeit, Duktilität und eine hohe Verschleiß- sowie Korrosionsbeständigkeit [Baj20, Sve22]. In Tabelle 2 sind mögliche Beschichtungsmaterialien und Schichtsysteme zusammengefasst. [Das19, För18]

Tabelle 2: Ausgewählte Legierungen und Schichtsysteme für das DED-LB [Das19]

Legierung/ Materialmischung	**Bekannte Eigenschaften**	**Referenz**
Ni beschichtetes TiC mit Alloy 625 (MMC)	Verbesserte mechanische Eigenschaften hinsichtlich Verschleißbeständigkeit	[Zhe10]
MMC Ti–48Al–2Cr–2Nb + TiC	Doppelte Härte von Ti-6Al-4V Wird für Hochtemperatur-Strukturanwendungen verwendet	[Liu04]
Gradierte MMC Al_2O_3 + AISI 303 Beschichtung	Größere Verschleißbeständigkeit durch verbesserte Grenzflächeneigenschaften der Beschichtung durch die kolumnare Mikrostruktur in Auftragrichtung	[Ban07]
Fe-32Cr-4B-8Ni-1C (F-690-HV2)	Verschleißschutz	[LSN21]
MMC Ti+SiC	Gute elektrochemische und tribologische Eigenschaften, nicht toxisch für biologische Implantate	[Das16, Hee18]
AISI 316L	Korrosionsschutz	[Bar12, Met23a, Shi22, Stu18]
MMC AISI 316L+SiC	Verschleißschutz Einsetzbar für tribologische Kontakte	[Sán22b]
Ni-18Al-11Cr-9C und Ni-14Al-8Cr-29C	Vergrößerte Verschleißbeständigkeit	[Tor19]
Alloy 718	Korrosionsschutz und große Temperaturbeständigkeit	[Hig23, Met23b, Shi22, Xu22c]

Der Begriff der Korrosion ist in der DIN EN ISO 8044 (ehemals DIN 50900) wie folgt definiert: „Korrosion ist die Reaktion eines metallischen Werkstoffs mit seiner

Umgebung, die eine messbare Veränderung des Werkstoffs bewirkt und zu einer Beeinträchtigung der Funktion eines mechanischen Bauteils oder eines ganzen Systems führen kann. In den meisten Fällen ist diese Reaktion elektrochemischer Natur, in einigen Fällen kann sie jedoch auch chemischer oder metallphysischer Natur sein.“ [DIN00, DIN23]

Die Korrosionsmechanismen werden je nach Material, Ursache und Erscheinungsbild unterschieden. Neben der werkstoffbasierten Korrosion werden anhand des Ortes ihres Auftretens weitere Mechanismen der Korrosion unterschieden. Nach DIN EN ISO 8044 werden 53 Bezeichnungen im Zusammenhang mit Korrosionsmechanismen beschrieben. Nachfolgend in Tabelle 3 sind einige Korrosionsmechanismen aufgeführt. [DIN23]

Tabelle 3: Korrosionsmechanismen nach [DIN23, Raw23, Sch99]

Korrosionsmechanismus	Beschreibung
Örtliche Korrosion (z.B. Lochfraßkorrosion)	Bezeichnet klein erscheinende Korrosionsstellen, wie bspw. punktförmige Löcher, insbesondere bei passivierten Metallen (z.B. Lochkorrosion, Spaltkorrosion, Unterwanderungskorrosion)
Galvanische Korrosion (Bimetallkorrosion)	Zwei Metalle mit unterschiedlichen Potentialen werden leitend miteinander verbunden
Flächenkorrosion	Allgemeine Korrosion, die mit gleicher Geschwindigkeit auf der gesamten Oberfläche abläuft
Chemische Korrosion	Enthält eine elektrochemische Reaktion
Verschleißkorrosion	Vorgang, bei dem Korrosion und Reibung zwischen zwei aufeinander gleitenden Oberflächen beteiligt sind
Schwingungsrisskorrosion (Ermüdungskorrosion)	Vorgang, bei dem Korrosion und wechselnde Dehnungen des Metalls beteiligt sind und der häufig zu Rissbildung führt
Interkristalline Korrosion	Korrosion in oder neben den Korngrenzen eines Metalls
Erosionskorrosion	Vorgang, bei dem Erosion und Korrosion gemeinsam beteiligt sind, wie z.B. in Rohrleitungen und Pumpen
Fremdstromkorrosion	Elektrochemische Korrosion als Folge der Wirkung einer äußeren Spannung
Wasserstoffversprödung	Vorgang, der zu einer Abnahme der Zähigkeit oder des Dehnungsvermögens eines Metalls als Folge der Absorption von Wasserstoff führt
Hochtemperaturkorrosion	Korrosion durch Gase oder Ablagerungen oder Gase und Ablagerungen, die bei erhöhten Temperaturen unter Bedingungen auftritt, bei denen wässrige Elektrolyte nicht mehr vorliegen

Reibung und Verschleiß sind Teilbereiche der Tribologie. Laut der Gesellschaft für Tribologie, ist Tribologie „die Wissenschaft und Technik von aufeinander einwirkenden Oberflächen in Relativbewegung“ [Det02]. Dabei beschreibt die Tribologie die Grenzflächenwechselwirkungen zwischen Festkörpern, Flüssigkeiten und Gasen. In Bild 13 ist eine Darstellung mit den Eingangs-, Ausgangs- und Einflussgrößen gezeigt. [Det02, Hab20a]

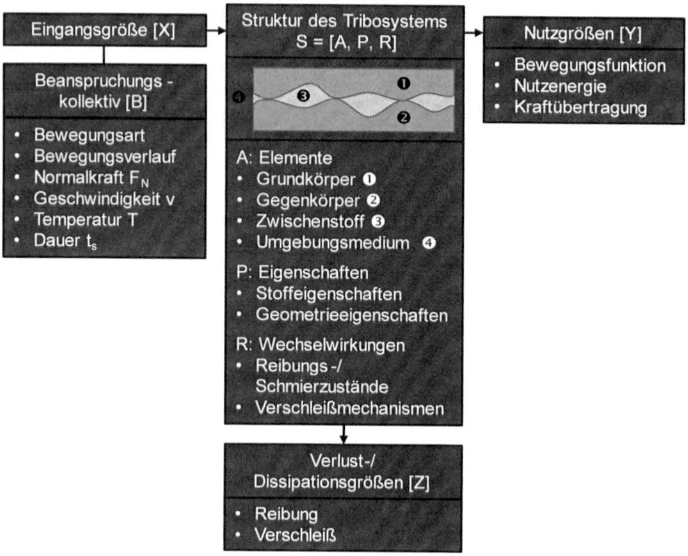

Bild 13: Schematische Darstellung des tribologischen Systems nach [Hab20b]

Die Wechselwirkung zweier Stoffbereiche, bei Bewegung eines oder beider Bereiche, wird Reibung genannt und wirkt der Relativbewegung entgegen. Die Reibung wird durch Faktoren wie Deformation, Adhäsion und Kohäsion beeinflusst. Anhand der relativen Bewegung der Reibpartner zueinander werden verschiedene Arten der Reibung, wie Gleitreibung sowie Rollreibung, unterschieden. Dazu zählt auch die Mischreibung, die eine Kombination mehrerer Reibungsarten ist. [Bla90, Hab20b]

Reibung begünstigt und beschleunigt das Auftreten von Verschleißmechanismen. Nach dem Gesellschaft-für-Tribologie -Arbeitsblatt wird der Verschleiß als „fortschreitender Materialverlust aus der Oberfläche eines festen Körpers“ definiert [Det02]. Der Materialverlust wird dabei durch mechanische Ursachen, wie dem Kontakt mit einem Gegenkörper unter Relativbewegung, hervorgerufen. Das mikroskopische sowie makroskopische Erscheinungsbild von Verschleiß zeichnet sich durch eine Formänderung respektive Stoffänderung der beanspruchten Oberflächen aus. [Det02, Hab20b]

Verschleiß wird je nach tribologischer Beanspruchung in verschiedene Verschleißarten eingeteilt. Hierbei wird nach Bewegungsform (Gleitverschleiß, Schwingverschleiß), den beteiligten Stoffen (Festkörperverschleiß, Flüssigkeitserosion) oder den auftretenden Wechselwirkungen (Ermüdungsverschleiß, abrasiver Verschleiß) unterschieden. Dem Verschleiß zugrundeliegende, physikalische Vorgänge und Erscheinungsformen werden Verschleißmechanismen genannt. Nach heutigem Kenntnisstand werden vier Hauptmechanismen unterschieden [Det02, Hab20b]:

- Adhäsion als Haftverbindung an Grenzflächen (Kaltverschweißen, Fressen)
- Abrasion als Materialabtrag durch Ritzung (Mikrospanen, Mikrofurchen)
- Oberflächenzerrüttung als Ermüdung der Oberfläche mit Rissbildung
- Tribochemische Reaktion als aktivierte chemische Reaktion unter Bildung von Reaktionsschichten und -partikeln

2.4.1 Materialien für den Korrosionsschutz

Nach der Norm 12944-5 kann die Korrosivität für Stahl in fünf Hauptkategorien unterteilt werden. In Tabelle 4 ist die Unterteilung mit Beispielen für typische Umgebungen in einem gemäßigten Klima zusammengefasst. Nach dieser Norm werden je Kategorie drei Zeitspannen in Bezug auf die Schutzdauer unterschieden:

- Kurz: 2 – 5 Jahre
- Mittel: 5 – 15 Jahre
- Lang: > 15 Jahre

Die Schutzdauer ist ein technischer Begriff, der dem Betreiber helfen kann, ein Instandsetzungsplanung festzulegen [DIN17]. Abhängig vom Ort Ihres Auftretens lässt sich die Korrosion in die folgenden Arten unterteilen:

- Kontakt-,
- Lochfraß-,
- Flächen-,
- Spannungsriss-,
- Schwingungsriss-,
- Spalt-,
- Interkristalline-,
- Messerlinien-,
- Erosions-,
- Unterwanderungs-
- Hochtemperaturkorrosion [TWI23]

Tabelle 4: Unterteilung der Korrosivitätsbedingungen für Stahl nach DIN EN 12944-5 nach [DIN17]

Einteilung der Umgebungsbedingungen nach DIN EN ISO 12944-5		
Grundwerkstoff Stahl		
Korrosivitäts-kategorie	**Außen**	**Innen**
C1 (Unbedeutend)	-	Geheizte Gebäude mit neutralen Atmosphären, z.B. Büros, Läden, Schulen, Hotels
C2 (Gering)	Atmosphären mit geringer Verunreinigung. Meistens ländliche Bereiche.	Ungeheizte Gebäude, wo Kondensation auftreten kann, z. B. Lager, Sporthallen.
C3 (Mäßig)	Stadt- und Industrieatmosphäre, mäßige Verunreinigungen durch Schwefeldioxid. Küstenbereiche mit geringer Salzbelastung.	Produktionsräume mit hoher Feuchte und etwas Luftverunreinigung, z. B. Anlagen zur Lebensmittelherstellung, Wäschereien, Brauereien, Molkereien.
C4 (Stark)	Industrielle Bereiche und Küstenbereiche mit mäßiger Salzbelastung.	Chemieanlagen, Schwimmbäder, Bootsschuppen
C5-I (Sehr stark (Industrie))	Industrielle Bereiche mit hoher Feuchte und aggressiver Atmosphäre.	Gebäude oder Bereiche mit nahezu ständiger Kondensation und mit starker Verunreinigung.
C5-M (Sehr stark (Meer))	Küsten- und Offshore Bereiche mit hoher Salzbelastung.	
Im1/ Im2/ Im3	Belastung: Süßwasser/ Meer- oder Brackwasser/ Erdreich	

Je nach Anwendungsfall und entsprechender Korrosivität kommen unterschiedliche Basislegierungen für die Beschichtung zum Einsatz. Dazu gehören Ti-, Al-, Co-, Ni- und Fe- Basislegierungen, die je nach Einsatzgebiet in der chemischen Zusammensetzung variiert werden [Sve22].

Die Korrosionsbeständigkeit einer Legierung ist, neben dem umgebenden Medium, auch von anderen äußeren Bedingungen wie der Temperatur abhängig. In Abhängigkeit des Mediums, wie flüssigen Chlorsalzmischungen, nimmt die Korrosivität mit steigenden Temperaturen zu. Daher ist die Verwendung von Legierungen mit hohem Korrosionsschutz, wie dem Alloy 718 oder AISI 316L, notwendig [Shi22].

Die Korrosionsbeständigkeit nicht rostender Stähle beruht im Wesentlichen auf dem Chromgehalt, welcher in Verbindung mit zum Beispiel Sauerstoff auf der Werkstoffoberfläche eine dichte und chemische widerstandfähige Passivschicht bildet [Her23]. Daher kann die Korrosionsbeständigkeit von Stahllegierungen generell anhand des Chromanteils abgeschätzt werden. Ab einem charakteristischen Chromanteil von min. 10.5 wt.-% gelten diese in der Regel als korrosionsbeständig [Sve22].

Nickelbasislegierungen weisen sowohl eine große Zug- und Kriechfestigkeit bei hohen Temperaturen als auch eine große Korrosionsbeständigkeit auf [Sve22, The17]. Allgemein ist die Korrosionsbeständigkeit von Ni- Basislegierungen größer als die von Fe-Basislegierungen [Shi22]. Die Legierung Alloy 718 wird als Ni- Basislegierungen mit einem Chromanteil von ca. 17 – 21 wt.-% in der Fertigung sowie zur Beschichtung in den Bereichen Turbomaschinen, Pumpen, Energiespeichern (z.B. in flüssigen Chlorid-basierten thermischen Energiespeichern (TES)) und im Off-shore Bereich eingesetzt [Luo22, Shi22]. Beschichtungen sollten möglichst keine Risse oder Poren aufweisen, da diese Defekte den lokalen Korrosionsschutz herabsetzen [Shi22].

Die Korrosionsbeständigkeit ist abhängig von der Bindungsstärke der einzelnen Elemente innerhalb der Legierung, im Wesentlichen dem Chrom. Die Bindungsstärke zwischen den einzelnen Elementen (Atomen) ist definiert über die Elektronegativität. Die Elektronegativität ist ein relatives Maß dafür, wie stark ein Element bzw. ein Atom, Bindungselektronen zu sich ziehen kann. Je größer die Differenz der jeweiligen Elektronegativitäten zueinander ist, desto größer ist die benötigte Energie, um die Verbindung aufzutrennen. In Tabelle 5 ist eine Übersicht der Elektronegativitäten der Elemente Ni, Fe und Cr zusammengefasst. [LEI23, Len23, Sun18]

Tabelle 5: Übersicht der Elektronegativität von Ni, Fe, Cr [Len23]

Element	Elektronegativität (EN)
Fe	1,88
Ni	1,83
Cr	1,66

Im Korrosionsvorgang werden in Abhängigkeit des umgebenden Mediums und der eingebrachten Energie, wie z.B. thermische Energie, verschiedene Chromverbindungen wie Chromkarbid (Cr_3C_2) und Chromoxid (Cr_2O_3) erzeugt. Diese lagern sich an Korngrenzen ab und bilden intermetallische Sprödphasen. Dadurch können Schichtdefekte und inneren Spannungen innerhalb der Beschichtung entstehen, wodurch die Korrosionsbeständigkeit herabgesetzt wird. Zudem reagieren die anderen Elemente durch das entzogene Chrom mit den umgebenden Stoffen. [Shi22, Stu18, Sun18, Xu22a]

Darüber hinaus beeinflussen das Gefüge und die Kornorientierung der Beschichtung resultierend aus der Orientierung des Materialauftrags die Korrosionsbeständigkeit. Untersuchungen von *Xu et al.* zeigen, dass die Korrosionsbeständigkeit durch ein feineres Gefüge, das infolge einer erhöhten Abkühlrate in der erzeugten Beschichtung aus dem Material AISI 431 entsteht, vergrößert werden kann. Eine Übersicht der verwendeten Prozessparameter ist in Tabelle 7 aufgeführt [Xu22a].

Die Untersuchungen von Nooruddin Ansari et al. zur Legierung Ti-13Nb-13Zr zeigen, dass die Korrosionsbeständigkeit innerhalb einer Schichtlage (x-y-Ebene) höher ist als in der Ebene entlang der Aufbaurichtung (x-z-Ebene). Durch gezieltes hinzugeben von

Nano- und Mikropartikeln, wie TiC- oder auch SiC-Partikel, die teilweise an den Korngrenzen ablagern, kann die Korrosionsbeständigkeit gesteigert werden. [Liu23b, Sán22b]

2.4.2 Materialien für den Verschleißschutz

Die Widerstandsfähigkeit einer Beschichtung gegen äußere Krafteinwirkungen wird grundlegend durch die Härte und die Verschleißbeständigkeit charakterisiert [ISO14]. Die Härte ist definiert als die Eigenschaft eines trockenen Films, einer trockenen Beschichtung oder einer Schicht, dem Eindringen oder Durchdringen eines festen Körpers zu widerstehen [DIN20, ISO14]. Verschleiß wird definiert als irreversible Änderung einer Oberfläche, die durch das mechanische Einwirken von bewegten Gegenständen hervorgerufen wird [DIN20]. Der Abrieb einer Beschichtung ist weiterführend definiert als Verschleiß, der durch flächiges Abtragen von Beschichtungsmaterial hervorgerufen wird [DIN20]. Eine Übersicht der Prüfmethoden zur Bewertung und Charakterisierung der Härte und Verschleißbeständigkeit ist in Tabelle 6 zusammengefasst.

Tabelle 6: Übersicht der Prüfmethoden zur Bestimmung der Härte und Verschleißbeständigkeit nach DIN CEN ISO/TR 21555 [DIN20]

Prüfmethoden zur Bestimmung der Härte und Verschleißbeständigkeit nach DIN CEN ISO/TR 21555		
	Prüfungen	**Methoden (Beispiele)**
Härteprüfung	Ruhende Eindringprüfung	Buchholz, Knoop, Vickers, etc.
	Oszillierende Eindringprüfung	Schwingungsdämpfungsprüfung: König-Pendel, Persoz-Pendel, Schaukelrad, etc.
Prüfung Verschleißbeständigkeit	Einzelkratzprüfung	Kratzprüfung mit: Bleistiften, Kugelstichel, scheibenförmigen Sichel, U-förmiger Sichel, etc.
	Multikraftprüfung	Feststehendes Rad, Reibzapfen, rotierende Scheibenräder, rotierender Bürste, etc.
	Trockenabriebprüfung	Feststehendes Reibrad (rotierende Probe), rotierende Reibräder (feststehende Probe), etc.
	Nassabriebprüfung	Scheuerprüfung: Bürste, Schleifvlies, etc.
	Strahlprüfung	z.B. Korund-Granulat, Quarzsand

Eine Vergrößerung der Verschleißbeständigkeit kann durch die Steigerung der Festigkeit bzw. durch die Steigerung der Härte erzielt werden [Got14]. Die Festigkeit kann durch Kornfeinung sowie plastische Verformung gesteigert werden und kann durch die

Hall-Petch-Beziehung, die die Grundlage der Festigkeitssteigerung durch die Kornfeinung ist, beschrieben werden [Got14]. Die Kornfeinung kann durch das Zulegieren von Karbiden oder auch anderer Materialien (Mischkristallhärten) [Dut09, Got14], durch den Einfluss der Abkühlrate oder auch durch die plastische Verformung, wie durch das Walzen, erzielt werden [Fen23]. Bei der Erzeugung von Werkstücken aus der Schmelze kann eine größere Abkühlrate zu einer Kornfeinung führen [Ali19]. Bei Gießprozessen von Eisen werden Abkühlraten bis ca. 100 K/s erreicht [Gór13]. Im Vergleich zu Gießprozessen kann die Abkühlrate durch die Verwendung von DED-LB vergrößert und ein feineres Korngefüge erzielt werden. Die Abkühlrate kann beim DED-LB auf ca. 10^2 - 10^4 K/s und durch die Verwendung von HS DED-LB bis 10^8 K/s vergrößert werden [Doñ21, Tia22].

Eine wesentliche Einflussgröße auf die Abkühlrate beim HS DED-LB ist die Prozessgeschwindigkeit. Nach *Koß et al.* wird bei der Verarbeitung des Materials X39Mn22 durch die Steigerung der Prozessgeschwindigkeit von bspw. 20 m/min auf 150 m/min der Dendritenarmabstand von 1290,3 nm auf 583,65 nm reduziert, wodurch ein feineres Gefüge erzeugt werden kann [Koß21a]. In einer Untersuchung von *Xu et al.* wurden Versuche mit verschiedenen Prozessgeschwindigkeiten bei unterschiedlichen Laserleistungen für AISI 431 durchgeführt und die resultierenden Schichteigenschaften untersucht. Die Steigerung der Prozessgeschwindigkeit führt zu einer höheren Abkühlrate und damit zu einer Steigerung der Kornfeinung [Xu22a]. In Tabelle 7 ist eine Übersicht der verwendeten Parameter zusammengefasst.

Tabelle 7: Übersicht der verwendeten Prozessparameter in den Untersuchungen von Koß et al. und Xu et al. [Koß21a, Xu22a]

Prozessparameter	Werte [Koß21a]	Werte [Xu22a]
Laserstrahlquelle / Wellenlänge	TruDisk 8001 / 1030 nm	LDF-6000 (IPG) / 1080 nm
Laserspotdurchmesser	Ø 1,2 mm	Ø 1,2 mm
Laserleistung	2200 W	1400 – 2800 W
Prozessgeschwindigkeit	50 – 150 m/min	30 – 60 m/min
Spurüberlappung	ca. 70 %	70 – 90 %
Pulvermassenstrom	25,63 g/min	15 g/min
Fördergasvolumenstrom	7 l/min (Ar)	
Schutzgasvolumenstrom	11 l/min (Ar)	
Beschichtungsmaterial	X30Mn22 (10 – 45 µm)	X431 (25 – 53 µm)

Eine Vergrößerung der Kornfeinung kann zudem durch die plastische Verformung, zum Beispiel durch das Rollieren von Oberflächen, erreicht werden. Durch die

Krafteinwirkung werden die Versetzungen im Material vergrößert und dadurch eine Kornfeinung erzielt. [Che06, Got14, Mao22]

Für die Steigerung der Verfestigung und damit der Steigerung der Härte sowie der Verschleißbeständigkeit können verschiedene Mechanismen verwendet werden. Nachfolgend sind Mechanismen zur Härtesteigerung beschrieben. [Got14]

- **Mischkristallhärtung:** Die Mischkristallhärtung ist eine Folge der Wechselwirkung von Legierungsatomen mit Versetzungen, die zur Behinderung der Versetzungsbewegung führt. Fremdatome können auf dreierlei Weise mit den Versetzungen wechselwirken.
    - Parelastische Wechselwirkung (Gitterparameter-Effekt): Aufgrund von unterschiedlichen Atomgrößen entstehen im Kristallgitter Druck- oder Zugspannungen, wodurch es an einer Stufenversetzung geweitete und komprimierte Bereiche gibt. Die mit der elastischen Verzerrung verbundene Energie der Fremdatome wird verringert, wenn diese sich an der Versetzung aufhalten. Bei Bewegung einer Versetzung werden Versetzung und Fremdatom getrennt. Dazu muss die Erhöhung der elastischen Energie des Fremdatoms wieder aufgewendet werden, was sich in einer rücktreibenden Kraft auf die Versetzung auswirkt. Zur Überwindung dieser rücktreibenden Kraft muss eine zusätzliche Spannung aufgebracht werden, wodurch die kritische Schubspannung des Mischkristalls erhöht wird.
    - Dielastische Wechselwirkung (Schubmodul-Effekt): Diese beruht auf der Proportionalität zwischen der Energiedichte einer Versetzung und dem Schubmodul. Hat das Fremdatom ein anderes Schubmodul, so trägt das Volumen, das vom Fremdatom eingenommen wird, anders zur Gesamtenergie der Versetzung bei und erzeugt deshalb einen Energieunterschied.
    - Chemische Wechselwirkung (Suzuki-Effekt): Die Stapelenergie von Materialien ist von der Zusammensetzung abhängig und nimmt mit zunehmender Fremdatomkonzentration gewöhnlich ab. Mit abnehmender Stapelfehlerenergie erhöht sich die Aufspaltungsweite der Versetzungen, wodurch sich die Gesamtenergie verringert. Fremdatome wandern daher bevorzugt zu den Versetzungen, um durch Konzentrationserhöhung die Stapelfehlerenergie zu verringern. Bei Bewegung der Versetzung verändern sich die Konzentrationsverhältnisse, so dass eine rücktreibende Kraft auf die Versetzung wirkt.
- **Dispersionshärten:** Enthält ein Material nichtmetallische Einschlüsse, z.B. Oxide oder Boride, die häufig zur Kornfeinung beim Vergießen oder zur Steigerung der mechanischen Eigenschaften der Schmelze zugegeben werden, so können Festigkeitssteigerungen erzielt werden. Der Grund für die Dispersionshärtung ist die Hinderniswirkung der Partikel für die Versetzungsbewegung. Die Versetzungen können nicht durch die Partikel hindurchschneiden, vielmehr müssen sie sich

zwischen den Teilchen auswölben. Ähnlich dem Prinzip der Frank-Read-Quelle gibt es eine kritische Konfiguration bei einer bestimmten Spannung, die abhängig von Schubmodul, Burgersvektor, dem mittleren Abstand zwischen Partikeln und dem Teilchendurchmesser ist. [Smi20].

- **Ausscheidungshärten:** Ausscheidungen, die sich bei der Abkühlung eines homogenen Mischkristalls in einem Zweiphasengebiet bilden, tragen zur Festigkeitssteigerung bei. Ausscheidungen sind von der Matrix durch Phasengrenzen getrennt. Diese werden in drei Arten von Phasengrenzen unterschieden:

  - Kohärente Phasengrenzen
  - Teilkohärente Phasengrenzen
  - Inkohärente Phasengrenzen

  Durch Abschrecken aus dem Einphasengebiet und anschließende Auslagerung bei tiefen Temperaturen entstehen metastabile Phasen mit kohärenten oder teilkohärenten Phasengrenzen. Dabei setzen sich die kristallographischen Ebenen und Richtungen der Matrix in der Ausscheidung mit leichter Verzerrung fort. In diesem Fall können sich Versetzungen durch die Ausscheidung hindurchbewegen. Allerdings müssen dazu Kräfte überwunden werden, die von der Ausscheidung auf die Versetzung ausgeübt werden. Das sind zunächst, wie bei der Mischkristallhärtung, die parelastische und die dielastische Wechselwirkung. Bewegt sich eine Versetzung durch eine kohärente Ausscheidung, so wird das Teilchen abgeschert, weil die Versetzung die Atome oberhalb der Gleitebene um einen Burgers-Vektor verschiebt. Dadurch entstehen zusätzliche Phasengrenzflächen, deren Energie beim Durchtrennen des Teilchens durch die angelegte Spannung aufgebracht werden muss.

  Inkohärente Phasengrenzen wirken auf Versetzungen wie Korngrenzen und sind unüberwindbare Hindernisse. Allerdings können Versetzungen die Ausscheidungen mit dem Orowan-Mechanismus umgehen [Sza20]. Inkohärente Ausscheidungen haben daher die gleichen Auswirkungen auf die Festigkeit wie Partikel.

Je nach Festigkeit bzw. Verformbarkeit (Duktilität, A) werden die Werkstoffe in drei Arten eingeteilt [Got14].

- Spröde Werkstoffe: $A \leq 0.1$ % (z.B. keramische Werkstoffe, Hartstoffe)
- Duktile Werkstoffe: $A \approx 10$ % (Metalle und technische Legierungen)
- Superplastische Werkstoffe: $A \approx 1000$ % (spezielle feinkörnige Legierungen)

Das Spannungs-Dehnungs-Verhalten von Werkstoffen wird standardmäßig bei einachsiger Verformung, d.h. im Zugversuch, festgestellt. Eine Übersicht zum Spannungs-Dehnungs-Verhalten einiger metallischer Legierungen ist in Bild 14 dargestellt.

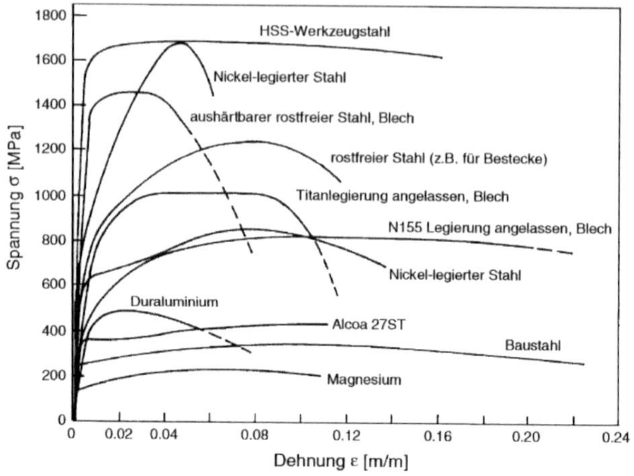

Bild 14: Spannungs-Dehnungs-Diagramm einiger technischer Werkstoffe nach [Got14, Jos62]

Im Bereich des Verschleißschutzes wird die Mischkristallhärtung häufig durch die Zugabe verschiedener Legierungselemente wie Ti, TiC, SiC und WC realisiert [Ost22, Sán22a, Zhu22]. Durch das Hinzumischen von 5,7 wt.-% TiC in hochlegiertem Chromeisen (HCWI, *engl. High Chromium White Iron*) wird die Härte der Matrix von ca. 630 HV um bis zu 50 % gesteigert. Die nicht aufgeschmolzenen TiC-Partikel innerhalb der Matrix behalten weiterhin die Ursprungshärte von ca. 3200 HV. Die Zugabe von TiC-Partikeln ermöglicht im Vergleich zu mittels DED-LB aufgebrachten HCWI-Beschichtungen eine Reduzierung des Verschleißes sowohl im Pin-on-Disk-Test als auch im Nassabriebsversuch mit Sand bei einem Anpressdruck von 190 N gegen eine AISI-1020-Stahlscheibe. [Zhu22]

Ostolaza et al. führt Untersuchungen zum Einfluss von Wolframkarbid (WC) innerhalb der MMC (WC + Fe-Basislegierung) auf die Matrixhärte sowohl numerisch als auch analytisch durch. Hierfür wird die Materialmischung aus der Fe-Basislegierung MetcoClad 6 (OC Oerlikon Corporation AG, Pfäffikon, Schweiz) mit WC MetcoClad 52001 (OC Oerlikon Corporation AG, Pfäffikon, Schweiz) mit der jeweiligen Partikelgrößenverteilung 45 – 106 µm verwendet. Im Versuch werden Schichten mit 10 – 40 wt.-% WC-Gehalt erzeugt. Die verwendeten Parameter für die Probenerzeugung sind in Tabelle 8 angeführt. [Ost22]

Tabelle 8: Übersicht der verwendeten Prozessparameter in Ostolaza et al. [Ost22]

Prozessparameter	Werte
Laserstrahlquelle / Wellenlänge	Yb:YAG / 1070 nm
Laserspotdurchmesser	Ø 1,8 mm
Laserleistung	800 – 980 W
Prozessgeschwindigkeit	500 mm/min
Pulvermassenstrom MetcoClad 6	4,0 – 5,5 g/min
Pulvermassenstrom MetcoClad 52001	0 – 2,7 g/min
Spurüberlappung	26 – 50 %

Die Härte der Matrix MetcoClad beträgt ca. 320 HV und die des WC MetcoClad 52001 ca. 2200 HV. Die Härte der Matrix wird durch den in Lösung gehenden Teil von WC von der Ausgangshärte auf bis zu 690 – 700 HV gesteigert. Die numerisch ermittelten Werte weichen von den analytischen lediglich um 5 % ab. [Ost22]

2.4.3 Metallmatrix Verbundwerkstoffe

Beschichtungen aus Materialmischungen, bei denen die Materialien voneinander separiert vorliegen, etwa aufgrund der Löslichkeit, werden Metallmatrix Verbundwerkstoffe (engl. Metal Matrix Composites (MMC)) genannt. Im Allgemeinen bestehen MMC aus einer zusammenhängenden Metallmatrix mit einer diskontinuierlichen keramischen oder organischen Verstärkung. Als Verstärkungsphase kommen keramische Partikel (z. B. SiC), Kurzfasern, Endlosfasern oder Schäume mit offener Porosität zum Einsatz [Mer16]. Das metallische Matrixmaterial bildet eine kontinuierliche Phase aus, in der einzelne Verstärkungsphasen getrennt voneinander in der Matrix eingeschlossen sind. Die Art und Form der eingesetzten Verstärkungsphasen können dabei unterschiedlich sein und bestimmen abhängig von deren Charakteristik maßgeblich die mechanischen Eigenschaften der MMC. In Bild 15 sind sechs verschiedene Formen der Hartphase in einem Verbundwerkstoff dargestellt. [Fer18, Mac19, Roo22]

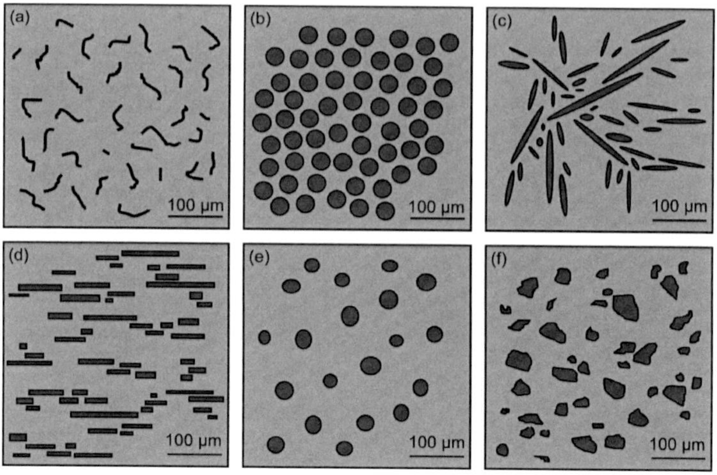

Bild 15: Erscheinungsformen der Verstärkungsphase bei Verbundwerkstoffen mit (a) kurzen Fasern, (b) langen gerichteten Fasern, (c) nadelförmigen Fasern, (d) flachen Flocken, (e) sphärischen Partikeln und (f) Partikeln mit undefinierter Form

In den Teilbildern (a) und (b) sind typische Beispiele für organische Fasern abgebildet, die in einer kleinen und kurzen Ausführung oder in einer größeren und langen Variante eingesetzt werden. In Teilbild (c) ist eine nadelförmige und in (d) eine flockenartige Verstärkungsphase dargestellt. Die flachen Flocken bilden dünne Platten in dem Verbundwerkstoff aus, deren Orientierung sich nach der Zugabeart im Prozess richtet. In den letzten beiden Teilbildern sind sphärische Partikel (e) und Partikel mit undefinierter Form (f) abgebildet. Der Grund dafür liegt in der Morphologie und Eigenschaft des eingesetzten, meist karbidischen Pulvers, dessen Morphologie durch die Herstellungsroute des Pulvers bestimmt ist. Die Pulverpartikel nehmen dabei entweder eine sphärische oder undefinierte spratzige Morphologie an. Die Pulverpartikel werden aufgrund ihres hohen Schmelzpunktes im Auftragprozess nicht oder nur teilweise aufgeschmolzen. Hierbei wird eine isotrope Verstärkung der Matrix angestrebt. [Fer18, Mac19, Roo22]

Die Varianten e) und f) in Bild 15 sind typisch für die Herstellung von MMCs mittels DED-LB. Aufgrund der Kombination der Eigenschaften aus Matrix- und Verstärkungsmaterial, weisen Partikelverstärkte MMC unter anderem eine große Festigkeit und Verschleißbeständigkeit auf [Ibr91, Kar06]. Die Partikelverteilung, -größen und -konzentration innerhalb der Beschichtung sowie die verwendeten Parameter haben einen großen Einfluss auf die Schichtcharakteristiken der MMC, wie Lösungsanteil der Verstärkungspartikel in der Matrix, Härte, Gefüge, Riss- und Porenbildung [Gar17, Rod09]. SiC-Partikel (Härte ca. 3500 HV [Dwi18b]) werden zum Beispiel vorwiegend für die Steigerung der Härte sowie Verschleißbeständigkeit, der Reduzierung des Ausdehnungskoeffizienten und der Steigerung der thermischen Leitfähigkeit eingesetzt [Das10, Jam14, Rao11, Tjo00].

MMC AISI 316L+SiC

Die MMC dem austenitischer rostfreien Stahl AISI 316L als Matrixmaterial und SiC als Verstärkungspartikel kann aufgrund von Feststoffgleiteigenschaften für tribologische Kontakte eingesetzt werden. Untersuchungen von *Holzer et al.* und *Sánchez et al.* zeigen, dass die MMC aus AISI 316L und SiC in tribologischen Kontakten wie Gleitlagern erfolgreich eingesetzt werden kann und im tribologischen Kontakt mit anderen Fe- basismaterialien Feststoffgleiteigenschaften aufzeigt. [Ach22, Sán22b]

Das "L" in AISI 316L steht für einen niedrigen Kohlenstoffgehalt (low carbon). AISI 316L hat durch die γ-stabilisierenden Elemente Ni und Mn ein austenitisches Gefüge, ist unmagnetisch und im festen Zustand umwandlungsfrei, wodurch dieser weder gehärtet noch normalgeglüht werden kann. Das Lösungsvermögen von austenitischen Stählen für Kohlenstoff beträgt ca. 0,05 % bei 650°C. Bei AISI 316L liegt bis zu dieser Temperatur der gesamte Kohlenstoffgehalt in Lösung vor und es werden keine Karbide ausgeschieden. [Bar12]

Die Verarbeitung von SiC mittels pulverbasiertem DED-LB ist herausfordernd, da SiC innerhalb von Schutzgas oder Vakuum nicht zum Schmelzen gebracht werden kann und direkt sublimiert [Riq22]. Das Aufheizverhalten und die Materialeigenschaften von SiC sind bei der kombinierten Verarbeitung mit Fe und Fe-Basislegeriungen bis 1373 K weitestgehend unabhängig von der Temperatur [Buy06, Pel99]. Ab 1373 K werden allerdings Reaktionen von SiC mit Fe beobachtet und Fe_3C mittels XRD-Messungen nachgewiesen. Die SiC Konzentration sinkt mit fortlaufender Erhöhung der Temperatur außerdem ab 1373 K, wodurch die Reaktion von SiC mit Fe nachgewiesen werden kann. [Pel99, Sán22a]

Wird nun die MMC aus AISI 316L und SiC erzeugt, kommt es zu verschiedenen Wechselwirkungen der einzelnen Elemente. In den Untersuchungen von *Wu et al.* werden die Verarbeitung von AISI 316L und SiC sowie die Einflüsse betrachtet. Die verwendeten Prozessparameter sind in Tabelle 9 zusammengefasst.

Tabelle 9: Übersicht der verwendeten Prozessparameter in Wu et al [Wu19]

Prozessparameter	Werte
Laserstrahlquelle / Wellenlänge	YLS-6000 Faserlaser / 1070 nm
Laserspotdurchmesser	Ø 5 mm
Laserleistung	2000 W
Prozessgeschwindigkeit	480 mm/min
Pulvermassenstrom	11 g/min
Mischungsanteile SiC	4, 8, 12, 16 wt.-%
Globale Schutzgasabschirmung	< 18 ppm O_2
Spurüberlappung	40 %

Nach *Wu et al.* kann die Wechselwirkung zwischen den SiC-Teilchen und der Fe-Schmelze in drei Phasen unterteilt werden. [Wu19]

1. Benetzung der SiC-Partikel durch die flüssige Phase
2. Diffusionsvorgänge von Si und C in die Matrix AISI 316L
3. Diffusion der Si-Atome im AISI 316L Gitter führt zu einer Destabilisierung des γ-(FeCrNi) und trägt zur Phasenumwandlung von γ-(FeCrNi) zu α-(FeCrNi) bei. Die Umwandlung von γ-(FeCrNi) zu α-(FeCrNi) wird erstmals ab eingebrachten SiC-Anteilen zwischen 4 – 8 % festgestellt.

Bei steigendem Si-Gehalt in der Matrix bleiben vorerst dendritische Phasen des γ-(FeCrNi) im kubisch flächenzentrierten Gitter bestehen. Mit weiter steigendem Si-Gehalt innerhalb der AISI 316L Matrix scheiden sich sogenannte „Block Shaped" Phasen (BS) aus der dendritischen Phase aus. Diese BS-Phasen reichern sich an Fe und Cr an. Eine Vergrößerung deren Anteile lässt auf α-(FeCrNi) mit kubisch raumzentriertem Gitter schließen. [Wu19]

Ab einem Si-Anteil von ca. 16% in der Matrix werden neben den BS-Phasen auch sogenannte „Well-Shaped" Phasen (WS) ausgeschieden. Diese sind reich an Si und Fe, was auf die Bildung von Eisensiliziden hindeutet. [Wu19]

Fe_3Si-Phasen sind Hochtemperaturphasen und bei Raumtemperatur nicht stabil. Bei der Entstehung von Fe_3Si ist der Diffusionskoeffizient von Fe um drei Größenordnungen höher als der von Si. Bei der Entstehung von FeSi hingegen diffundiert Si schneller. Der Diffusionskoeffizient von Si ist hierbei um zwei Größenordnungen höher als der von Fe. [Pel99, Wu19]

Steigt der Si-Anteil in der Matrix, so steigt auch die Sensitivität gegenüber Rissen. Aufgrund unterschiedlicher Wärmeausdehnungskoeffizienten der Fe-Matrix und der SiC Verstärkung werden während des Prozesses Zugspannungen in die Matrix eingebracht. Ein zyklisches Einbringen von Wärme steigert die Risssensibilität zusätzlich. In der γ-(FeCrNi)-Phase ist die Zugspannung zur Rissbildung aufgrund des geringen SiC-Gehaltes nicht ausreichend. Sobald der SiC-Gehalt ansteigt und die α-(FeCrNi)-Phase aus der γ-(FeCrNi) ausscheidet, steigt die Wahrscheinlichkeit zur Rissbildung. Dies ist auf die höhere Härte und geringere Zähigkeit und Duktilität der α-(FeCrNi)-Phase gegenüber der γ-(FeCrNi) zurückzuführen. [Wu19]

In Versuchen von *Kalogeropoulou et. al.* werden die Reaktivität von SiC und Fe anhand der „Sessile Drop" Methode untersucht. Hierzu wird ein Tropfen flüssiges Fe unter Vakuum auf einen SiC Einkristall gegeben. Anhand folgender Reaktionsgleichungen 2.5 wird ein Auflösen des SiC zu Si und C mit möglicher nachfolgender Grafitausscheidung beschrieben. Die Klammern stellen dar, dass die Elemente im flüssigen Eisen gelöst sind. [Kal95]

$$\begin{gathered} \mathrm{SiC(s)} \leftrightarrow \mathrm{(Si)} + \mathrm{(C)} \\ \mathrm{(C)} \leftrightarrow \mathrm{C(s)} \end{gathered} \tag{2.5}$$

In Bild 16 ist ein Ausschnitt des ternären, isothermen Fe-Si-C Phasendiagramms bei 1633K dargestellt. Die Kurve I-M beschreibt das Gleichgewicht 1, die Kurve K-I das Gleichgewicht 2 und der Punkt I das Dreiphasengleichgewicht. Nach dem Diagramm in Bild 16 tritt die Auflösung des SiC auf, sobald es auf Eisen trifft. Das Eisen wird kontinuierlich mit Si und C angereichert und die Zusammensetzung der Legierung variiert entlang der gestrichelten Linie Fe-SiC. Das vollständige Schmelzen des Fe tritt bei Punkt B auf. An Punkt A startet die Ausscheidung von Graphit innerhalb des Fe und die Zusammensetzung der Schmelze tendiert zum Punkt I bei gleichzeitiger Erhöhung des Si-Gehalts in der flüssigen Phase. An Punkt I stoppt die Reaktion.

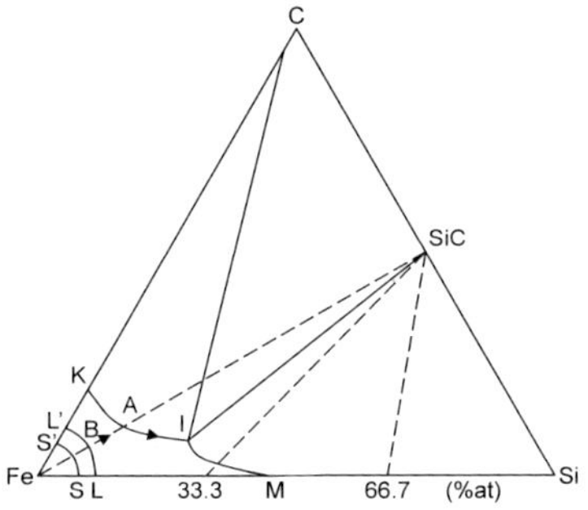

Bild 16: Ausschnitt des ternären, isothermen Fe-Si-C Phasendiagramm bei 1633 K nach [Kal17]

Dasselbe geschieht, wenn eine flüssige Legierung mit einer kleineren Si-Konzentration als der des Punktes I mit einem SiC-Substrat in Kontakt kommt. Ist der Siliziumgehalt der flüssigen Legierung hingegen höher als der des Punktes I, wird nur eine kleine Auflösung des SiC vorhergesagt. In diesem Fall kann es nicht zur Ausscheidung von Graphit kommen. Aus der obigen Analyse geht hervor, dass der Si-Gehat an Punkt I, den "kritischen" Si-Gehalt von Fe-Si-Legierungen in Kontakt mit SiC darstellt. [Kal95]

In den Untersuchungen von *Sánchez et al.* und *Riquelme et al.* werden verschiedene SiC- Mischungsanteile von 0 – 80 wt.-% hinsichtlich Gefüge und Verschleißbeständigkeit untersucht. In den Arbeiten von *Sánchez et al.* zeigen die Analysen der Mikrostruktur, dass bei 0 wt-% SiC das AISI 316L austenitisch erstarrt. Bei 20 wt-%-SiC Mischungsanteil entstehen verschiedene Phasen in den interdendritischen Zonen. Im austenitischen Gefüge sind einzelne ferritische Phasen erkennbar. Zudem bilden sich durch den gelösten Kohlenstoff Chromkarbide (Cr_3C_7) aus. Ab einem Mischungsanteil von 40 wt.-% SiC bilden sich Graphitflocken aus. Diese sind 10 – 20 µm groß und erreichen eine Größe von ca. 200 µm bei einem Mischungsanteil von 60 wt.-% SiC. Die Mikrohärte der erzeugten MMC wird bis zu einem Mischungsanteil von 40 wt.-% SiC um ca. 450 % durch den größeren Anteil an Cr_3C_7, Eisensiliziden und größeren SiC-Partikelanteil gesteigert. Die Härte der MMC mit dem Mischungsanteil von 60 wt.-% SiC ist aufgrund der Graphitausscheidungen lediglich um 440 % größer als das reine AISI 316L. Darüber hinaus kann die Verschleißbeständigkeit durch den steigenden SiC-Mischungsanteil auf 40 wt.-% um das Zehnfache gesteigert werden. Aufgrund der größeren Graphitausscheidungen ist die Verschleißbeständigkeit beim Mischungsanteil von 60 wt.-% SiC kleiner. [Sán22b]

Die verwendeten Prozessparameter, Pulvermaterialien sowie die Mischungsverhältnisse der Untersuchungen nach *Sánchez et al.* und *Riquelme et al.* sind in Tabelle 10 aufgeführt. [Riq22, Sán22b]

Tabelle 10: Parameterübersicht der verwendeten Prozessparameter in den Untersuchung nach Sánchez et al. und Riquelme et al. [Riq22, Sán22b]

Prozessparameter	**Werte [Sán22b]**	**Werte [Riq22]**
Laserstrahlquelle / Wellenlänge	Rofin DL013S / 808 - 940 nm	Rofin DL013S / 808 - 940 nm
Laserspotdurchmesser	Ø 1,8 mm	Ø 1,8 mm
Laserleistung	150 - 650 W	150 – 1200 W
Prozessgeschwindigkeit	500 mm/min	60 – 1200 mm/min
Pulvermassenstrom	5 g/min	5 g/min
Pulvermaterial AISI 316L	Renishaw, PSD: 16,2 – 28,6 µm	Renishaw, PSD: 16,2 – 28,6 µm
Pulvermaterial SiC	Navarro SiC F360, PSD: 21,3 – 24,3 µm	Navarro SiC F360, PSD: 21,3 – 24,3 µm
Mischungsverhältnisse AISI 316L/SiC	5/0; 4/1; 3/2; 2/3	4/1; 3/2; 2/3, 1/4
Pulverzufuhrdüse	Fraunhofer IWS COAX 8	Fraunhofer IWS COAX 8
Stand-off Pulverzufuhrdüse	12,5 mm	12,5 mm
Fördergasvolumenstrom	3 l/min (Ar)	3 l/min (Ar)

In *Riquelme et al.* werden die Prozessparametereinflüsse Prozessgeschwindigkeit in Kombination mit der Laserleistung auf verschiedene SiC-Mischungsanteile bis zu 80 wt.-% auf die resultierenden Gefüge und Schichtcharakteristiken untersucht. Hinsichtlich Mikrogefüge und Ausscheidungen werden die Ergebnisse zu *Sánchez et al* bestätigt. Bei einem SiC-Mischungsanteil von 80 wt.-% ist die Matrix so hoch an Si und C gesättigt, dass eine größere Anzahl an SiC-Partikeln vorliegen. Dadurch ist die Härte ausgehend vom SiC-Mischungsanteil von 60 wt.-% auf 80 wt.-% wieder gesteigert. Dennoch wird die maximale Härte des SiC-Mischungsanteil 40 wt.-% von 1084±64 HV0.1 nicht erreicht. [Riq22]

Die Zugabe von SiC führt allerdings zu einer Steigerung der Schichtdefekte. Die Untersuchung von *Aigbodion et. al* zeigen, dass durch die Steigerung des SiC-Anteils von 0 auf 25 wt.-% die Porosität innerhalb der Matrix Al-Si-Fe von ca. 0,13 % auf ca. 0,42 % gesteigert wird [Aig07]. Bei der Erzeugung der MMC AISI 316L und SiC mittels des hybriden DED-LB Prozess mit Draht (hier AISI 316L, Durchmesser 1 mm) und SiC (hier Pulver, mittlerer Partikeldurchmesser 45 µm) zeigen die Untersuchungen von *Zhou et al.*, dass durch die Steigerung des SiC-Anteils von 0 wt.-% auf 8 wt.-% die Porosität um ca. 75,6 % steigt. Mit steigendem SiC-Anteil nehmen werden zudem eine steigende Rissanzahl beobachtet. [Zho23]

Der Stand der Technik zeigt die Potentiale des HS DED-LB im Bereich Oberflächenfunktionalisierung zur Reduzierung von Korrosion, Verschleiß und Reibung. Die Möglichkeit der Verarbeitung nahezu aller Beschichtungsmaterialien erlaubt eine anwendungsorientierte Anpassung der Oberflächen. Vermehrt werden Materialmischungen eingesetzt, um den wachsenden und komplexen Anforderungen an Oberflächen gerecht zu werden. Bei den Materialmischungen unterscheiden sich die Pulvermaterialien meist durch ihre Materialeigenschaften, wie Schmelztemperatur und Reflexionsgrad, und durch ihre Morphologie. Beim HS DED-LB werden die Pulvermaterialien vor der Prozesszuführung gemischt und über einen PGS dem Auftragprozess zugeführt. Dadurch kann die thermische Aufheizung der einzelnen Pulvermaterialien nicht individuell beeinflusst werden. Dies limitiert die erzeugbaren Beschichtungen hinsichtlich des Materialmischverhaltens und der resultierenden Schichtcharakteristik.

Durch die separate Materialzuführung über mehrere PGS können die Materialien einzeln zum Auftragprozess zugeführt und erst im Laserstrahl gemischt werden. Durch die relative Positionierung der PGS in den drei Raumdimensionen kann die jeweilige Wechselwirkungsstrecke der PGS und des Laserstrahls verändert werden. Dadurch ist es möglich, das Lösungsverhalten der einzelnen Materialien zueinander hinsichtlich Homogenität und Separation über die Schichthöhe zu beeinflussen. Neben der konstruktiven Beeinflussung der Wechselwirkungsstrecke zwischen PGS und Laserstrahl kann die Interaktionszeit zwischen PGS und Laserstrahl die Steuerung der jeweiligen Partikelgeschwindigkeit mittels FGVS variiert werden. Die Einflüsse der separaten Materialzuführung auf die PGS zueinander und auf die resultierende Beschichtung ist derzeit noch unbekannt und wird im Rahmen dieser Arbeit untersucht.

3 Vorgehensweise

3.1 Problemstellung, Zielsetzung und Forschungsfrage

Zur Erreichung von Oberflächeneigenschaften werden zunehmend Materialmischungen bzw. mehrlagige Beschichtungen eingesetzt, um die stetig wachsenden Ansprüche an Werkstücke zu realisieren. Bei der Verwendung von Materialmischungen muss häufig ein Kompromiss hinsichtlich Verarbeitbarkeit und Beschichtungsanforderungen gefunden werden. Wie in der Literatur beschrieben, können bei pulverbasierten Auftragprozessen wie dem HS DED-LB die einzelnen Materialien separat gefördert und innerhalb der Förderstrecke in-situ gemischt werden. Die Pulvermischung wird über die Pulverzufuhrdüse mittels eines einzelnen PGS dem Ort des Materialauftrags zugeführt. Innerhalb des PGS haben die einzelnen Materialien der Mischung die gleiche Interaktionszeit im Laserstrahl, wodurch die jeweiligen Materialeigenschaften, wie Schmelztemperatur und Pulvermorphologie, bei der Aufschmelzung im Laserstrahl nicht einzeln beeinflusst werden können. Resultierend kann die chemische Zusammensetzung der Beschichtung durch die Prozessparameter, wie Partikelgeschwindigkeit und FGVS, nur in kleinem Maße gesteuert werden. Ein Beispiel hierfür ist die Verbundlegierung MMC aus dem Matrixmaterial AISI 316L und dem Hartwerkstoff, bei deren Erzeugung die Temperaturempfindlichkeit des SiC herausfordernd ist. Durch eine separate Materialzuführung könnte die Interaktionszeit des SiC im Laserstrahl separat variiert und dadurch die Aufheizung der SiC-Partikel gesteuert werden. Diese MMC aus den Materialien AISI 316L und SiC ist als Beschichtung sowohl aufgrund der vergleichsweisen niedrigen Materialkosten wirtschaftlich als auch für die Oberflächenfunktionalisierung im Anwendungsfeld Pumpen durch Feststoffgleiteigenschaften als Bleiersatz interessant. [Ach22, Koß21c]

Alternativ zu Materialmischungen kann ein Mehrschichtsystem verwendet werden. Da in dieser Vorgehensweise je Schichtlage eine geeignete Legierung verwendet werden kann, muss hinsichtlich der einzelnen Anforderungen sowie Prozessierbarkeit der einzelnen Materialien kein Kompromiss gefunden werden [Mar20]. Für die Erzeugung einer Korrosions- und Verschleißschutzbeschichtung wird in diesem Fall ein Zweischichtsystem verwendet. Dazu wird zunächst eine Grundschicht, z.B. ein Korrosionsschutz aus einem Edelstahl wie AISI 316L oder der Nickelbasislegierung Alloy 718, aufgetragen. Darauf wird eine Verschleißschutzschicht als Deckschicht erzeugt. Diese wird aus einem verschleißfesteren Material, z.B. einer Eisen-Chrom-Beschichtung oder einen Metallmatrix-Verbundwerkstoff, generiert. Der Nachteil dieses Konzeptes ist, dass je Schicht eigene Prozessparameter benötigt werden und resultierend aus dem Stand der Technik mehrere Beschichtungsprozesse oder alternativ zwei separate Auftragsysteme untersucht und definiert werden müssen. [GTV22, Mar20]

Ähnlich dem Zweischichtkonzept ist eine Gradierung der Gesamtbeschichtung auf dem Substrat. Dafür werden mehrere einzelne Beschichtungslagen erzeugt, wobei die Reinheit von Substratoberfläche von 100 % des Beschichtungsmaterials 1 über mehrere weitere Beschichtungsüberfahrten schrittweise von Beschichtungsmaterial 1 zur Beschichtungsoberfläche bis 100 % von Beschichtungsmaterial 2 variiert wird. Durch den mehrlagigen Schichtaufbau ist der Materialübergang kontinuierlich und die Härteunterschiede zwischen den einzelnen Beschichtungslagen kleiner, wodurch die Rissneigung reduziert wird. [GTV22, Mar20, Tho22]

Mittels der separaten Materialzuführung beim DED-LB mit der hierfür entwickelten Triple-Two Düse können zwei Materialien separat dem Prozess zugeführt und die Mischungszone der Materialien in den Laserstrahl verlagert werden (s. Kap. 2.2 Seite 15; Kap. 2.3 Seite 17-18). Durch die Möglichkeit der relativen Positionierung der zwei PGS zueinander in Kombination mit individuellen Pulverförderparametern kann das jeweilige Aufheizverhalten durch Steuerung der Interaktionszeit zwischen PGS und Laserstrahl (s. Kap. 2.2 Bild 9) je Material separat beeinflusst werden. Durch die relative Verschiebung der PGS zueinander kann die Schichtzusammensetzung beeinflusst werden.

1. Separate vertikale Positionierung der PGS parallel zur Laserstrahlachse (z-Achse) für die Steuerung der Materiallöslichkeit zueinander: Auf diese Weise wird die resultierende homogene Schichtzusammensetzung über die Schichthöhe beeinflusst.
2. Horizontale Verschiebung der PGS senkrecht zur Laserstrahlachse (x-y-Ebene): Bei der horizontalen PGS-Verschiebung entlang der x-Achse zueinander existiert ein vor- und ein nachlaufender PGS. Dadurch soll eine Separierung der zwei Materialien über die Schichthöhe erzielt werden.

Im Rahmen dieser Arbeit sollen die Prozessparametereinflüsse für die zwei Verschiebungen anhand der MMC aus den Materialien SiC und AISI 316L für die vertikale Verschiebung und die Materialen Alloy 718 und F-690-HV2 für die horizontale Verschiebung zur Vertiefung des Prozessverständnisses systematisch untersucht werden. Dabei soll die nachfolgende Forschungsfrage beantwortet werden:

„Wie können die Schichtzusammensetzung und die chemischen Eigenschaften durch separate Materialzuführung beim HS DED-LB beeinflusst werden?“

Die übergeordnete Forschungsfrage gliedert sich in drei untergeordnete Forschungsfragen abhängig der relativen PGS-Verschiebung in z- bzw. x-Richtung:

a. „Welchen Einfluss hat die FGVS-Variation auf die PGS-Verläufe und die jeweiligen Partikelgeschwindigkeiten der verwendeten Materialien bei der separaten Materialzuführung?“
b. „Welchen Einfluss auf die Materiallöslichkeit vom SiC in der Matrix AISI 316L bewirkt die Variation der Prozessparameter Prozessgeschwindigkeit, Spotdurchmesser und Fördergasvolumenströme bei der separaten Materialzuführung?“
c. „Ist die Erzeugung einer einlagig gradierten Schicht mittels PGS-Verschiebung in x-Richtung realisierbar und welchen Einfluss haben die Prozessgeschwindigkeit und die Spurüberlappung auf die Schichtgradierung?“

3.2 Vorgehen

Im Rahmen dieser Arbeit wird im ersten Schritt, wie in Bild 17 dargestellt, in der Einleitung (**Kapitel 1**) die Ausgangssituation und Motivation beschrieben. Die Zusammenfassung des Stands der Technik erfolgt in **Kapitel 2**. In diesem wird zunächst der aktuelle Stand der Technik zu den pulverbasierten Beschichtungsverfahren, der Materialzuführung beim DED-LB und der Materialien für die laserbasierte Oberflächenbeschichtung ausgearbeitet. Bei den pulverförmigen Beschichtungsverfahren wird das thermische Spritzen, die DED-Verfahren allgemein und das DED-LB betrachtet. Bei der Ausarbeitung der Materialien zu Oberflächenbeschichtung werden die zwei meisteingesetzten Beschichtungen für den Korrosions- und Verschleißschutz und zusätzlich Metallmatrix-Verbundwerkstoffe fokussiert.

Im **Kapitel 3** wird die Problemstellung mit der resultierenden Zielsetzung und zugehöriger Forschungsfrage ausgearbeitet und die Vorgehensweise in dieser Arbeit vorgestellt. Die für die Forschungsarbeit verwendeten Anlagen, Systeme, Methoden und Materialien werden in **Kapitel 4** beschrieben und charakterisiert. Dies umfasst die Beschreibung des Versuchsaufbaus, der verwendeten Analysegeräte sowie -methoden und die Charakterisierung der vier verwendeten Materialien SiC, AISI 316L, F-690-HV2 und Alloy 718.

In **Kapitel 5** werden die Ergebnisse der simulationsbasierten und experimentellen Düsencharakterisierung vorgestellt. Die Triple-Two Düse ist aus zwei Dreistrahldüsen aufgebaut. Aus diesem Grund wird neben der Materialzuführung der Triple-Two Düse auch eine konventionelle Materialzuführung mittels Dreistrahldüse simuliert. Mit Hilfe der Simulation werden die Einflüsse der FGVS-Variation auf den geometrischen PGS-Verlauf und die Partikelgeschwindigkeit untersucht. Die Charakterisierung des Simulationsmodells wird auf Basis einer Dreistrahldüse durchgeführt, welche für den geometrischen PGS-Verlauf anhand der Pulvergasstrahlanalyse (PGSA) mittels Laserschnittverfahren und für die Partikelgeschwindigkeit mittels Partikelgeschwindigkeitsmessung anhand von Hochgeschwindigkeitsaufnahmen erfolgt. Bei der Triple-Two Düsencharakterisierung wird die relative PGS-Verschiebung in z- und x-Richtung von jeweils 1 mm simuliert.

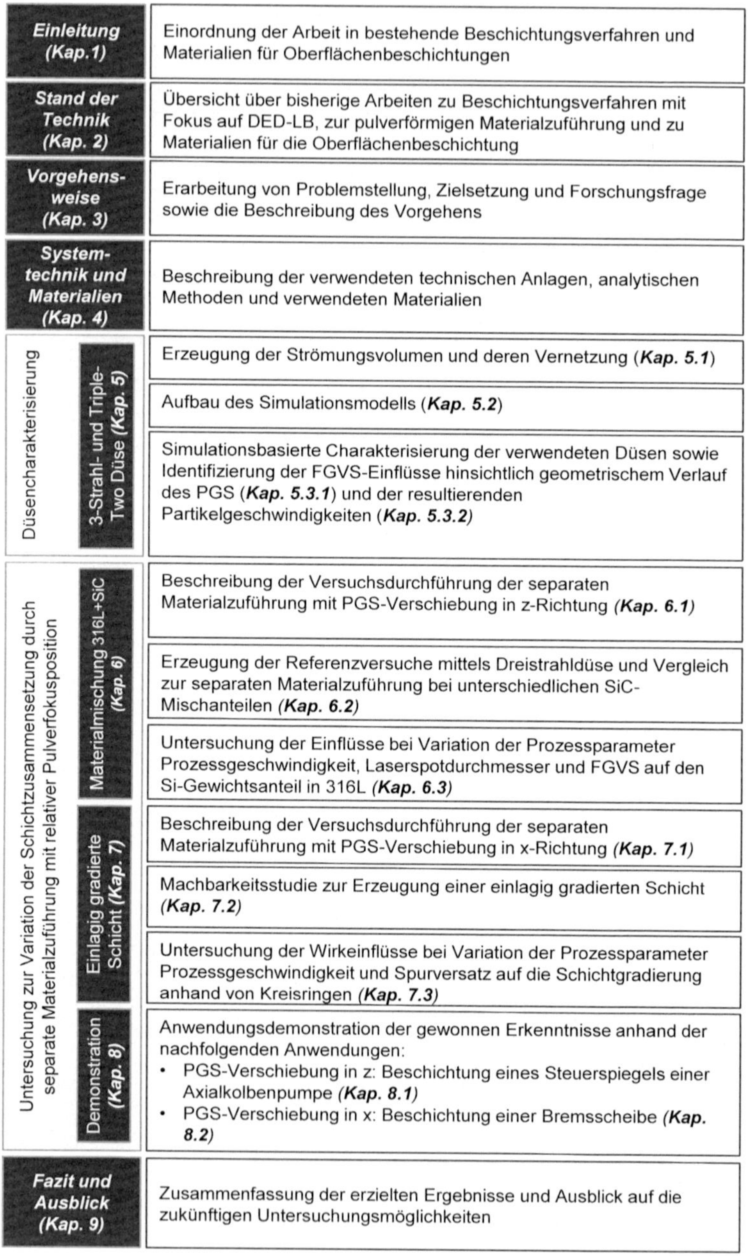

Bild 17: Schematische Darstellung der Gliederung der Arbeit

In **Kapitel 6** werden die Einflüsse der separaten Materialzuführung für die PGS-Verschiebung in z-Richtung anhand der Materialmischung MMC AISI 316L und SiC untersucht. Hierfür werden Vergleichsversuche mit der Dreistrahldüse und unterschiedlichen SiC-Volumenanteilen in **Kapitel 6.1** durchgeführt. Die erzeugten Schichten werden, wie die darauf aufbauenden Versuche mit der Triple-Two-Düse, mit vertikaler PGS-Verschiebung in **Kapitel 6.2** hinsichtlich der Schichtcharakteristik und des Lösungsverhaltens von SiC im AISI 316L untersucht.

Nachfolgend wird in **Kapitel 7** die Machbarkeitsstudie zur Erzeugung einer einlagig gradierten Beschichtung auf einem ST52-Rohr durchgeführt (**Kapitel 7.1**). Durch die relative Verschiebung des Pulvergasstrahls bzw. dessen Fokuslage senkrecht zum Laserstrahl wird ein vor- bzw. nachlaufender PGS entlang der axialen Vorschubgeschwindigkeit erzielt, wodurch eine einlagig gradierte Schicht mit möglichst großer Separierung der zwei Materialien erzeugt werden soll. Durch die Separierung soll im Anbindungsbereich zum Substrat der Korrosionsschutz durch die Verwendung von Alloy 718 und an der Beschichtungsoberfläche der Verschleißschutz durch das Material F-690-HV2 möglichst groß sein. Auf die Machbarkeitsstudie aufbauend werden in **Kapitel 7.2** die Einflüsse der Prozessgeschwindigkeit und der Spurüberlappung auf die resultierende Schichtgradierung anhand einer Bremsscheibenbeschichtung untersucht.

Die gewonnenen Erkenntnisse der beiden PGS-Verschiebungen werden in **Kapitel 8** auf zwei Anwendungsbeispiele übertragen. Die PGS-Verschiebung in z-Richtung wird anhand der Beschichtung eines Steuerspiegels einer Axialkolbenpumpe zur Erzeugung eines hart-hart-Kontaktes als Ersatz für bleihaltige Buntmetalllegierungen in tribologischen Kontakten (**Kapitel 8.1**) demonstriert. In **Kapitel 8.2** wird die PGS-Verschiebung in x-Richtung am Anwendungsbeispiel Verschleiß- und Korrosionsschutzbeschichtung von Bremsscheiben zur möglichen Steigerung der Produktivität demonstriert. Im letzten **Kapitel 9** werden die gewonnen Erkenntnisse zusammengefasst und ein Ausblick auf zukünftige Untersuchungsmöglichkeiten gegeben.

4 Systemtechnik und Materialien

4.1 Laboranlage

Die Schichterzeugung wird mit einem 4-Achs-Laserhandlingsystem (Hornet Laser Cladding B.V, Alblasserdam, Niederlande) durchgeführt (s. Bild 18). In der Anlage sind ausschließlich rotationssymmetrische Werkstücke mit einem maximalen Durchmesser von 250 mm und einer Länge von 400 mm bearbeitbar. Die maximale Drehzahl der Spindel beträgt 1300 U/min, mit welcher die definierte Oberflächengeschwindigkeit automatisch über eine CNC gestützte Steuerung an den Werkstückdurchmesser angepasst wird. Außerdem ermöglicht das Handlingsystem über eine Rotation der B-Achse eine Verkippung der Spindel (C-Achse). Die Drehung der C-Achse ist innerhalb der x-z-Ebene um den Kippwinkel von -20° – 120° möglich.

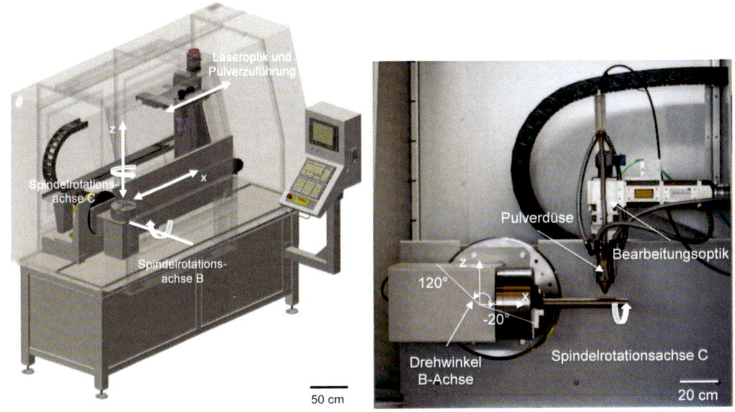

Bild 18: links) schematische Darstellung des Hornet Handlingsystems; rechts) Bild des Prozess-Setups

Die Bearbeitungsoptik mit Pulverzufuhrdüse wird mittels zwei Linearachsen in x- und z- Richtung verfahren. Als Laserstrahlquelle wird der Scheibenlaser TruDisk 4002 (TRUMPF Laser- und Systemtechnik GmbH, Ditzingen, Deutschland) verwendet. Die Ausgangsleistung des Lasers liegt zwischen 80 – 4000 W. Der Laserstrahl wird über ein Lichtleiterkabel mit einem Faserquerschnitt von Ø 600 µm zur Bearbeitungsoptik Trumpf BEO D70 90°PMF (TRUMPF Laser- und Systemtechnik GmbH, Ditzingen, Deutschland) geleitet. Mittels motorischer Kollimation kann der Laserstrahlfokus entlang der z-Achse verschoben und so der Laserspotdurchmesser im Arbeitsabstand auf der Werkstückoberfläche im Bereich von ca. 1,2 – 4 mm variiert werden. Die graphische Darstellung der Laserstrahlkaustik ist im Anhang in Kap.10.6 in Bild 123 und die Intensitätsverteilungen der Laserspotdurchmesser Ø 1,2 mm, 1,4 mm und 1,6 mm in Bild 124 dargestellt

Der für den Prozess erforderliche Pulverwerkstoff wird durch einen Pulverförderer Twin-150 (OC Oerlikon Corporation AG, Pfäffikon, Schweiz) zugeführt. In diesem sind zwei voreinander unabhängige Pulvertöpfe mit einer Förderscheibennut von 5 mm x 1 mm (B x H). Über die Drehzahl der Nutscheibe wird der Pulvermassenstrom geregelt. Das Pulvermaterial wird über das Fördergas Argon als Trägermedium zum Auftragprozess gefördert. Für die lokale Schutzgasabschirmung des Auftragbereichs wird das inerte Edelgas Argon zentrisch durch die Pulverdüse zugeführt.

4.2 Pulverzufuhrdüsen

Dreistrahldüse

Für die Entwicklung und Validierung des Simulationsmodells und für die Vergleichsversuche bei der Materialmischung wird die Dreistrahldüse SO16/12 (Fraunhofer ILT, Aachen, Deutschland) verwendet (s. Bild 19). Die pulverförmigen Materialien werden über drei Pulvergaskanäle (PGK) zu einem Schnittpunkt im Laserstrahl zusammengeführt. Der Öffnungswinkel α des PGS beträgt ca. 46°.

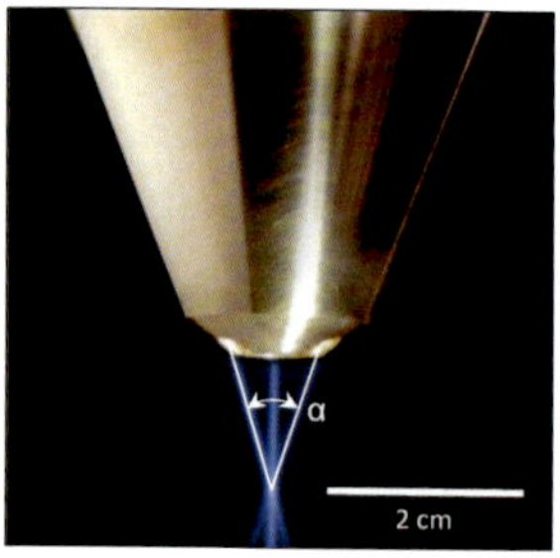

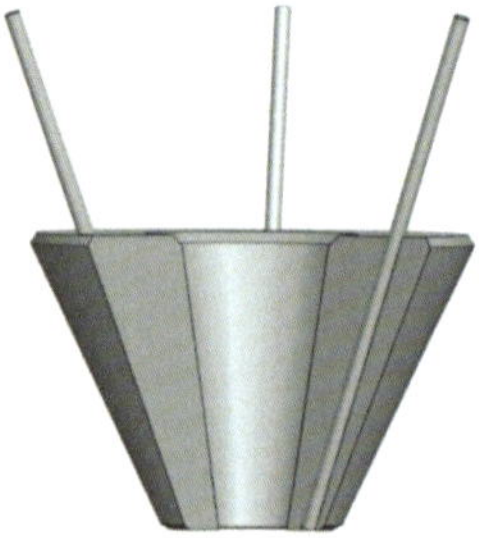

Bild 19: links: reale Dreistrahldüse mit Pulvergasstrahl und Öffnungswinkel und Phase am Düsenende, rechts: konstruiertes digitales Düsenmodell für Simulation

Triple-Two Düse

Für die Untersuchung der separaten Materialzuführung von zwei Pulvermaterialien über zwei unabhängige PGS wird die Triple-Two Düse (HD Sonderoptiken für die Lasertechnik GmbH & Co. KG, Übach-Palenberg, Deutschland) verwendet (Bild 20). Die Düse hat insgesamt 6 einzelne Pulverzuführungen mit je einem Zufuhrröhrchen-Durchmesser von Ø 1,5 mm, von denen jeweils drei Strahlen zusammen einen PGS mit einem Pulverfokus bilden. Mit variablen Distanzscheiben können die zwei PGS in vertikaler Richtung (z-Achse) im Bereich von 0,5 – 2 mm zueinander verschoben werden. Zudem können die PGS in horizontaler Richtung innerhalb der x-y-Ebene in einem Bereich bis ca. 600 µm zueinander positioniert werden. So wird ermöglicht, zwei unterschiedliche Materialien an unterschiedlichen Stellen in den Laserstrahl und den Prozess einzubringen.

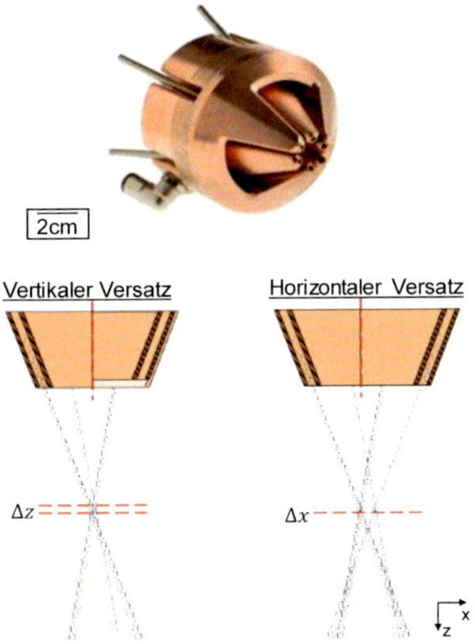

Bild 20: Triple-Two Düse mit schematischer Darstellung der Verschiebung in x- und z- Richtung

4.3 Analytik

Pulvergasstrahlanalyse

Zur Charakterisierung des geometrischen Verlaufs der PGS der Dreistrahldüse sowie der PGS-Verschiebung in z- und x- Richtung bei der Triple-Two Düse wird eine PGSA durchgeführt. Für die PGSA wird der Powder Jet Monitor (Fraunhofer ILT, Aachen, Deutschland) verwendet (Bild 21). In diesem werden die PGS mit einem Laserschnittverfahren belichtet und die Partikelverteilungen in den einzelnen x-y-Ebenen dargestellt. Die Visualisierung erfolgt mittels einer Kamera, die Bilder mit einer Frequenz von 500 Hz und der Aufnahmedauer von 10 µs aufnimmt. Für die Messungen in der Arbeit werden auf diese Weise 2.000 Bilder je Messebene erzeugt, die zu einem resultierenden Bild zusammengeführt werden. Je Schnittebene des PGS werden die Partikel erfasst und über einen Algorithmus die Partikeldichteverteilung graphisch visualisiert. Zur Bestimmung der PF-Position werden je drei Messungen mit gleichen Zufuhrparametern durchgeführt und aus den Ergebnissen der Mittelwert und die Standardabweichung gebildet.

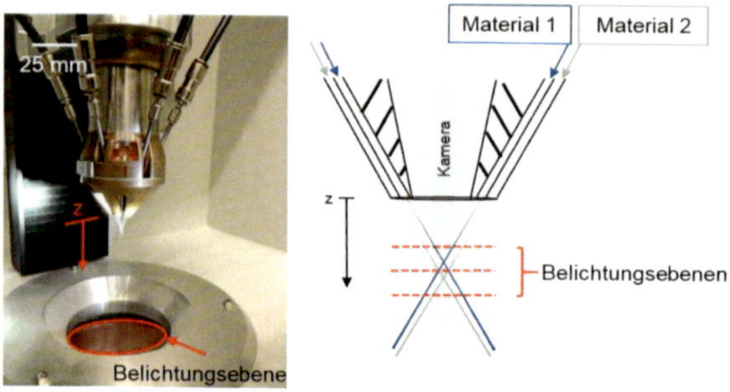

Bild 21: Schematische Darstellung der PGS-Analyse, links: Messaufbau, rechts: schematische Darstellung des Messvorgangs

Probenpräparation

Für die Untersuchung der erzeugten Beschichtungen werden Querschliffe entlang der x-Achse erzeugt und diese metallographisch analysiert. Das Auftrennen wird mit einer Brilliant 240 Trennmaschine (ATM Qness GmbH, Mammelzen, Deutschland) durchgeführt. Zum Einbetten der einzelnen Beschichtungsversuche wird die Warmeinbettpresse Opal Xpress 50 (ATM Qness GmbH, Mammelzen, Deutschland) und das Einbettmaterial Bakelit verwendet. Nach dem Einbetten werden die Proben für die nachfolgenden Untersuchungen auf einer Qpol 250 M1 Schleif- und Poliermaschine (ATM Qness GmbH, Mammelzen, Deutschland) zunächst geschliffen und anschließend mit einer 1 µm-Diamantsuspension poliert.

Für die Darstellung der Gefügestruktur werden die einzelnen Beschichtungen geätzt. Die Ätzung der Schichten wird mit einer V2A-Beize durchgeführt. Für eine Ätzung werden die Proben zwischen 45 sec und 90 sec in der Beize geschwenkt, mit Wasser neutralisiert und in Ethanol mittels Ultraschalls gereinigt.

Lichtmikroskopie

Für die optische Beurteilung der erzeugten Beschichtungen werden die Schichten mit einem Keyence VHX6000 digital Lichtmikroskop (Keyence Deutschland GmbH, Neu-Isenburg, Deutschland) betrachtet. Dazu werden 2D-Panoramaaufnahmen der Schichten mit einer 200-fachen Vergrößerung aufgenommen und auf Schichtdefekte untersucht. Ebenso wird eine Schichtdickenmessung anhand der aufgenommenen Bilder durchgeführt. Mit Hilfe der Auswertesoftware des Keyence VHX6000 digital Lichtmikroskop kann die Schichtdicke der Querschliffe vermessen und dadurch die mittlere Schichtdicke aus 6 – 8 Messungen ermittelt werden. Neben der Schichtdickenmessung kann eine Flächenauswertung der Querschliffe anhand der optischen Auswertung der Farbkontraste durchgeführt werden, um mögliche Partikelverteilungen und -anzahlen in der Beschichtung, wie SiC-Partikel innerhalb MMC, sichtbar zu machen. Poren und Risse können die Werte allerdings beeinflussen.

Härteprüfung

Für die Härtemessung wird die Mikrohärteprüfung nach Vickers verwendet. Hierbei wird ein Prüfkörper mit einer definierten Prüfkraft F und einer definierten Haltezeit t in die Probe gedrückt. Im Anschluss werden die Diagonalen des entstandenen Eindruckes vermessen und über Formel (4.1) die Härte bestimmt. [DIN18]

$$HV = 0{,}1891 \cdot \frac{F}{d^2} \tag{4.1}$$

Für die Prüfung ausgewählter Proben in dieser Arbeit wird die Härteprüfmaschine Qness 60A+ (ATM Qness GmbH, Mammelzen, Deutschland) verwendet. In die zu untersuchenden Schichten werden Prüfpunkte in unterschiedlichem Abstand zum Substrat gesetzt (s. Bild 22). Über einen Nullpunkt an der Grenzfläche zwischen Substrat und Schicht wird der Abstand zwischen Messpunkten und Anbindungszone bestimmt und die Härte im Abstand zum Substrat ermittelt. Dabei wird visuell beachtet, den nach der Norm DIN EN ISO 6507 vorgegebenen Abstand von drei Eindruckdiagonalen zwischen den Prüfpunkten einzuhalten. Die verwendete Prüfkraft beträgt 0,3 N. Um die Schichthärte nach Norm und ohne Randeinflüsse zu messen, werden die Messungen mit ausreichend Abstand zur Substrat- und Schichtoberfläche ermittelt. Die Messpunkte sind daher, wie in Bild 22 dargestellt, meist diagonal von Anbindungszone zur Schichtoberfläche in mehreren parallelen Messreihen angeordnet.

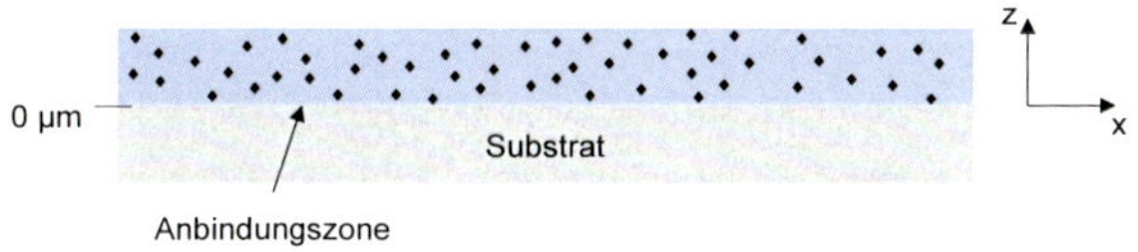

Bild 22: Schematische Verteilung der Prüfeindrücke der Härtemessung

EDX- Elementanalyse

Die EDX-Elementanalyse wird mit einem Sigma Rasterelektronenmikroskop (REM) (Carl Zeiss GmbH, Oberkochen, Deutschland) durchgeführt, das mit einem Gemini X-Max energiedispersivem Röntgenspektrometer (Oxford Instruments, Inc., Abindon, Vereinigtes Königreich) ausgestattet ist. Über eine EDX-Elementanalyse wird die chemische Zusammensetzung der aufgebrachten Schichten untersucht. Die EDX-Elementanalyse der Schichten wird in Linienmessungen durchgeführt, die im Querschliff ausgehend vom Substrat an die Oberfläche der Beschichtung verlaufen (s. Bild 23). Hierfür wird als Spannung 10 kV verwendet. Für die Erzeugung von REM-Bildern wird der SE2-Detektor (Sekundärelektronendetektor 2) verwendet.

Bild 23: Aufnahme der EDX-Linienmessung für die Elementanalyse am Beispiel einer einlagig gradierten Schicht

Strömungssimulation

Die Simulationen werden vorbereitet, berechnet und ausgewertet in ANSYS Workbench 2021 R2 (Ansys Inc., Canonsburg, USA). ANSYS Workbench ist eine Integrationsplattform, in welcher mehrere Programme enthalten sind. Für den Aufbau der Simulationen dieser Arbeit werden folgende Anwendungen der ANSYS Workbench verwendet:

- SpaceClaim für das Strömungsvolumen
- ANSYS Meshing für die Gittergenerierung
- Fluent für die Strömungssimulation
- CFD-Post für die Ergebnisauswertung

Diese Anwendungen werden als Bausteine in ANSYS Workbench zu einem Projekt kombiniert und können separat voneinander aktualisiert und bearbeitet werden. Für einen Geometriebaustein und ein Netz ist es darauf aufbauend möglich, mehrere Strömungssimulationen in Fluent zu erstellen. Für die Durchführung der Simulationsberechnungen wird das RWTH High Perfomance Computing Cluster (HPC) auf Linux-Basis genutzt.

Hochgeschwindigkeitsvideographie

Für die messtechnische Validierung der simulativ bestimmten Partikelgeschwindigkeit wird die Hochgeschwindigkeitskamera Photron FASTCAM S9 Typ 900K (Photron Deutschland GmbH, Reutlingen, Deutschland) verwendet. Der 1-Megapixel CMOS Bildsensor erlaubt eine Auflösung von 1024x1024 Pixel für 9.000 Bilder pro Sekunde (fps, *engl. frames per second*). Die maximale Bildrate beträgt 900.000 fps. [PHO23]

Für die Messung wird die Dreistrahldüse vor der Kamera positioniert und der PGS mittels einer Lichtquelle beleuchtet. Durch die Nachverfolgung der Partikel bei bekannter Pixelgröße kann über den zeitlichen Abstand aufeinanderfolgender Bilder und den zurückgelegten Weg einzelner Partikel deren Geschwindigkeit bestimmt werden. In Bild 24 ist eine Momentaufnahme des PGS sowie einer Detailaufnahme eines einzelnen Pulverstrahls der Dreistrahldüse bei 11 l/min abgebildet.

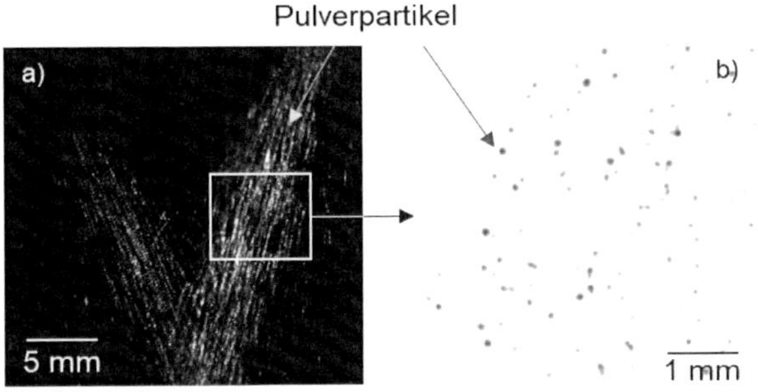

Bild 24: Momentaufnahme des PGS der Dreistrahl bei 11 l/min, a) Momentaufnahme des PGS, b) Detailaufnahme eines einzelnen PGS

4.4 Materialien

Für die Beschichtungsversuche mit separater Materialzuführung werden verschiedene Materialien verwendet. Bei diesen handelt es sich um metallische und karbidische Pulvermaterialien. In den Versuchen werden immer zwei Pulvermaterialien kombiniert. Für die Untersuchung der Materialmischung in Kap. 6 werden die Materialien AISI 316L und Siliziumkarbid (SiC) verwendet. Für die Betrachtung der direkten Erzeugung einer gradierten Beschichtung in Kap. 7 werden die Materialien Alloy 718 und die FeCr-Legierung F-690-HV2 verwendet. Die Partikelgrößenverteilung (PSD ≙ Particle Size Distribution) wird mittels Camsizer ermittelt. Der mittlere Partikeldurchmesser $\overline{d}$ ist der Mittelwert der messtechnisch bestimmten PSD der verwendeten Materialien und wird für die Simulation verwendet (s. Kap. 5.3 Tabelle 13). Die chemische Analyse der verwendeten Pulvermaterialien wurde durch die Hersteller durchgeführt.

AISI 316L

Für die Beschichtung mit AISI 316L wird das Pulvermaterial mit der Bezeichnung Diamalloy 1003-1 (OC Oerlikon Corporation AG, Pfäffikon, Schweiz) verwendet. Die Ergebnisse der chemischen Analyse des Herstellers ist in Tabelle 29 (Anhang Kap. 10.4) gegeben. AISI 316L ist widerstandsfähig gegen Korrosion und weist keine interkristalline Korrosion auf. Zudem ist das Material für tiefe Temperaturen und für Schweißprozesse geeignet. Die Härte von AISI 316L beträgt ca. 300 - 350 HV. [Oer23]

In Bild 25 ist links die Partikelgrößenverteilung und rechts eine REM-Aufnahme der Partikel dargestellt. Die Partikelgrößen betragen 28 µm (d_{10}), 35 µm (d_{50}) und 45 µm (d_{90}). In der REM-Aufnahme ist die sphärische Form der Partikel erkennbar.

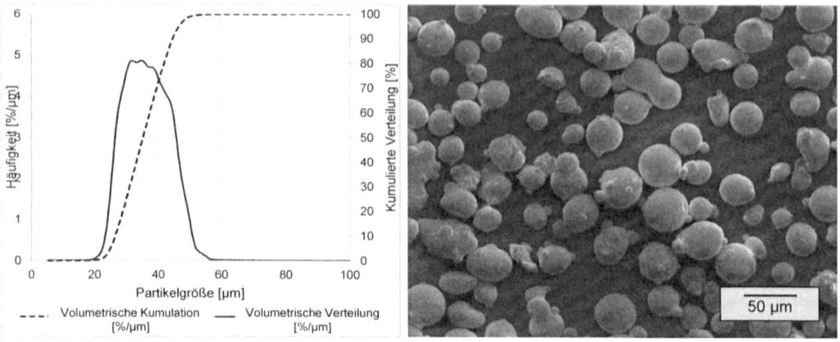

Bild 25: links: Partikelgrößenverteilung sowie rechts: REM- Aufnahme 316L Partikel (Signal A = SE1, EHT = 20 kV)

Siliziumkarbid

Als SiC wird das Pulvermaterial mit der Bezeichnung GTV 70.85.8 (GTV Verschleißschutz GmbH, Luckenbach, Deutschland) verwendet. Das Material besteht lediglich aus den Elementen Silizium und Kohlenstoff. Die genauen Massenanteile sind in Tabelle 30 (Anhang Kap. 10.4) angegeben. SiC ist ebenso korrosionsbeständig und durch die Härte von bis zu 3500 HV verschleißbeständig. Zudem bleiben die Eigenschaften auch bei hohen Temperaturen oberhalb von 1400 °C konstant [Dwi18a].

In Bild 26 ist die Partikelgrößenverteilung mit 18 µm (d_{10}), 33 µm (d_{50}) und 48 µm (d_{90}), sowie die Morphologie zu entnehmen. Zu erkennen ist, dass die Partikel eine plattenförmige bzw. spratzige Morphologie aufweisen. Des Weiteren sind die Größenunterschiede zwischen einzelnen Partikeln zu erkennen.

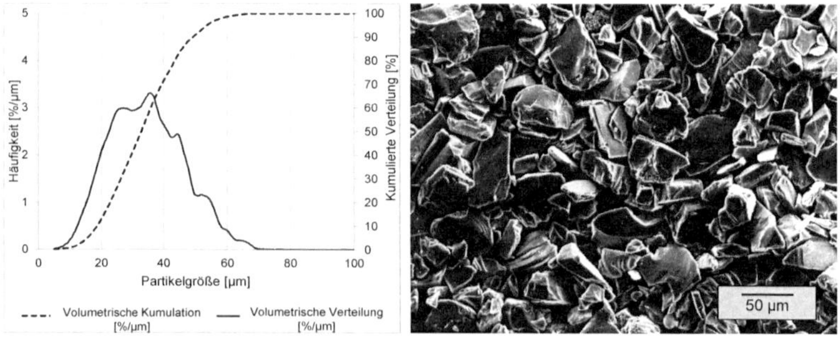

Bild 26: rechts: Partikelgrößenverteilung sowie links: REM- Aufnahme SiC Partikel (Signal A=SE1, EHT=20 kV)

Alloy 718

Als Alloy 718 wird der Pulverwerkstoff mit der Bezeichnung Amdry 1718 (OC Oerlikon Corporation AG, Pfäffikon, Schweiz) genutzt. Alloy 718 ist eine nickelbasierte Legierung mit größeren Anteilen an Chrom und Eisen. Die genaue chemische Zusammensetzung ist in Tabelle 31 (Anhang Kap. 10.4) aufgeführt. Die Legierung zeichnet sich durch Alterungsbeständigkeit, Bruch-, Zug-, und Warmfestigkeit bis zu einer Temperatur von 700 °C aus. Ebenso ist Alloy 718 unter bestimmten Bedingungen korrosionsbeständig. Aufgrund der Eigenschaften wird Alloy 718 sowohl für Hochtemperaturanwendungen als auch für Korrosionsschutz verwendet. [Hig23, Met23b]

Die Größenverteilung des Pulvers und eine REM-Aufnahme der Partikel sind in Bild 27 dargestellt. Die Partikelgrößen betragen 28 µm (d_{10}), 36 µm (d_{50}) und 49 µm (d_{90}).

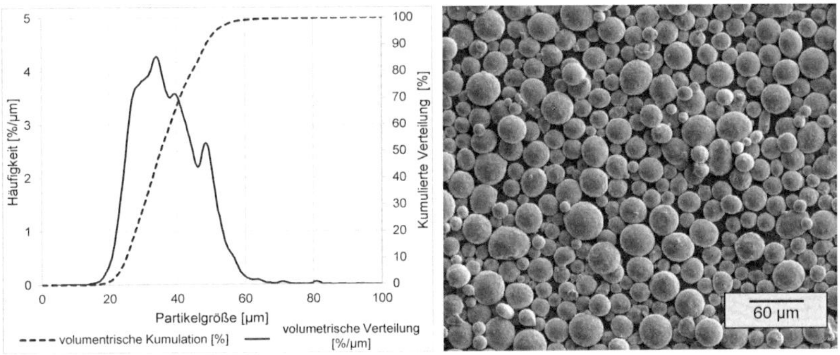

Bild 27: links: Partikelgrößenverteilung sowie rechts: REM- Aufnahme Alloy 718 Partikel (Signal A=SE1, EHT=20 kV)

F-690-HV2

Für den Verschleißschutz wird die FeCr-Legierung mit der Bezeichnung F-690-HV2 (LSN Diffusion, Ammanford, Vereinigtes Königreich) verwendet [LSN21], eine Eisenbasislegierung mit der in Tabelle 32 (Anhang Kap. 10.4) gegebenen elementaren Zusammensetzung. Diese Legierung zeichnet sich durch eine hohe Verschleißbeständigkeit bei gleichzeitiger Korrosionsbeständigkeit durch den entsprechenden Anteil von 32 wt.-% Chrom aus. Die Härte der Legierung liegt im Bereich von 950 HV. Die Partikelgrößenverteilung von 32 µm (d_{10}), 42 µm (d_{50}) und 53 µm (d_{90}) sowie eine REM-Aufnahme der Partikel sind in Bild 28 abgebildet.

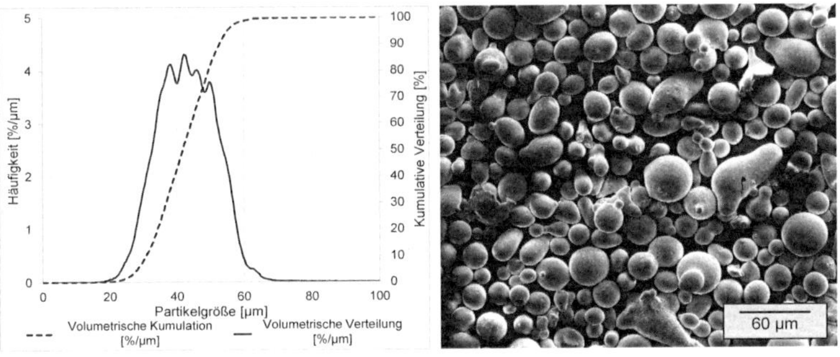

Bild 28: links: Partikelgrößenverteilung sowie rechts: REM- Aufnahme der F-690 HV2 Partikel (Signal A=SE1, EHT=20 kV)

5 Düsencharakterisierung

5.1 Durchführung

Die simulationsbasierte PGS-Charakterisierung wird für die jeweiligen Pulverzufuhrdüsen Dreistrahl- und die Triple-Two Düse mittels ANSYS Fluent 2021R2 durchgeführt. Das Simulationsmodell wird im ersten Schritt für die Dreistrahldüse erstellt und die generierten Ergebnisse durch experimentelle Untersuchungen charakterisiert. Anschließend wird die Triple-Two Düse je für einen vertikalen Versatz in z-Richtung, im Folgenden TTV (Vertikaler Versatz) abgekürzt, und einen horizontalen Versatz der Triple-Two Düse in x-Richtung, im Folgenden TTH (Horizontaler Versatz) abgekürzt, von jeweils 1 mm mittels Simulation charakterisiert. In Bild 29 ist die Vorgehensweise für die simulative Düsencharakterisierung dargestellt.

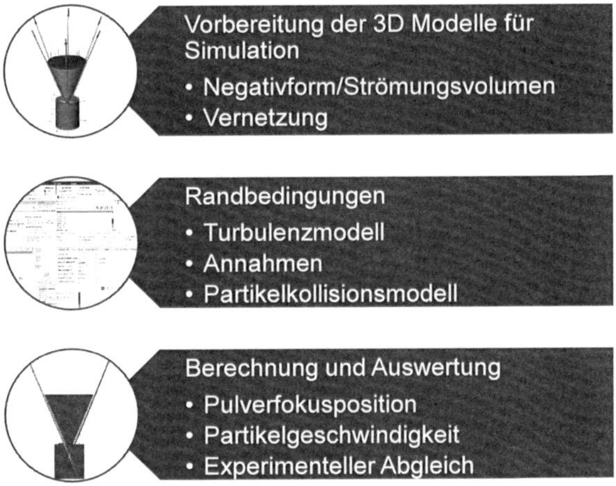

Bild 29: Schematische Darstellung zur Düsencharakterisierung mittels Simulation

In einem ersten Schritt werden für den Simulationsaufbau Negativformen für die verwendeten Pulverzufuhrdüsen, welche das Strömungsvolumen bilden, (s. Kap. 4.2) generiert und nachfolgend vernetzt. Anschließend werden die Randbedingungen und der Simulationsumfang definiert. Die Simulationen werden mit den Pulvermaterialien durchgeführt, die auch in der nachfolgenden experimentellen Untersuchung eingesetzt werden. Diese sind für die Dreistrahldüse und die TTV die Pulvermaterialien AISI 316L und SiC mit dem Mischungsverhältnis von 1:1 vol.-% und für die TTH die Pulvermaterialien Alloy 718 und F-690-HV2. Insgesamt werden je verwendeter Düse drei Parametervariationen hinsichtlich des Fördergasvolumenstroms (FGVS) simulativ abgebildet. Die jeweils eingesetzten Pulvermassenströme werden nicht verändert und betragen konstant 5,2 g/min für das SiC, 20,9 g/min für das AISI 316L, 25 g/min für das F-690-HV2 und 35 g/min für das Alloy 718.

Für die simulative Düsencharakterisierung werden für die Materialmischung AISI 316L mit SiC die Werte aus der Untersuchung nach [Hol24] als Förderparameter verwendet. Diese betragen für den FGVS 11 l/min und für den Pulvermassenstrom 26,1 g/min. Der FGVS wird für die Dreistrahldüse ausgehend von dem in der Literatur [Hol24] genannten Wert von 11 l/min variiert. Die Art der Strömung, ob laminar oder turbulent, wird abhängig der Reynoldszahl definiert. Eine turbulente Strömung liegt vor, wenn die Reynoldszahl > 2300 ist [Rot56]. Im Rahmen dieser Arbeit werden die FGVS 8, 11 und 14 l/min betrachtet. Bei 8 l/min beträgt die Reynoldszahl nach Gl. 5.1 für Argon 2880,95 und resultierend liegt für FGVS ≥ 8 l/min eine turbulente Strömung vor. Daher wird für die simulative Betrachtung des PGS für die betrachteten FGVS ein turbulentes Strömungsmodell verwendet. Die Strömungsgeschwindigkeit je Pulver-Gas-Kanal (PGK) der Düse wird abhängig des FGVS und der Dichte von Argon bestimmt.

$$Re = \frac{Trägheitskraft}{Reibungskraft} = \frac{\rho u d}{\mu} = \frac{1{,}6228\ \frac{kg}{m^3} \cdot 25{,}15\ \frac{m}{s} \cdot 1{,}5 \cdot 10^{-3}\ m}{2{,}125 \cdot 10^{-5}\ \frac{kg}{m\, s}} \tag{5.1}$$

μ: Dynamische Viskosität Argon [Häu01], ρ: Dichte [Häu01], u: Strömungsgeschwindigkeit, d: charakteristischer Durchmesser des PGK (s. Bild 119)

Bei der TTV werden durch die separate Materialzuführung via zwei separater Dreistrahl-PGS die Einflüsse der PGS zueinander betrachtet und die Einflüsse der FGVS-Verhältnisse 11/11 l/min, 8/11 l/min und 11/8 l/min (AISI 316L/ SiC) untersucht. Für die Simulation der TTH mit den Materialien Alloy 718 und F-690-HV2 werden die gleichen FGVS-Verhältnisse wie bei der TTV untersucht. Als Pulvermassenströme werden auf Basis durchgeführter interner Vorversuche für Alloy 718 35 g/min und für F-690-HV2 25 g/min verwendet. Eine Übersicht der jeweils eingesetzten Pulvermassenströme und FGVS-Variationen ist in Tabelle 11 zusammengefasst.

Tabelle 11: Übersicht der jeweils eingesetzten Pulvermassenströme und FGVS-Variationen für die simulative Untersuchung

	Dreistrahldüse	**TTV**		**TTH**	
	316L+SiC-Mischung	**316L**	**SiC**	**F690**	**Alloy 718**
$\dot{m}_{Pulver}$ **[g/min]**	26,1	20,9	5,2	25	35
FGVS 1 [l/min]	8	11	11	11	11
FGVS 2 [l/min]	11	11	8	11	8
FGVS 3 [l/min]	14	8	11	8	11

5.2 Düsennegativgeometrie und Düsenvernetzung

Für die Simulation wird eine Näherung der Düsengeometrie als Negativgeometrie (s. Bild 30) erzeugt. Die Negativgeometrie stellt je Düse die Strömungsvolumen der Schutzgaszuführung und der PGK dar. Unterhalb des Düsennegativs ist ein Zylindervolumen für die Vernetzung des PGS-Strömungsfeldes eingefügt, das nachfolgend mit der Negativgeometrie vernetzt wird. Auf diese Weise wird die Trajektorie des PGS inkl. Partikel- und Gasströmungsinteraktionen berechnet. Bei der Negativgeometrie sind in Blau die Einströmflächen und in Rot die Ausströmflächen dargestellt. Im Vergleich zur experimentell verwendeten Dreistrahldüse (Bild 19 in Kap. 4.2) ist der Düsenaustritt plan und hat keine Fase aufgrund einer Vereinfachung in der Simulation für die Netzgenerierung im Bereich des Übergangs von Düsenauslass in das Strömungsvolumen. Dadurch ist der Abstand des PGS-Austritts bei der PGSA-Messung des PF-Abstandes zur Düse um 2 mm kleiner. Dieser Abstand wird beim Vergleich der simulierten Ergebnisse mit den PGSA-Messergebnissen berücksichtigt. Die technische Zeichnung der konstruierten Negativgeometrie der Düse ist im Anhang in Bild 118 abgebildet.

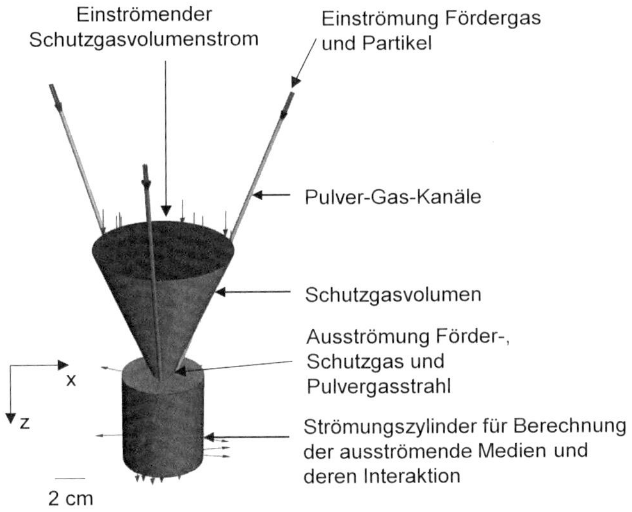

Bild 30: Negativgeometrie der Dreistrahldüse. Blaue Flächen sind Einströmflächen und rote Flächen sind Ausströmflächen

In Bild 31 sind die Negativgeometrien der TTH und TTV abgebildet. Bei der TTV sind aufgrund des vertikalen Versatzes unter den drei PGK zusätzliche Plateaus als Strömungsvolumen für die Ermittlung des PGS-Verlaufs beim Düsenaustritt eingefügt.

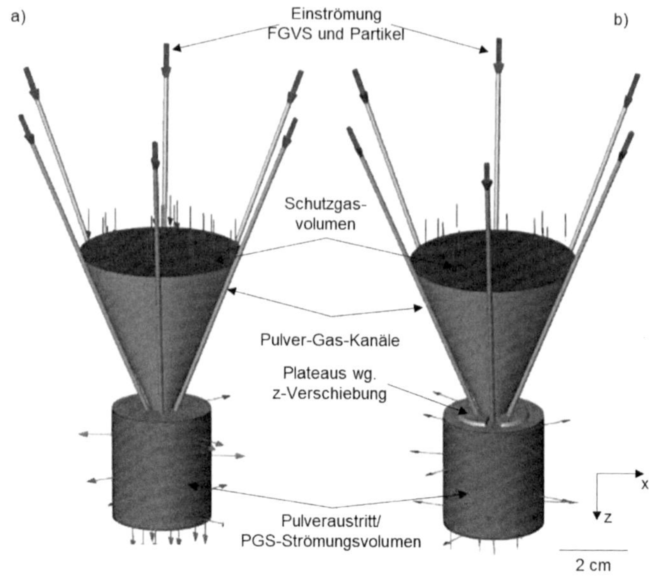

Bild 31: Negativgeometrie der Triple-Two Düsenkonfigurationen a) Triple-Two Düse mit horizontalem Versatz; b) Triple-Two Düse mit vertikalem Versatz

Für die Vernetzung wird ANSYS Fluent 2021R2 verwendet, um innerhalb der Volumina inhomogene Netzgrößen zu erstellen. Dadurch ist es möglich, die Auflösung der Vernetzung lokal zu vergrößern, um so verschiedene Bereiche mit großem Einfluss auf die Ergebnisse präziser darzustellen [ANS21]. Die Berechnungsdauer sowie der Arbeitsspeicherbedarf werden von der Netzauflösung beeinflusst. Je größer die Anzahl der Elemente ist, desto größer ist die benötigte Rechenleistung.

In den verwendeten Düsenmodellen liegen in den PGKs Rohrströmungen vor. Daher ist die Netzauflösung in Wandnähe von Bedeutung, da sich dort charakteristische Rohrströmungsprofile ausbilden. Durch die Verwendungen von Wandfunktionen wird der Geschwindigkeitsgradient in der Nähe der Wand dargestellt. [Bru99]

In Bild 33 sind die Vernetzungen der einzelnen Strömungsvolumen der Dreistrahldüse exemplarisch dargestellt. Bei der Vernetzung werden für die einzelnen Bereiche die folgend aufgeführten Einstellparameter verwendet. Die PGK werden, wie die Schutzgaszuführung, mittels Prismeninflation vernetzt. Die maximale Kantenlänge eines Elements (Elementgröße) für die PGK sowie die Schutzgaszuführung beträgt 0,8 mm. Die Elemente des Netzes innerhalb der PGK bestehen am Rand aus linearen 6-Knoten Prismen (s. Bild 32 Mitte) und im Zentrum aus linearen 4-Knoten Tetraedern (s. Bild 32 links). Die erste Schicht am Rand hat eine Elementgröße von 0,005 mm und die Elemente werden in Richtung PGK-Zentrum von Ebene zu Ebene um 20 % größer (s. Bild 33 c). Die Anzahl der Ebenen innerhalb der PGK betragen 12. Die Elementtypen in der Schutzgaszuführung sind lineare 5-Knoten Pyramiden (s. Bild 32 rechts) und die Anzahl der Ebenen innerhalb der Schutzgaszuführung beträgt 15. Die Größe der Elemente der ersten Ebene am Rand im oberen Bereich der Schutzgaszuführung (negative z-Richtung, s. Bild 33 a, grauer Bereich) beträgt 3,95 mm. In dem Bereich werden die Elementgrößen von Ebene zu Ebene bis zum Zentrum (Symmetrieachse) der Schutzgaszuführung um 20 % größer. Die Elementgröße im unteren Bereich der Schutzgaszuführung (negative z-Richtung, s. Bild 33 a, dunkelgrüner Bereich) beträgt in der ersten Ebene 0,45 mm und eine Wachstumsrate von 20 % von Ebene zu Ebene.

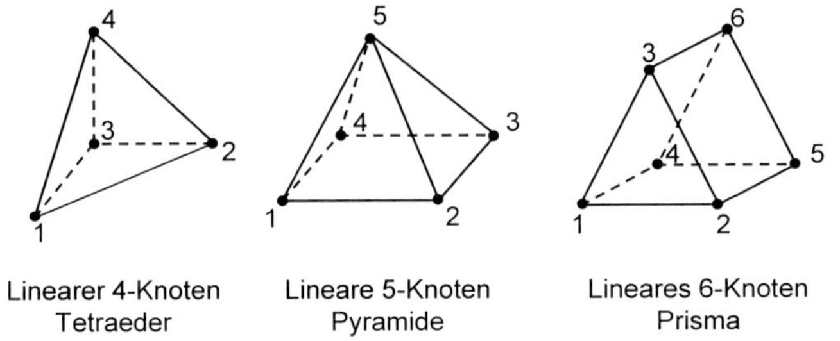

Bild 32: Verwendete Elementtypen für die Vernetzung der Düsennegativgeometrien für die simulative Berechnung nach [ANS21]

Nach dem Düsenaustritt des FGVS, der Pulverpartikel und des Schutzgases in den Strömungsbereich in positiver z-Richtung werden die Strömungsvolumen mit gleichbleibender Elementgröße vernetzt. Der Zylinder wird mit den Elementtypen „linearer 4-Knoten Tetraeder" mit einer Elementgröße von 0,4 mm vernetzt. In dem Zylinder ist im Bereich des Pulverfokus in positiver z-Richtung eine Kugel (s. Bild 33 a, dunkelgrüner runder Bereich) mit einer größeren Elementanzahl von linearer 4-Knoten Tetraeder. In dem Bereich beträgt die Elementgröße 0,2 mm. Der mittlere konstruktive Pulverfokusabstand zum Düsenausgang in z-Richtung (STO_{konst}) wird anhand der konstruktiven Negativgeometrie bei z = 12,8 mm erreicht (s. Anhang 10.5 Bild 118). Der Strömungszylinder unterhalb des Düsenausgangs (s. Bild 33 a, grüner Bereich) ist umgeben von einem Hohlzylinder, welcher mit den Elementtypen „lineare 5-Knoten Pyramiden" vernetzt ist. Die Elementgröße beträgt in dem Bereich 1 mm. Eine tabellarische Zusammenfassung der Netzparameter ist im Anhang 10.5 in Tabelle 33 gegeben. Die Vernetzung der Dreistrahldüse besteht in Summe aus 2.902.002 Elementen.

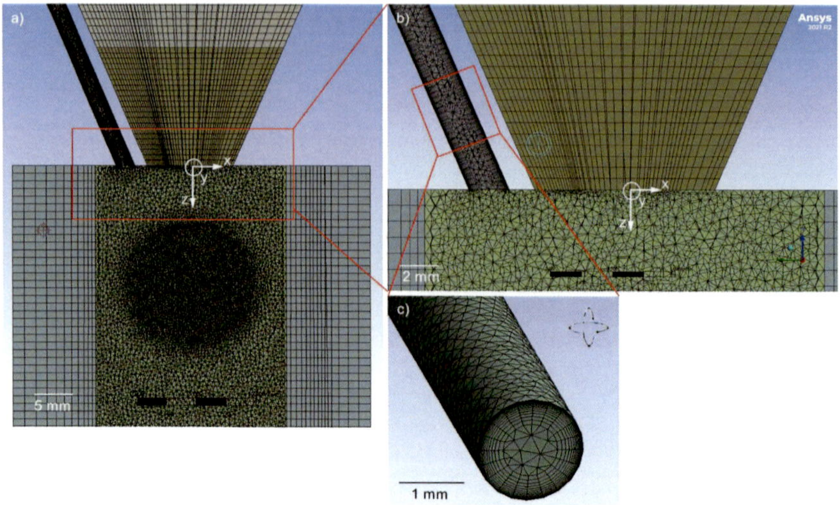

Bild 33: Graphische Darstellung des vernetzten Strömungsvolumens der Dreistrahldüse: a) Querschnitt in der x-z-Ebene des vernetzten Strömungsvolumens, b) Detailansicht des Strömungsvolumens von Düsenaustritt in den Strömungszylinder, c) isometrische Ansicht eines vernetzter PGK

Die Orthogonalität ist das Verhältnis zweier Diagonalen durch das Zentrum einer Elementzelle. Je näher der Wert an 1 ist, desto größer ist die orthogonale Qualität bzw. die Netzqualität [ANS09]. Für tetraedrische, prismatische und pyramidale Zellen ist die orthogonale Qualität die Differenz des Idealwertes 1 und der Schiefe [ANS09]. Die Schiefe ist definiert als die Differenz zwischen der Geometrie eines Elementes im Netz und der Geometrie eines gleichseitigen Elements mit gleichem Volumen. Für die Berechnung der Schiefe wird die prozentuale Längendifferenz der jeweiligen Diagonalen der Elemente genutzt [ANS09]. Elemente mit großer Schiefe können die Genauigkeit der Simulationsergebnisse verringern und die Konvergenz der Lösung destabilisieren. Nach [ANS09] besagt eine Regel, dass die maximale Schiefe für ein dreieckiges/tetraedrisches Netz für Strömungen unter 0,95 gehalten werden sollte, mit einem Durchschnittswert von weniger als 0,33. Ein Maximalwert über 0,95 kann zu Konvergenzschwierigkeiten führen und eine Änderung der Solver-Steuerung erforderlich machen, z. B. eine Reduzierung der Unterentspannungsfaktoren und/oder einen Wechsel zum druckbasierten gekoppelten Solver. Die Konvergenz bezieht sich dabei auf die Abweichung zwischen den Rechenergebnissen einer jeden Iteration eines Zeitschritts und dem Grenzwert, die bei jeder Iteration kleiner wird [ANS09, ANS22] Die mittlere Schiefe der Vernetzung der Dreistrahldüse beträgt 0,21 und resultierend die mittlere orthogonale Qualität 0,79.

Für die Vernetzung der Negativgeometrie der TTV werden die Einstellparameter der Dreistrahldüse verwendet (s. Anhang 10.5 Tabelle 33). Das Netz der TTV besteht in Summe aus 4.286.471 Elementen (s. Bild 34). Die mittlere Schiefe der Düsenvernetzung beträgt 0,21. Die Plateaus sind mit dem Elementtyp „linearer 4-Knoten Tetraeder" vernetzt und die konstante Elementgröße beträgt 0,4 mm. Der konstruktive Pulverfokusabstand zum Düsenausgang in z-Richtung (STO_{konst}) beträgt für den oberhalb positionierten PGS (AISI 316L) 11,8 mm und für den unterhalb positionierten PGS (SiC) 12,8 mm (s. Anhang 10.5 Bild 119).

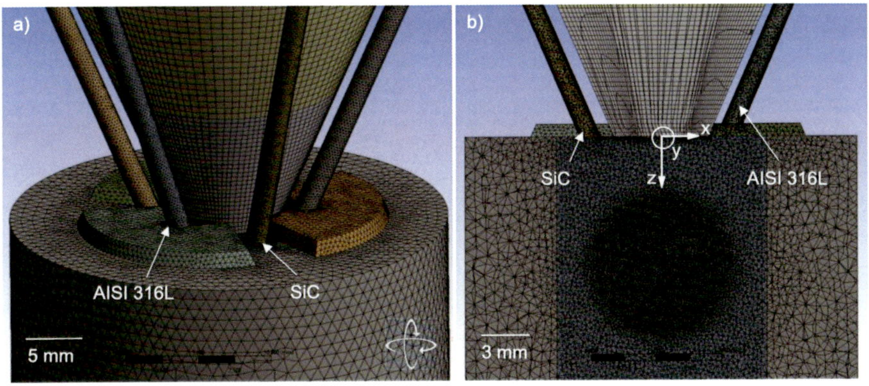

Bild 34: Graphische Darstellung des vernetzten Strömungsvolumens der TTV: a) 3D-Ansicht des vernetzten Strömungsvolumens, b) Querschnitt in der x-z-Ebene des vernetzten Strömungsvolumens

In Bild 35 ist die Vernetzung der TTH dargestellt. Die Simulation der TTH wird mit einem Versatz von 1 mm in x-Richtung aufgebaut. Das Netz der TTH besteht aus 4.119.743 Elementen und die mittlere Schiefe beträgt 0,21. Für die Vernetzung werden die gleichen Einstellparameter wie bei der Dreistrahldüse verwendet (s. Anhang 10.5 Tabelle 33). Der konstruktive Pulverfokusabstand zum Düsenausgang in z-Richtung (STO_{konst}) der beiden Pulverfokusse wird bei 11,8 mm erreicht (s. Anhang 10.5 Bild 120).

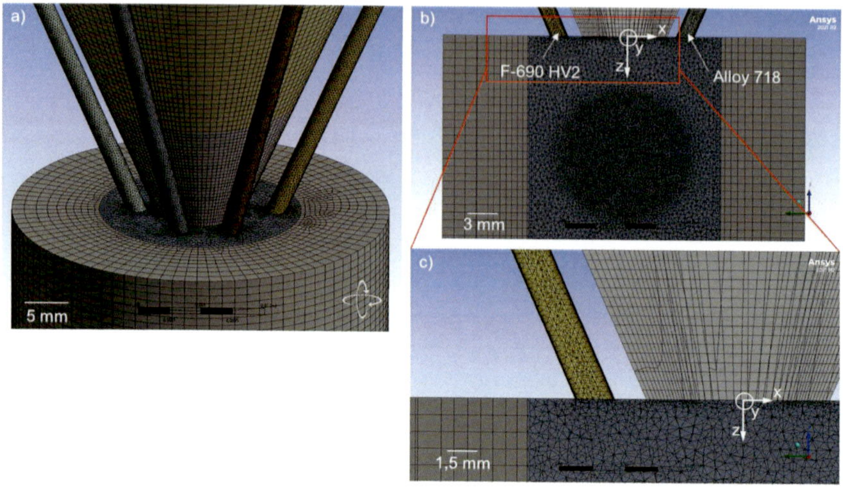

Bild 35: Graphische Darstellung des vernetzten Strömungsvolumens der TTH: a) 3D-Ansicht des vernetzten Strömungsvolumens, b) Querschnitt in der x-z-Ebene des vernetzten Strömungsvolumen, c) Detailansicht des Strömungsvolumens des Düsenaustritts in den Strömungszylinder

Im Anschluss an die Vernetzung werden die Domänengrenzen des Strömungsvolumens definiert. Die Grenzen teilen sich auf in die Einlässe und den Auslass der Strömungsvolumen. Die Einlässe, welche am Eingang der PGK und dem Schutzgasvolumen vorliegen, werden als Geschwindigkeitseinlässe definiert (Bild 30 und Bild 31, blau). Die Dreistrahldüse hat drei Pulverzuführungen und damit drei Geschwindigkeitseinlässe, die TTH und TTV entsprechend jeweils sechs Einlässe. Der Zylinder und Hohlzylinder unterhalb der PGK wird als druckbasierter Strömungsauslass definiert, bei welchem der Relativdruck zum definierten Betriebsdruck angegeben wird (Bild 30 und Bild 31, rot). Über diese Ränder strömt das Fluid aus dem Strömungsgebiet, hier wird als Randbedingung für den Impuls- und den Energiesatz der Druck $p = p_{Auslass}$ und üblicherweise die Ausströmtemperatur $T = T_{Auslass}$ des Fluids vorgegeben [Sch13]. Bei der Berechnung inkompressibler Strömungen wird $p_{Auslass}$ üblicherweise relativ zu einem Referenzdruck p_{Ref} (Umgebungsdruck) angegeben [Sch13]. Der Umgebungsdruck beträgt 1 bar (10^5 Pa) an den äußeren Rändern. An den Wänden der PGK und der Schutzgaszuführung wird die Haftbedingung vorgegeben. Dies bedeutet, dass die Strömungsgeschwindigkeit an der Wand null beträgt.

5.3 Simulationsmodel

Für die Auswahl eines geeigneten Modells für die Berechnung der Partikelbewegung, -interaktion und -beschleunigung innerhalb der Düse sowie im Pulvergasstrahl in Kombination mit dem FGVS und Schutzgasvolumenstrom müssen die Anforderungen der verfügbaren Berechnungsmodelle in ANSYS 2021R2 für diesen Anwendungsfall der Betrachtung des resultierenden PGS abhängig der verwendeten Pulverzufuhrdüsen und variierten FGVS untersucht werden. Die Strömungsphasen, welche die

Gasphasen und die Partikel sind, werden aufgeteilt nach dem Euler-Lagrange-Ansatz in kontinuierlich und zerstreut, wobei letztere als in der Kontinuierlichen gelöst definiert ist. Der Volumenstromanteil der Partikel in der Gesamtströmung für die einzelnen Pulvermassenströme sind in Tabelle 12 gegeben. Für eine weitere Spezifikation des Anwendungsfalls wird zwischen den Aggregatzuständen der Phasen unterschieden. Der hier vorliegende Fall zählt zu den Gas-Fest-Phasen, wobei das Pulver die diskrete/zerstreute feste Phase bildet. Weiterhin wird zwischen dicht-gepackten und verdünnten Partikelladungen unterschieden. Entscheidend für die Unterscheidung ist der Volumenanteil pro Zellvolumen. Verdünnte Partikelladungen liegen bei < 10 % Volumenanteil der Partikel vor [Ari18, Bal10]. Der Volumen- und Massenstromanteil wird für die in dieser Arbeit verwendeten Massenströme mittels Gl. (5.2) und (5.3) berechnet. In dem betrachteten Fall des Pulvermassenstroms, der sich aus FGVS und Partikel zusammensetzt, beträgt der Volumenstromanteil der Partikel ≤ 0,0609 % und ist < 10 %. Für die Berechnung wird der kleinste betrachtete FGVS mit 8 l/min (≙ 0,00013 m³/s) und die in Tabelle 13 angegebenen Dichtewerte der Materialien verwendet. Eine Übersicht der einzelnen Volumenstromanteile der verwendeten Pulvermassenströmen ist Tabelle 12 gegeben.

$$\dot{V}_P = \frac{\dot{m}}{\rho} \tag{5.2}$$

$$\varphi_P = \frac{\dot{V}_P}{\dot{V}_{ges}} \tag{5.3}$$

$\dot{V}_P$: Volumenstrom Partikel, $\dot{m}$: Pulvermassenstrom, ρ: Dichte der verwendeten Materialien, φ_P: Volumenstromanteil Partikel, $\dot{V}_{ges}$: Volumenstrom Partikel + FGVS [Bal10, Flu23]

Tabelle 12: Berechnete Volumenstromanteil der Partikel innerhalb des Pulvermassenstroms

	Massenstrom [g/min]	**Volumenstrom der Pulvermassenströme [m³/s]**	**Volumenstromanteil Partikel φ_P [%]**
Dreistrahldüse	Mischung: 26,1	$6{,}00 \cdot 10^{-08}$	0,0504
Triple-Two Düse	SiC: 5,2	$2{,}70 \cdot 10^{-08}$	0,0373
	316L: 20,9	$4{,}35 \cdot 10^{-08}$	0,0231
	F690: 25	$5{,}63 \cdot 10^{-08}$	0,0609
	Alloy 718: 35	$7{,}11 \cdot 10^{-08}$	0,0482

Die Bewegung der Pulverpartikel wird in dem Fall mit dem Lagrange-Ansatz und die Strömung des Fördergases mit dem Euler-Ansatz als kontinuierliche Phase berechnet, sodass der Euler-Lagrange-Ansatz für die Simulation verwendet wird [Bal10]. Das einzige in ANSYS Fluent 2021R1 vorliegende Modell mit dem Euler-Lagrange Ansatz ist das Discrete Phase Model (DPM). In diesem Modell werden weder Masse noch

Wärmeenergie zwischen den Phasen ausgetauscht und lediglich der Impulsaustausch beschrieben. Die Berechnung des Impulsaustauschs erfolgt durch die Impulsänderung eines Partikels bei der Durchquerung eines Kontrollvolumens [ANS21].

Wichtige Konstanten für die Wahl der Randbedingungen und des Modells sind die Reynoldszahl und die Mach-Zahl. Die Reynoldszahl beträgt für die geringste berechnete Gasströmungsgeschwindigkeit am Einlass des PGK bei einem FGVS von 8 l/min, Re = 2880,95 und ist damit > 2300 (vgl. Gl. 5.1), wodurch eine turbulente Strömung vorliegt. Basierend auf der Mach-Zahl (Gl. 5.4) von Ma = 0,128 mit dem größten angewandten FGVS von 14 l/min, kann das Fluid als inkompressibel angenommen werden [ANS22]. Die Strömungsgeschwindigkeit je Pulver-Gas-Kanal (PGK) der Düse wird abhängig des FGVS und der Dichte von Argon bestimmt. Für den FGVS von 14 l/min ergibt sich für drei PGK mit einem jeweiligen PGK-Durchmesser von Ø 1,5 mm die Einlassströmungsgeschwindigkeit je PGK von ca. 44,01 m/s.

$$Ma = \frac{Gasgeschwindigkeit}{Schallgeschwindigkeit} = \frac{v}{c} = \frac{44{,}01\, m/s}{343{,}2\, m/s} = 0{,}128 \tag{5.4}$$

Ma: Machzahl, v: Gasgeschwindigkeit Argon am Einlass eines PGK, c: Schallgeschwindigkeit bei 20°C

Daraus ergeben sich die folgenden Annahmen für die Simulation:

- Fördergas Argon ist inkompressibel
- Partikelkollisionen werden berücksichtigt
- Gravitation in z-Richtung wird berücksichtigt: 9,81 m/s²
- Temperatur ist konstant: 20 °C
- Partikel sind sphärisch

Die realitätsnahe Beschreibung des PGS erfordert die Auswahl eines Turbulenz- sowie Mehrphasensimulationsmodells. Basierend auf der Literatur wird in dieser Arbeit das k-ε Turbulenzmodell mit der Menter-Lechner Wandfunktion angewendet [Tab10]. Diese Wandfunktionen unterstützen Ungenauigkeiten des Gitters zu reduzieren, wodurch die Wandschubspannungen unabhängiger von der Elementanzahl und -größe in Wand-Nähe einbezogen werden.

Partikelinteraktionen werden zur Darstellung einer realitätsnahen Lösung in dieser Arbeit trotz des geringen Volumenstromanteils der Partikel berücksichtigt. Da mit steigender Anzahl der Partikel auch die Anzahl der möglichen Kollisionen steigt, hat der Pulvermassenstrom und die resultierende Partikelanzahl einen großen Einfluss auf die benötigten Rechenaufwand bzw. die Rechenzeit. Zur Reduzierung der Rechenzeit werden bis zu 1000 Partikel in einem Päckchen zusammengefasst. Ein Päckchen enthält mehrere einzelne Partikel und die Kräfte, die auf das Päckchen wirken, werden auf alle Partikel darin angewandt. Durch die Zusammenfassung der Partikel in Päckchen kann die benötigte Rechenleistung nach *Abrahamson et. al* um einen Faktor 10^6 reduziert werden [Abr21]. Pro Zeitschritt mit 0,0001 s werden bei der Dreistrahldüse 300 Päckchen entsprechend dem Pulvermassenstrom injiziert, in welche, angepasst an den Massenstrom, die dazugehörige Partikelanzahl gepackt ist. Die Päckchen werden in Richtung der Flächennormalen der drei Einlassflächen in die Fluiddomäne gelassen und für jeden Zeitschritt berechnet. Bei der TTV und TTH werden je Zeitschritt 600 Päckchen in das Strömungsvolumen injiziert, was auf die doppelte Anzahl an PGK im Vergleich zur Dreistrahldüse zurückzuführen ist.

Die Berechnung in ANSYS Fluent basiert auf dem O'Rourkes Algorithmus [Pis15], sodass im Modell berücksichtigt wird, dass die Päckchen und damit die Partikel kollidieren können, wenn diese sich in einem gemeinsamen Element der kontinuierlichen Phase befinden [Pis15]. Indem die Koaleszenz der Partikel deaktiviert wird, wird nur Abstoßung bei Kollision berücksichtigt. Definiert wird ein Kollisionsvolumen durch zwei verschieden große Partikel. Das Kollisionsvolumen wird durch die Bewegung der zwei Partikel beschrieben (Zähler der Kollisionswahrscheinlichkeit nach Gl. 5.5). Hierfür wird eine kreisförmige Querschnittsfläche mit dem summierten Radius der beiden Partikel gebildet und mit der zurückgelegten relativen Strecke des kleineren Partikels multipliziert. Berechnet wird die Wahrscheinlichkeit P_1 des Vorhandenseins eines Partikels in einem Kollisionsvolumen. Die Wahrscheinlichkeit einer Kollision, indem sich zwei Partikel in dem gleichen Kontrollvolumen, das der Elementgröße des Netzes entspricht, befinden, wird mit Gl. 5.5 berechnet. Die Anzahl der Kollisionen folgt dabei einer Poisson Verteilung. [Abr21]

$$P_1 = \frac{\pi \cdot (r_1 + r_2)^2 \cdot v_{rel} \cdot \Delta t}{V} \tag{5.5}$$

P_1: Kollisionswahrscheinlichkeit, r: Partikelradius, v_{rel}: Relativgeschwindigkeit des kleineren Partikels, V: Volumen eines Elements aus dem Gitter, Δt: Zeitschritt

Für die Auswahl des Kollisionsmodells wird ein Vergleich des DEM- (Diskrete Element Methode) und des stochastischen Kollisionsmodells (SK-Modell) mit dem Euler-Lagrange Ansatz durchgeführt.

Anhand der Dreistrahldüse wird zunächst das DEM-Kollisionsmodell mit einem FGVS von 8 l/min und Pulvermassenstrom von 26,1 g/min und den in Tabelle 13 zusammengefassten Modellparametern berechnet. Im Anschluss wird mit den gleichen Modellparametern und gleichem Pulvermassenstrom das SK-Modell für die Dreistrahldüse berechnet. Die Ergebnisse werden nach der ersten Rechenperiode von 23 h Rechenzeit verglichen. Der Fortschritt des DEM-Modells beträgt ca. $8{,}6 \cdot 10^{-05}$ s und ist um den Faktor 98,8 kleiner als das stochastische Kollisionsmodell (s. Bild 36).

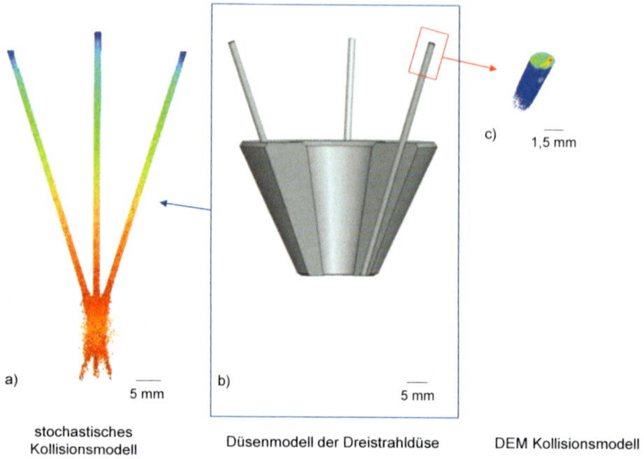

Bild 36: Graphische Darstellung der Partikelbewegung nach 23 h-Berechnungszeit a) Ergebnis SK -Modells nach 23 h (gesamte Partikelbewegung von PGK-Eingang bis zum Ende des Strömungszylinders), b) Graphische Darstellung der Dreistrahldüse mit Querschnitt, c) Graphische Darstellung des Berechnungsfortschritts der Partikelbewegung mittels DEM-Modell nach 23 h

Diese Differenz im Simulationsfortschritt ergibt sich, da das DEM-Modell im Gegensatz zum SK-Modell die einzelnen Partikel in der Strömung berechnet. Das SK-Modell berechnet die Kollisionen mittels der Poisson-Verteilung. Durch die Wahrscheinlichkeitsbetrachtung der Kollisionen kann die Rechenzeit erheblich reduziert werden (s. Bild 36 a)). Bei der Verwendung des SK-Modells ist nach 23 h bereits mindestens eine Iteration der Partikelbewegung von PGK-Eingang bis zum Ende des Strömungszylinder erfolgt, wohingegen beim DEM Modell (Bild 36 c)) erst die ersten Millimeter vom PGK-Eingang berechnet sind. Basierend auf dieser Differenz im Simulationsfortschritt und der zur Verfügung stehenden Rechenkapazität wird im Rahmen dieser Arbeit das SK-Modell verwendet.

Die Auswahl eines geeigneten Solvers hat Einfluss auf die Residuen der Rechenergebnisse je Iteration und die konvergente Annährung der Rechenergebnisse je Iteration an einen Grenzwert bei der Simulation. Zur Verfügung stehende Solver in ANSYS Fluent basieren auf Druck oder Dichte (Druck-Poisson-Gleichung (ergibt sich aus Navier-Stokes-Gleichung) und Impulserhaltung). Bei dichtebasierten Solvern wird die Kontinuitätsgleichung zur Bestimmung des Dichtefelds verwendet und das zugehörige Druckfeld aus der thermodynamischen Zustandsgleichung bestimmt. In langsamen Strömungen ($Ma < 0{,}3$) ist das vorliegende Fluid nahezu inkompressibel. Dies führt dazu, dass die Kontinuitätsgleichung zu einer Nebenbedingung wird. Als Folge dessen wird das dichtebasierte System von Erhaltungsgleichungen rigide und erfordert für die Recheniterationen einen kleinen Zeitschritt. Dies führt in Kombination mit der langsamen Strömungsgeschwindigkeit zu größeren Laufzeiten für die Simulationen. [Mar13, S. 77 ff.]

Um dies zu umgehen, werden für inkompressible Strömungen druckbasierte Solver verwendet. Dabei wird das Druckfeld aus einer Transportgleichung für den Druck bestimmt. Die Transportgleichung kann aus der Impulsgleichung mittels der Kontinuitätsgleichung entwickelt werden, so dass die Massenerhaltung implizit im Lösungssystem enthalten ist, jedoch nicht mehr als Erhaltungsgleichung gelöst werden muss [Fer02, Mar13, S. 77 ff.]. Für eine durchschnittliche bis unterdurchschnittliche Netzqualität findet der „Coupled“ Solver für transiente Simulationen, mit welchem mehrere Gleichungen gleichzeitig gelöst werden, häufig Anwendung und wird für die Simulationen in dieser Arbeit ausgewählt. [Abr21, Gre16, Pim19]

Das Strömungsfeld wird mit reinem Argon initialisiert, um eine schnellere Konvergenz des Simulationsfortschritts zu erreichen. Das bedeutet, dass die Simulation im ersten Schritt ohne Partikel durchgeführt wird, sodass eine initiale Berechnung des Strömungsvolumens vor der kombinierten Simulation mit den Partikeln erfolgt.

Für die Ermittlung der Lösungswerte werden verschiedene Zeitschritte von 10^{-2} - 10^{-7} s gewählt und je Zeitschritt werden im Bereich von 10 – 30 Berechnungsiterationen durchgeführt. Für eine größere Stabilität der Lösung, bei der die Lösungswerte je Iteration kleiner werden und konvergieren, wird die Diskretisierung zweiter Ordnung für Druck, Impuls, turbulente kinetische Energie und turbulente Dissipation festgelegt. Die Diskretisierung zweiter Ordnung wird für tetraedrische Netze und Simulationen, bei der die Strömung nicht am Gitter ausgerichtet ist, verwendet [Ahm18]. Innerhalb der Simulationen werden die transienten Zeitschritte mit der Courant-Zahl = 1 berechnet. Für die Courant-Zahl wird 1 gewählt, damit die Partikel das benachbarte Netzelement nicht überspringen und in jeder Zelle eine Berechnung erfolgt [Sim23]. Für die Simulation wird der verwendete Zeitschritt auf ein Maximum von 0,1 ms limitiert und pro Zeitschritt 20 Iterationen durchgeführt. [Ahm18, ANS22]

Die Gesamtströmungszeit t_{total} wird für ein Partikel in der Argonströmung mit dem geringsten verwendeten FGVS von 8 l/min berechnet (5.6). Die zurückgelegte Strecke des Partikels entspricht der Länge des gesamten Strömungsfeldes, welche 0,127 m beträgt.

$$t_{total} = \frac{s}{v_{Ar}} = \frac{0{,}127\ m}{25{,}15\ {}^{m}/_{s}} = 0{,}0051\ s \tag{5.6}$$

t_{total}: benötigte Zeit eines Partikels, zur Durchquerung der betrachteten Strecke abh. der Argonströmung, s: Strecke von PGK-Eingang bis Ausgang Strömungszylinder, v_{Ar}: Strömungsgeschwindigkeit Argon

Nach 0,0055 s erreicht der erste Argon-Partikel das Ende des Strömungsfeldes. Mit der Prämisse, dass sich ein Pulverfokus ausbilden muss und kollidierende Partikel mit der Argon-Strömung transportiert werden, sind ab einer Simulationszeit von t = 0,5 s sind die erzielten Ergebnisse je weiteres Berechnungsintervall nahezu konstant, sodass die Simulationszeit auf t_{total} = 0,5 s festgelegt wird. Das Pulver wird mit definierten Flächen-Injektionen in das Strömungsvolumen eingelassen. Die statistische Partikelgrößenverteilung der einzelnen Pulvermaterialien (Spread-Parameter n) wird ausgehend der Partikelgrößenmessung (s. Kap. 4.4) mittels des Rosin-Rammler-Verteilung mit der Gl. 5.7 ermittelt wird. Die Rosin-Rammler-Verteilung kann aus den Volumenanteilen der einzelnen Partikelgrößen bestimmt werden.

$$Y_d = e^{-(d/\bar{d})^n} \tag{5.7}$$

Y_d: Rosin-Rammler Verteilung, d: Partikeldurchmesser, $\bar{d}$: mittlerer Partikeldurchmesser, n: Spread Parameter

Die Modellparameter für die instationäre (transiente) Berechnung sind einheitenlose Faktoren und werden verwendet, um die Aktualisierung bestimmter Variablen in jeder Iteration des Solvers abzuschwächen oder zu verlangsamen. Dies kann das Konvergenzverhalten positiv beeinflussen. Die Parameter sind vom verwendeten Simulationsmodell in ANSYS 2021R2 vorgeben und werden nicht verändert. Eine Zusammenfassung der verwendeten Modellparameter für die Simulationen ist in Tabelle 13 gegeben.

Tabelle 13: Übersicht der verwendeten Modellparameter für die Simulationen

		Dreistrahl	**TTV**		**TTH**	
Modell						
Zeit	Unstetig, 1. Ordnung implizit					
Viskosität	k-ε Turbulenzmodell					
Randbedingungen	Wandschubspannung: Menter Lechner					
Gekoppelte dispergierte Phase						
Interaktion mit kontinuierlicher Phase	Aktiviert					
Koaleszenz	Deaktiviert					
Einströmrichtung	Senkrecht zur Fläche					
Anzahl der Strömungen	10 Flächen-Injektionen pro Einlass PGK (10*10 Päckchen/PGK) (Dreistrahldüse 300 Päckchen/Zeitschritt; TTV/TTH 600 Päckchen/Zeitschritt)					
Durchmesserverteilung	Mittels Rosin-Rammler zur Bestimmung der Partikelverteilung der einzelnen Materialien					
Material		316L	SiC	316L	F690	Alloy 718
	Spread Parameter	5,86	3,91	7,39	7,39	4,10
	Mittlerer Durchmesser [µm]	36,80	38,36	36,80	41,75	38,78
Pulvermassenstrom	[g/min]	26,1	5,2	20,9	25	35
Stochastische Berechnung der Simulationswerte	Discrete Random Walk					
Materialeigenschaften						
Gas und feste Partikel	Argon: ρ: 1,6228 kg/m³ c_p: 520,64 J/(kg K) λ: 0,0158 W/(m K) dynamische Viskosität (273 K): η: 2,125e^{-05} kg/(m s) Molekularmasse: 39,948 kg/kmol [Häu01]	Stahl: ρ: 8030 kg/m³ c_p: 502,48 J/(kg K) [Ant22, Oer23]	SiC ρ: 3210 kg/m³ c_p: 670 J/(kg K) [FCT19]	Stahl: ρ: 8030 kg/m³ c_p: 502,48 J/(kg K) [Ant22, Oer23]	F690 ρ: 7400 kg/m³ c_p: 502,48 J/(kg K) [Ant22, LSN21]	Alloy 718 ρ: 8200 kg/m³ c_p: 460 J/(kg K) [Met23b]

Wand- bzw. Randbedingungen				
Eingangsgeschwindigkeiten je PGK (Ar)		8 l/min: 25,15 m/s 11 l/min: 34,58 m/s 14 l/min: 44,01 m/s	11 l/min: 34,58 m/s 8 l/min: 25,15 m/s	11 l/min: 34,58 m/s 8 l/min: 25,15 m/s
Eingangsgeschwindigkeit Schutzgas (Ar)		12 l/min: 0,0947 m/s	17 l/min: 0,14636 m/s	17 l/min 0,14636 m/s
Wandbedingung	No Slip (Haftbedingung)			
Solver Einstellungen	Strömungsgleichung: gelöst Turbulenzgleichung: gelöst			
Parameter für instationäre (transiente) Berechnungen				
Schrittgröße	0,0001 s			
Max. Iterationen pro Zeitschritt	20			
Untere Relaxationsfaktoren (alle Default)	ρ: 1 Turbulente kinetische Energie: 0,8 Turbulente Dissipationsrate: 0,8 Turbulente Viskosität: 1 Diskrete Phasenquellen: 0,9 Expliziter Impuls: 0,75 Expliziter Druck: 0,75			
Druck-Geschwindigkeits-Zusammenhang	Kombinierte Betrachtung von Gasströmung und Partikeln Für Gasströmung: Courant Zahl: 200 (gegeben durch ANSYS)			
Diskretisierungsschema	Druck: 2. Ordnung Impuls: 2. Ordnung Upwind Turbulente kinetische Energie: 2. Ordnung Upwind Turbulente Dissipationsrate: 2. Ordnung Upwind			
Grenzwerte	Kleinster absoluter Druck: 1 Maximaler absoluter Druck: 5 e+10 Kleinste Temperatur: 1 Maximale Temperatur: 5000 Kleinste turbulente kinetische Energie: 1 e-14 Kleinste turbulente Dissipationsrate: 1 e-20 Maximales turbulentes Verhältnis der Viskosität: 100000			

5.4 Auswertung

5.4.1 Pulverfokuslage und Pulverfokusgröße

Die Pulverfokusposition (PF-Position) in z-Richtung wird unter der Annahme ermittelt, dass die höchste Partikelkonzentration im PF vorliegt. Die Partikelkonzentration unterhalb der Düse wird bei z = 0 mm bis zum Ende des Strömungszylinders bei z = 35 mm ausgewertet. Die PF-Position wird anhand der größten 86 % der Partikelkonzentrationen im Intervall ± 5 mm um den konstruktiven PF ermittelt. Die Werte der Partikelkonzentrationen werden mittels polynomischen Mittelung 2. Grades gemittelt und für die Lage des PF durch die Bestimmung des Extremwertes der resultierenden Funktion (1. Ableitung = 0) bestimmt. Die Größe des Pulverfokus innerhalb der x-y-Ebene wird mittels ANSYS 2021R2 ebenfalls anhand der geometrischen Verteilung der größten 80 % Partikelkonzentrationen ermittelt. Die ermittelten Ergebnisse der Simulation werden hinsichtlich PF-Position in z-Richtung und der PF-Größe wird mit den

Messergebnissen der Pulvergasstrahlanalyse (PGSA) anhand der Dreistrahldüse verglichen und charakterisiert.

In Bild 37 sind die Simulationsergebnisse der Partikelkonzentrationen im Vergleich zum eingezeichneten konstruktiven PF-Düsenabstand (STO, *engl. Stand-off*) graphisch dargestellt.

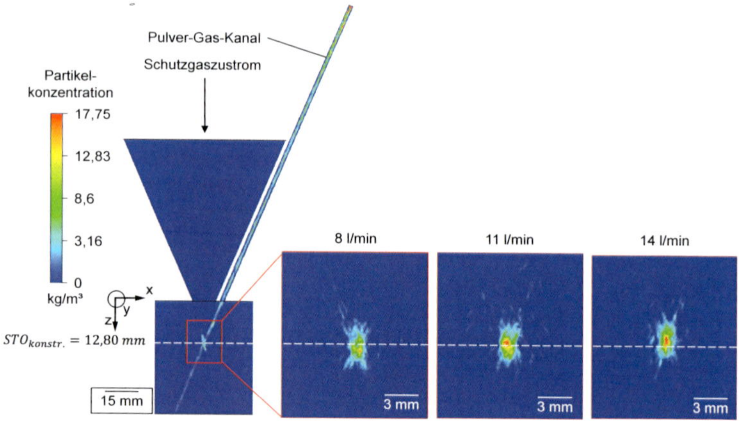

Bild 37: Graphische Darstellung der Simulationsergebnisse und der simulativ ermittelten Partikelkonzentration in x-z-Schnitt bei y = 0 für die FGVS 8, 11 und 14 l/min im Vergleich zum graphisch eingezeichneten konstruktiven PF-Abstand ($STO_{konstr.}$)

In Tabelle 14 sind die STO_{sim} und die PGSA-Messergebnisse (STO_{PGSA}) gegeben. Beim FGVS von 8 l/min beträgt die Differenz der anhand der Simulationsergebnisse ermittelten PF-Lage zur konstruktiven PF-Lage der Dreistrahldüse ca. Δ 0,72 mm. Mit steigendem FGVS verringert sich der PF-Abstand zur Düse. Der STO_{sim} des PF wird durch die Vergrößerung des FGVS von 8 l/min auf 11 l/min um 0,82 mm und durch die weitere Steigerung auf 14 l/min um zusätzliche 0,47 mm reduziert.

Tabelle 14: Übersicht der Z-Pulverfokuspositionen als Abstand zum Düsenaustritt

$\dot{V}_{FG}$ [l/min]	STO_{sim} [mm]	STO_{PGSA} [mm]	Δ
8	13,53 mm	12,81 ± 0,1 mm	ca. 0,72 mm
11	12,71 mm	12,63 ± 0,11 mm	ca. 0,08 mm
14	12,24 mm	12,69 ± 0,07 mm	ca. 0,45 mm

Die Differenz der messtechnisch ermittelten STO_{PGSA} ist ≤ 2,2 % zum STO_{konstr} und es ist kein Trend zwischen den einzelnen FGVS erkennbar. Gemittelt aus vier Messungen ergibt sich die größte mittlere Abweichung von STO_{PGSA} zu STO_{konstr} von ca. 0,17 mm beim FGVS 11 l/min. Die größte Abweichung zwischen der simulativ ermittelten PF-Position zur mittels PGSA ermittelten PF-Position wird für den FGVS 8 l/min mit ca. 0,72 mm (5,32 %) ermittelt.

Die Differenzen zwischen der simulativ und mittels PGSA ermittelten Messergebnisse hinsichtlich Pulverfokuslage können unter anderem aus den Abweichungen zwischen der Negativgeometrie zur realen Düsengeometrie wegen der getroffenen geometrischen Vereinfachungen im Bereich des Düsenaustritts entstehen. Die verwendete Dreistrahldüse für die PGSA-Messung hat im Bereich des Düsenaustritts eine Fase, wodurch die PGS erst nach ca. 2 mm mit dem Schutzgas interagieren. Zudem ist in der Simulation an den PGK-Wänden eine Haftbedingung (v = 0 m/s) vorgegeben, sodass Oberflächenrauheiten nicht berücksichtigt werden. Die Oberflächenrauheit kann einen Einfluss auf die Reibung der Partikel und den resultierenden Strömungsverlauf innerhalb der PGK sowie der PGS-Verläufe haben. Dass der Abstand zwischen Pulverfokus und Düsenaustritt bei FGVS ≥ 11 l/min kleiner als der $STO_{konstr.}$ ist, liegt zum einen daran, dass dieser der Schnittpunkt der einzelnen PGK-Mittellinien ist. Durch die Steigerung des FGVS wird die Gas- und Partikelgeschwindigkeit gesteigert (s. Kap. 5.4.2), wodurch die relativen Einflüsse der Gravitation sowie des Schutzgasvolumenstroms in z-Richtung reduziert werden und somit die Pulverpartikel weniger abgelenkt werden. In Bild 38 kann dies bei z = 13 mm anhand der max. Partikelkonzentrationen der jeweiligen FGVS erkannt werden, welche mit steigendem FGVS größer wird. Bei 8 l/min beträgt diese ca. 12,95 kg/m³ und bei 14 l/min ca. 20,6 kg/m³. In z-Richtung oberhalb des PF bei 11 l/min weichen die max. Partikelkonzentrationen im Bereich von ca. 0,7 kg/³ voneinander ab. Unterhalb des PF bei z = 15 mm kann erkannt werden, dass die max. Partikelkonzentrationen bei 14 l/min um ca. 7,45 kg/m³ größer ist als beim verwendeten FGVS 8 l/min. Dieser Effekt, bei dem der z-Abstand der PF-Position zum Düsenaustritt mit steigendem FGVS reduziert wird, spiegelt den bereits in der Literatur angegebenen Effekt wider, dass mit steigendem FGVS die Ablenkung von den Gasstromlinien in z-Richtung der einzelnen Partikel kleiner wird [Fer20, Jar20].

In Bild 38 sind die Ergebnisse der Partikelverteilung der PGSA-Messung beim FGVS von 11 l/min gegenüber der Simulationsergebnisse der drei FGVS in verschiedenen x-y-Ebenen um den Pulverfokus dargestellt. Aufgrund der kleinen Unterschiede zwischen den experimentell ermittelten graphischen Darstellungen der Partikelkonzentrationen in den einzelnen x-y-Ebenen mittels PGSA-Messung bei FGVS 11 l/min im Vergleich zu den Messergebnissen bei 8 l/min und 14 l/min und der kleinen Unterschiede der ermittelteten geometrischen PF-Abmessungen im Bereich ≤ 5 % sind in Bild 38 die Ergebnisse des FGVS 11 l/min dargestellt.

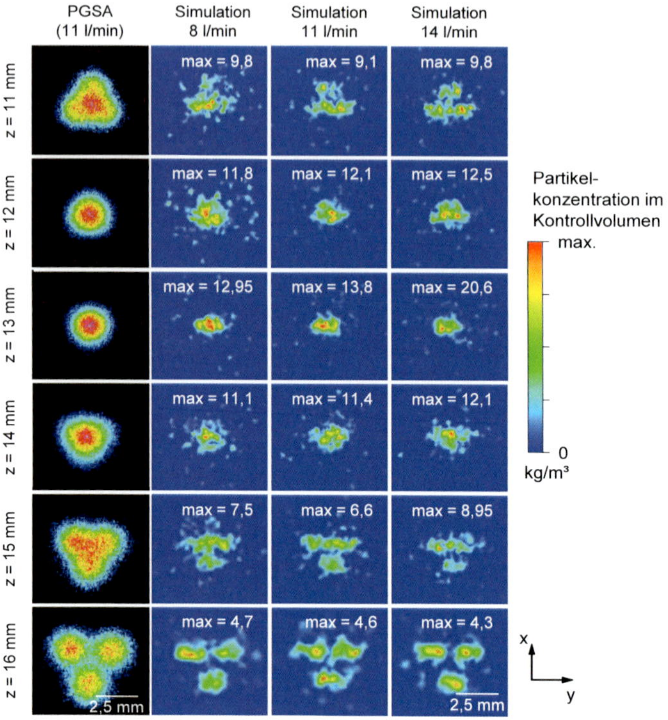

Bild 38: Graphischer Vergleich der Partikelkonzentrationen in verschiedenen x-y-Ebenen von PGSA-Messung mit Simulationsergebnissen bei verschiedenen FGVS

Der Pulverfokusdurchmesser der Dreistrahldüse beträgt gemittelt aus drei PGSA-Messungen 2,35 ± 0,02 mm. Im Zentrum des PF ist die Partikelkonzentration am größten (s. Bild 38 z = 13 mm, roter Bereich). Die Partikelkonzentration beträgt in diesem Bereich (rot) bis zu 20,6 kg/m³ beim FGVS 14 l/min. Ausgehend vom Bereich mit der größten Partikelkonzentration im Zentrum des PF wird die Partikelkonzentration mit größerem Abstand zum Zentrum des PF in x- und y- Richtung kleiner. Bei z = 11 mm und bei z = 15 mm sind die einzelnen Pulvergasstrahlen des PGS voneinander abgegrenzt und die Partikel folgen den jeweiligen Strömungen. Bei z = 11 mm ist die Abgrenzung zwischen den einzelnen Pulvergasstrahlen beim FGVS 14 l/min größer als bei den FGVS 8 l/min und 11 l/min. Dies kann dadurch erklärt werden, dass mit größerem FGVS die Kollisionsrate ab- und die Geschwindigkeit innerhalb der Düse zunimmt, wodurch die Flugbahnen der Partikel weniger von der Fördergasströmung abgelenkt werden und dadurch die Partikelstreuung im PGS reduziert wird [Zha20]. Bei z = 15 mm ist die Abgrenzung zwischen den einzelnen Pulvergasstrahlen beim FGVS 14 l/min kleiner, was durch eine größere Partikelstreuung durch die Partikelinteraktionen im PF und durch die größere Entfernung zum Düsenaustritt erklärt werden kann. Ähnliche Beobachtungen in den Untersuchungen von [Zha20] haben gezeigt, dass die

Anzahl der Kollisionen im und nach dem PF zunehmen und dadurch die Partikel nach Kollision langsamer werden sowie die Partikelstreuung zunimmt. [Zha20].

Die simulativ ermittelten Partikelkonzentrationen in den verschiedenen x-y-Ebenen stellen eine größere Streuung der Partikel im PGS und im PF dar. Die graphischen Darstellungen der Partikelkonzentrationen im PF sind im Vergleich zur Partikelkonzentration der PGSA-Messung nicht rund, sondern eher elliptisch und weisen unterschiedliche Durchmesser in x- und y-Richtung auf (s. Bild 38, z = 13 mm). Dies könnte darauf zurückgeführt werden, dass die Simulation eine Momentaufnahme darstellt und nicht, wie bei der PGSA, eine Darstellung von 2.000 überlagerten Bildern ist. In Bild 39 sind graphische Darstellungen der PGSA-Messergebnisse des PF der Dreistrahldüse mit unterschiedlicher Anzahl der überlagerten Bilder. Bei einer kleinen Bildanzahl je Messebene ist die graphische Darstellung der Partikelkonzentrationsverteilung noch sehr diffus und wird erst mit steigender Bildanzahl je Messebene schärfer und kreisförmig.

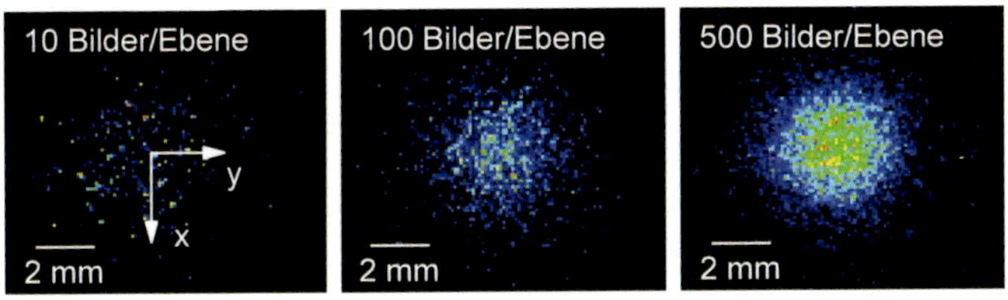

Bild 39: Graphischer Darstellung der Partikelkonzentrationen im PF mittels PGSA-Messung mit unterschiedlicher Anzahl der überlagerten Bilder innerhalb der Messebene

Anhand der simulativ bestimmten Partikelkonzentrationen des PF wird innerhalb der x-y-Ebene die Pulverfokusabmessungen in x- und y-Richtung für die einzelnen FGVS ermittelt (s. Tabelle 15). Dazu werden die größten 14 % simulativ ermittelten Pulverfokusabmessungen in x- und y-Richtung gemittelt und die Standartabweichung bestimmt.

Tabelle 15: Übersicht der Pulverfokusgrößen der Dreistrahldüse abh. der FGVS-Variation anhand der Simulationsergebnisse bestimmt

FGVS	x-Richtung	y-Richtung
8 l/min	2,98 ± 0,77 mm	1,82 ± 0,51 mm
11 l/min	1,89 ± 0,6 mm	1,42 ± 0,46 mm
14 l/min	1,84 ± 0,56 mm	1,25 ± 0,41 mm

Mit steigendem FGVS werden der PF kleiner und die Streuung der Partikel aufgrund der steigenden Partikelgeschwindigkeiten nach Düsenaustritt reduziert. Bei gleichem Pulvermassenstrom steigt die Partikelkonzentration im PF durch den kleineren PF, wodurch die Anzahl der Partikelkollisionen zunehmen kann. Die größere Partikelkonzentration wird in Bild 38 durch die roten Konzentrationsbereiche bei z = 13 mm exemplarisch verdeutlicht. Die größten Partikelkonzentrationen bei 8 l/min (rote

Bereiche) entsprechen einer Konzentration von bis zu 12,95 kg/m³ und bei 14 l/min von bis zu 20,6 kg/m³. Im Vergleich zum mittels PGSA ermittelten runden PF-Durchmesser von ca. 2,35 ± 0,02 mm betragen die Abmessung des simulierten PF beim FGVS 8 l/min in x-Richtung ca. 2,98 ± 0,77 mm und in y-Richtung ca. 1,82 ± 0,51 mm. Beim qualitativen Vergleich der PF-Querschnittsflächen ist die Querschnittfläche der mittels PGSA ermittelten PF um ca. 1,8 % größer. Die PF-Querschnittsfläche wird bei den PGSA-Messergebnissen mittels Kreisfunktion mit dem ermittelten Durchmesser und bei den Simulationsergebnissen mittels Ellipse angenähert. Die Unterschiede der PGSA-Messergebnisse zur Simulation können durch die unterschiedliche Auswertung der PF-Durchmesser mit 80 % der Partikel bei der Simulation und 86 % Partikel bei der PGSA resultieren. Zudem kann die unterschiedliche Anzahl an Ergebnissen pro Messebene und die gewählte Näherung der Querschnittflächen einen Einfluss auf die Ergebnisse haben.

Durch den Vergleich der PF-Lage und der graphischen Darstellung der Partikelkonzentrationen der PGS an unterschiedlichen z-Koordinaten zwischen PGSA-Mess- und Simulationsergebnissen für die drei FGVS können die Abweichungen zwischen Simulation und realer Pulverzuführung ermittelt werden. Die PGSA ist für die Charakterisierung der Triple-Two Düse ungeeignet, da die Detailauflösung nicht ausreicht, um die jeweiligen PF-Position und Abmessung mit der jeweiligen PGS-Interaktion voneinander zu unterscheiden. Im Folgenden wird daher für die Charakterisierung der PGS-Verschiebung in z- (TTV) und in x- (TTH) Richtung die Simulation genutzt. Für die TTH und TTV werden nachfolgend die ermittelten Simulationsergebnisse wie bei der Dreistrahldüse ausgewertet und die PF-Lage mit der konstruierten PF-Lage der Negativgeometrie verglichen.

TTV

Die konstruktiven Pulverfokusse werden aus den technischen Zeichnungen ermittelt und betragen:

- $STO_{konstr.,316L}$ = 11,80 mm
- $STO_{konstr.,SiC}$ = 12,80 mm

Eine Übersicht der ermittelten Ergebnisse von STO_{sim}, sowie die Abweichungen zur $STO_{konstr.}$ sind in Tabelle 16 aufgeführt und die graphische Darstellung der Partikelkonzentrationen abhängig vom FGVS-Verhältnis 316L:SiC in Bild 40 dargestellt.

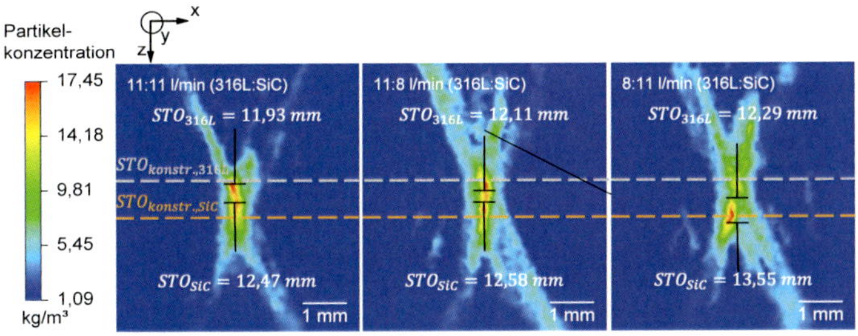

Bild 40: Graphische Darstellung der Partikelkonzentrationen unabhängig von AISI 316L und SiC im Bereich der PF der einzelnen PGS für die FGVS-Verhältnisse 11:11 l/min, 11:8 l/min und 8:11 l/min (AISI 316L:SiC) relativ zur exemplarisch eingezeichneten konstruktiven PF-Lage

Die Abstände der jeweiligen PF zueinander sind alle, ausgenommen der FGVS 8:11 l/min, kleiner als der konstruktiv eingestellte PGS-Abstand von 1 mm. Die PF des PGS_{SiC} haben aufgrund der z-Verschiebung einen größeren Abstand zum Düsenaustritt. Im Vergleich zum konstruktiven $STO_{konstr.,SiC}$ ist der STO_{SiC} zum Düsenaustritt für die FGVS-Verhältnisse 11:11 l/min und 11:8 l/min kleiner. Der STO_{316L} ist größer als der $STO_{konstr.,316L}$, wodurch die beiden, anhand der Simulationsergebnisse ermittelten PF zwischen den konstruktiven PF-Abständen liegen. Lediglich bei dem FGVS-Verhältnis von 8:11 l/min (AISI 316L:SiC) ist der STO_{SiC} größer als der $STO_{konstr.,SiC}$. Bei gleichem FGVS-Verhältnis von 11:11 l/min beträgt der $STO_{316L} \approx$ 11,93 mm und der $STO_{SiC} \approx$ 12,47 mm zum Düsenaustritt. Durch die Reduzierung des FGVS des SiC auf 8 l/min wird der SiC-PF-Abstand zum Düsenaustritt um ca. 0,11 mm vergrößert. Die FGVS-Reduzierung des SiC hat einen Einfluss auf den PF-Abstand des AISI 316L, der sich auf $STO_{316L} \approx$ 12,11 mm vergrößert. Eine Reduzierung des FGVS des AISI 316L zum FGVS-Verhältnis von 8:11 l/min führt zu einer Vergrößerung des Abstandes zum $STO_{konstr.,316L}$ von ca. 0,36 mm im Vergleich zum FGVS-Verhältnis 11:11 l/min. Allerdings ist die Wirkung auf den darunterliegenden PF des SiC groß. Der STO_{SiC} wird durch die Reduzierung des FGVS des AISI 316L von 11 l/min auf 8 l/min um fast 1 mm auf ca. 13,55 mm vergrößert. Eine mögliche Erklärung dafür ist, dass der PGS_{SiC} durch den PGS_{316L} in z-Richtung verdrängt wird.

Tabelle 16: PF-Position in z-Richtung bestimmt anhand der TTV-Simulation und deren Abweichungen zu jeweiligen $STO_{konstr.}$ mit unterschiedlichen FGVS und unterschiedlichen FGVS-Verhältnissen

	PGS_{316L} [mm]		**PGS_{SiC} [mm]**	
	$STO_{Sim,316L}$	**$\Delta STO_{konstr.}$**	**$STO_{Sim,SiC}$**	**$\Delta STO_{konstr.}$**
$TTV_{11:11}$	11,93 mm	0,13 mm	12,47 mm	−0,33 mm
$TTV_{11:8}$	12,11 mm	0,31 mm	12,58 mm	−0,22 mm
$TTV_{8:11}$	12,29 mm	0,49 mm	13,55 mm	+0,75 mm

Die Abweichung des PF vom AISI 316L zum $STO_{konstr.,316L}$ in z-Richtung kann durch den im Vergleich zum SiC größeren Pulvermassenstrom erklärt werden. Durch den größeren Pulvermassenstrom, der größeren Masse eines einzelnen Partikels im Vergleich zu SiC und die größere Partikelanzahl des PGS_{316L} im Vergleich zum PGS_{SiC} ist die Wirkung der Gravitation und des Schutzgasvolumenstrom auf den PGS_{316L} in z-Richtung größer. Dadurch kann der PGS_{316L} stärker in z-Richtung abgelenkt werden. Dahingegen kann der geringe Pulvermassenstrom des SiC ($\dot{m}$ = 5,2 g/min) sowie die kleinere Materialdichte eine kleinere Ablenkung von den Stromlinien des FGVS des PGS zur Folge haben. Darüber hinaus werden die PGS-Verläufe durch die separate Materialzuführung sowie der relativen Positionierung zueinander durch resultierende Druckgradienten aufgrund der Schutzgasströmung beeinflusst. In Bild 41 ist die graphische Darstellung der Drücke relativ zum Umgebungsdruck von 1 bar (10^5 Pa = 0,1 N/mm²) der drei FGVS-Variationen der TTV dargestellt.

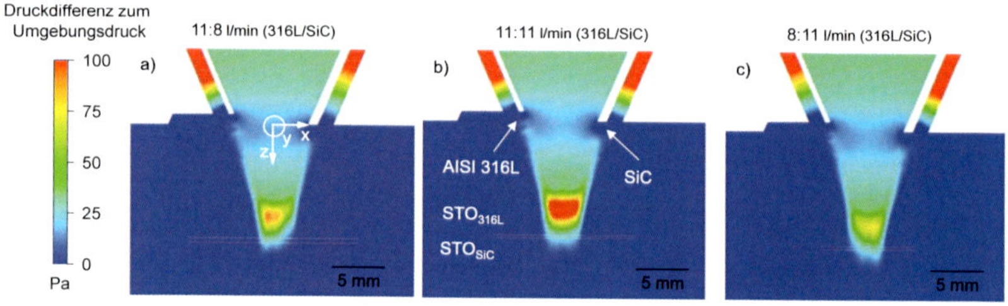

Bild 41: Graphische Darstellung der Druckverläufe der TTV bei a) 11:8 l/min (AISI 316L/SiC), b) 11:11 l/min (AISI 316L/SiC) und c) 8:11 l/min (AISI 316L/SiC)

Die PF der beiden PGS AISI 316L und SiC wirken als schwer durchströmbarer Bereich für den Schutzgasvolumenstrom, wodurch sich dieser aufstaut und der Druck oberhalb der PF größer ist. Resultierend ist oberhalb des PF AISI 316L der Bereich mit dem größten Druck unterhalb der Düse, welcher relativ zum Umgebungsdruck bei 11:11 l/min im Bereich von ca. 120 – 130 Pa und bei den beiden FGVS-Variationen ca. 75 – 85 Pa beträgt. Dies ist ein Indiz dafür, dass der Schutzgasvolumenstrom abhängig des PF-Durchmessers und der Partikelkonzentration im PF eine Kraft in z-Richtung erzeugt und dadurch die PF-Position beeinflusst werden kann. Der Schutzgasvolumenstrom umströmt den PF, wodurch die Strömungsgeschwindigkeit in diesem Bereich steigt und aufgrund der Kontinuität die Druckdifferenz kleiner wird. Zwischen den beiden PF_{316L} und PF_{SiC} im Vergleich zum Druck oberhalb des PF_{316L} (kleinerer z-Abstand zur Düse). Aufgrund der Positionierung des PF_{SiC} in größerem z-Abstand als der PF_{316L} und der dadurch resultierenden Abschirmungseffekte durch den PF_{316L}, ist der entstehende Druck durch den Schutzgasvolumenstrom kleiner. Dadurch können die SiC-Partikel den Stromlinien eher folgen. In Bild 41 ist zu erkennen, wie durch die FGVS-Variation einen Einfluss auf die resultierenden Druckverlauf innerhalb der jeweiligen PGK, insbesondere im Bereich des PGK-Austritts in positiver z-Richtung, haben. Bei kleineren FGVS ist anzunehmen, dass die Drücke in den PGK weiter vor dem PGK-Austritt reduziert werden. Zudem ist oberhalb der PF-Lagen bei den FGVS-

Variationen 8:11 l/min und 11:8 l/min in Bild 41 a) und c) zu erkennen, dass die Maxima der Druckprofile sich zum PGS mit dem FGVS 11 l/min verschieben. Dies kann einen Einfluss auf die PF-Lage innerhalb der x-y-Ebene haben und die PF in x- und/oder y-Richtung verschieben.

Die größere Verdrängung des SiC-PF bei der FGVS-Variation 8:11 l/min kann durch die Einflüsse des FGVS auf die Partikelgeschwindigkeit erklärt werden. Ein reduzierter FGVS führt zu einer kleineren Partikelgeschwindigkeit und resultierend zu einer größeren Streuung des PGS (s. Bild 52). Durch die Reduzierung des FGVS um 3 l/min ist die Partikelverteilung innerhalb der x-y-Ebene der PGS des AISI 316L größer. In Bild 42 sind graphisch die Partikelkonzentrationen mehrerer x-y-Ebenen in verschiedenen Abständen zum Düsenaustritt für die FGVS-Variationen der TTV dargestellt.

In den graphischen Darstellungen der Partikelkonzentrationen in Bild 42 sind die Partikelkonzentrationen beim PGS_{SiC} aufgrund der kleineren Partikelanzahl durch den kleineren Pulvermassenstrom erkennbar. Analog zur Dreistrahldüse weisen die PF eher eine elliptische Kontur auf. In Tabelle 17 sind die zugehörigen PF-Abmessungen in x- und y- Richtung der jeweiligen Materialien für die verschiedenen FGVS-Variationen gegeben.

Tabelle 17: Übersicht der simulativ bestimmten Pulverfokusgrößen der TTV für die unterschiedlichen FGVS-Variationen (AISI 316L/SiC)

FGVS	AISI 316L		SiC	
	x-Richtung [mm]	y-Richtung [mm]	x-Richtung [mm]	y-Richtung [mm]
11/11 l/min	1,68 ± 0,42	1,31 ± 0,3	2,1 ± 0,51	1,1 ± 0,28
11/8 l/min	1,05 ± 0,36	1 ± 0,35	1,04 ± 0,38	0,97 ± 0,35
8/11 l/min	2,7 ± 0,45	1,42 ± 0,27	1,74 ± 0,47	1,12 ± 0,3

Im Vergleich zur Dreistrahldüse sind die resultierenden PF-Abmessungen bei gleichen PGK-Abmessungen kleiner. Die kleinsten PF-Durchmesser des PGS_{316L} und PGS_{SiC} werden beim FGVS-Verhältnis 11:8 l/min erzeugt. Eine Erklärung für die Verkleinerung des PF im Vergleich zum FGVS-Verhältnis 11:11 l/min könnte die reduzierte Interaktion zwischen den beiden PGS durch den reduzierten FGVS des SiC sein. Die geometrische Form der PF entspricht im Vergleich zur Dreistrahldüse eher einem Kreis als einer Ellipse. Im Vergleich der Dreistrahldüse zur TTV ist die Anzahl der einzelnen Pulvergasstrahlen bei der TTV größer, was zu einem runderen PF führen kann. Insbesondere die graphische Darstellung des PF bei z = 12 mm beim FGVS-Verhältnis 11:8 l/min (s. Bild 42) stellt eine kreisförmige Verteilung der Partikelkonzentration dar. Eine mögliche Erklärung hierfür könnte sein, dass die Abstände der z-Positionen der beiden PF von AISI 316L und SiC bei dem FGVS-Verhältnis 11:8 l/min im Vergleich zu den anderen beiden FGVS-Verhältnissen am kleinsten ist (s. Tabelle 16). Das könnte dazu führen, dass sich die jeweiligen PF in der graphischen Darstellung der Partikelkonzentration in der x-y-Ebene überlagern und dadurch eine kreisförmige Partikelkonzentrationsverteilung darstellen.

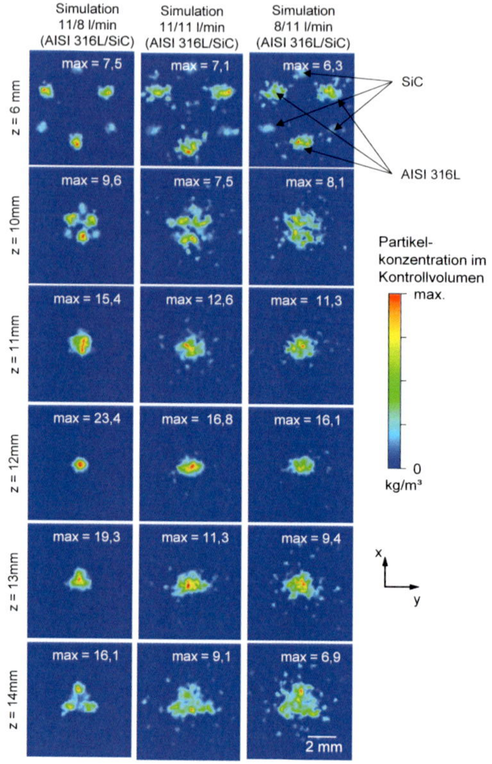

Bild 42: Graphische Darstellung der Partikelkonzentrationen der FGVS-Variationen der TTV in unterschiedlichen x-y-Ebenen mit verschiedenen Abständen zum Düsenausgang

Im Vergleich der FGVS-Verhältnisse 11:8 l/min und 11:11 l/min ist erkennbar, dass durch den größeren FGVS des SiC die Abgrenzung der einzelnen Pulvergasstrahlen kleiner ist. Dies kann auf eine größere Interaktion bzw. Beeinflussung zwischen den beiden PGS vom AISI 316L und SiC zurückgeführt werden. Beim FGVS-Verhältnis 8:11 l/min ist zu sehen, dass durch die Reduzierung des FGVS bei AISI 316L die Partikelstreuung innerhalb der x-y-Ebene größer wird und dadurch die max. Partikelkonzentrationen innerhalb des PGS im Vergleich zu den anderen beiden FGVS-Verhältnissen kleiner ist. Insbesondere in z-Richtung > 12 mm können die Partikel den Stromlinien weniger folgen, sodass eine Unterscheidung zwischen den einzelnen Pulverstrahlen kaum mehr möglich ist. Dies ist zudem daran zu erkennen, dass die Differenzen der max. Partikelkonzentrationen beim FGVS-Verhältnis 8:11 l/min bei

Düsenabständen z > 12 mm zu den anderen FGVS-Verhältnissen ist als bei Düsenabständen z ≤ 12 mm.

TTH

Die Bestimmung der PF-Fokuslagen der einzelnen PGS für die FGVS-Variationen und die PF-Größen bei der TTH werden analog zur Dreistrahl und TTV anhand der Partikelkonzentrationen ermittelt. Eine Übersicht der ermittelten Ergebnisse STO_{sim}, sowie die Abweichungen zu $STO_{konstr.}$ sind in Tabelle 18 zusammengefasst und in Bild 43 dargestellt. Die Abstände der jeweiligen z-Positionen der einzelnen PF zum $STO_{konstr.}$ sind < 1,1 mm. Der konstruktive PF-Abstand beträgt für beide PGS $STO_{konstr.}$ = 11,80 mm.

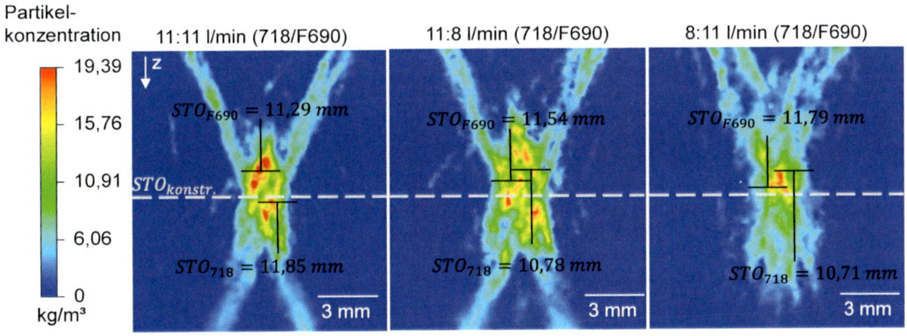

Bild 43: Graphische Darstellung der Partikelkonzentrationen im Bereich der PF-Positionen der FGVS-Variationen von Alloy 718 zu F-690-HV2 zum schematisch eingezeichneten konstruktiven STO

Bei gleichem FGVS-Verhältnis ist die PF-Position des F-690-HV2 (STO_{F690}) um ca. 0,56 mm kleiner als die des Alloy 718 (STO_{718}). Eine mögliche Erklärung für die unterschiedlichen STO kann im Massenstrom des Alloy 718 und der damit verbundenen größeren Partikelanzahl durch Verdrängungseffekte, wie bereits bei der TTV betrachtet, liegen. Zudem haben die Simulationsergebnisse der Dreistrahldüse und der TTV gezeigt, dass kleinere Massenströme aufgrund der größeren Trägheit durch den Schutzgasvolumenstrom und die Gravitation weniger von den Stromlinien in z-Richtung abgelenkt werden. Dadurch kann der STO_{F690} kleiner als der von Alloy 718 sein. Der STO_{718} beträgt ca. 11,85 mm und weicht lediglich um ca. 0,05 mm vom STO_{konstr} ab.

Bei der Reduzierung des FGVS des F690 um 3 l/min vergrößert sich der STO_{F690} auf ca. 11,51 mm, gleichzeitig verkleinert sich der STO_{718} bei gleichem FGVS von 11 l/min um ca. 1,07 mm. Aufgrund des reduzierten FGVS des F690 ist die Trägheit des PGS kleiner, sodass die Einflüsse der Gravitation und des Schutzgasvolumenstroms auf den PGS_{F690} größer sind als auf den PGS_{718}. Der PF des F690 liegt dadurch in z-Richtung unterhalb des PF des Alloy 718. Dadurch könnte der PF-Alloy 718 in Richtung der Düse (negative z-Richtung) verdrängt werden, wodurch der STO_{718} kleiner ist.

Die Reduzierung des FGVS vom Alloy 718 zum Ausgangsverhältnis von 11:11l/min führt zu einer Steigerung der Streuung der Partikel des Alloy 718 sowie zu einer Reduzierung der Partikelgeschwindigkeit (s. Tabelle 19 und Bild 55). Dies führt gleichzeitig auch zu einer größeren Verteilung der Partikelkonzentrationen innerhalb der x-y-Ebene im Bereich der PF-Position des F690. Gleichzeitig ist die Partikelgeschwindigkeit des PGS_{F690} und der zugeführte FGVS größer, was zu einer Verdrängung des PF_{718} führen kann und der STO_{718} dadurch weiter reduziert wird.

Tabelle 18: Z-Positionen der simulativ bestimmten PF-Positionen und deren Abweichungen zu den jeweiligen $STO_{konstr.}$ mittels Simulation der TTH (FGVS-Verhältnis Alloy 718 zu F690)

	PGS_{718} [mm]		**PGS_{F690} [mm]**	
	STO_{718}	**$\Delta STO_{konstr.}$**	**STO_{F690}**	**$\Delta STO_{konstr.}$**
$TTV_{11:11}$	11,85 mm	0,05	11,29 mm	−0,51
$TTV_{11:8}$	10,78 mm	−1,02	11,51 mm	-0,29
$TTV_{8:11}$	10,71 mm	-1,09	11,79 mm	-0,01

Aufgrund von unterschiedlichen Strömungsbedingungen werden unterschiedliche Druckgradienten erzeugt. Die resultierenden Druckgradienten können mittels ANSYS Fluent 2021R1 ausgewertet werden und veranschaulichen die Verdrängungseffekte zueinander. In Bild 44 sind die graphischen Darstellungen der auftretenden Drücke relativ zum Umgebungsdruck von 1 bar in den unterschiedlichen PGS-Ebenen dargestellt. Der PGS_{718} befindet sich im Ursprung des Koordinatensystems und der PGS_{F690} ist in x-Richtung um 1 mm verschoben.

In den einzelnen x-y-Schnittebenen der FGVS-Variationen sind in Bild 44 die resultierenden Drücke durch die Interaktion der PGS und dem Schutzgasvolumenstrom erkennbar. Bei z = 4 mm ist bei 11:11 l/min erkennbar, dass die Druckgradienten relativ zum Umgebungsdruck bei den drei Alloy 718 Einzelstrahlen größer als bei denen des F690 ist. Mit kleiner werdendem Abstand zu den PF wird der max. Druck im Zentrum der PGS größer. Beim direkten Vergleich der einzelnen FGVS-Variationen bei z = 8 mm in Bild 44 anhand der Falschfarben ist erkennbar, wie sich durch die FGVS-Variation der Schwerpunkt der Druckverteilung entlang der x-Achse für die FGVS-Variationen 11:8 l/min, 11:11 l/min und 8:11 l/min verschiebt. Anhand der graphischen Darstellung der Druckdifferenzen zum Umgebungsdruck kann erkannt werden, dass ein kleiner FGVS eines PGS zu einem größeren Druck oberhalb des PF führt. Ein größerer FGVS führt zu einer größeren Gas- und Partikelgeschwindigkeit (s. Kap. 5.4.2). Die größeren Strömungsgeschwindigkeiten des jeweiligen PGS können eine Ursache dafür sein, dass der resultierende Druck oberhalb des PF kleiner ist.

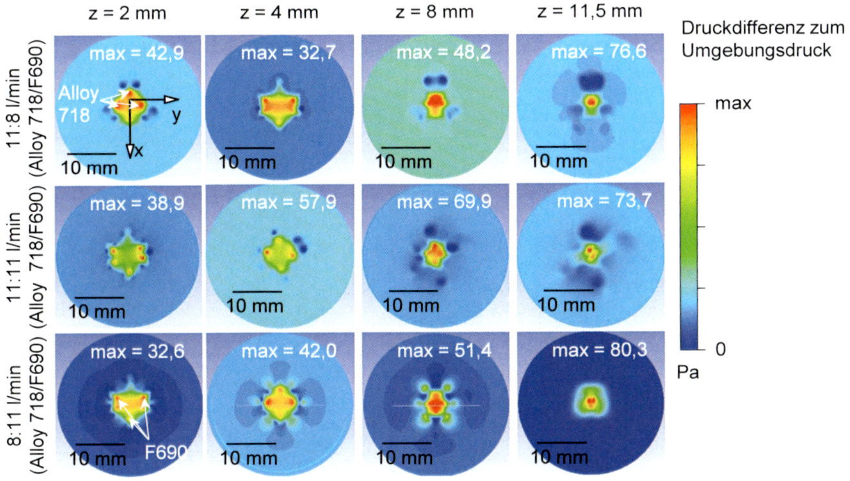

Bild 44: Graphische Darstellung der Druckprofile in verschiedenen x-y-Ebenen der TTH für die FGVS-Variationen

In Bild 45 ist die Partikelverteilung innerhalb der x-y-Ebenen im Düsenabstand z = 11,51 mm (PF-Lage des F690 s. Tabelle 18), z = 12,51 mm und z = 13,51 mm exemplarisch als Beispiele die PGS-Verschiebung in x-Richtung für das FGVS-Verhältnis 11:8 l/min (Alloy 718:F-690-HV2) dargestellt. In x-Richtung ist die PGS-Verschiebung durch die zwei separaten Konzentrationsbereiche der jeweiligen PF erkennbar. Unterhalb des PF bei z = 12,51 mm und z = 13,51 mm separieren sich die PGS wieder voneinander, was anhand des größeren Abstands zwischen den zwei Partikelkonzentrationen erkannt werden kann. Die Verschiebung in x-Richtung im Bereich der PF relativ zueinander beträgt für das FGVS-Verhältnis 11:11 l/min ca. 0,59 mm. Eine Reduzierung des FGVS des F690 führt zu einem Abstand Δx von ca. 0,47 mm im Bereich der PF und die Reduzierung des Alloy 718 zu einem Abstand Δx von ca. 0,39 mm. Die Abstände der einzelnen PF sind kleiner als die PGS-Verschiebung in x-Richtung von 1 mm. Eine mögliche Erklärung hierfür könnte sein, dass, durch die PF-Überlappung beider Materialien, in Kombination mit Strömungseffekten durch die Umströmung des PF mit Schutzgas, die beiden PF zueinander abgelenkt werden und dadurch der PF-Abstand kleiner wird. Der Einfluss auf die PF-Positionen kann durch eine Reduzierung des jeweiligen FGVS verstärkt werden und zu einer Verkleinerung der PF-Abstände zueinander führen.

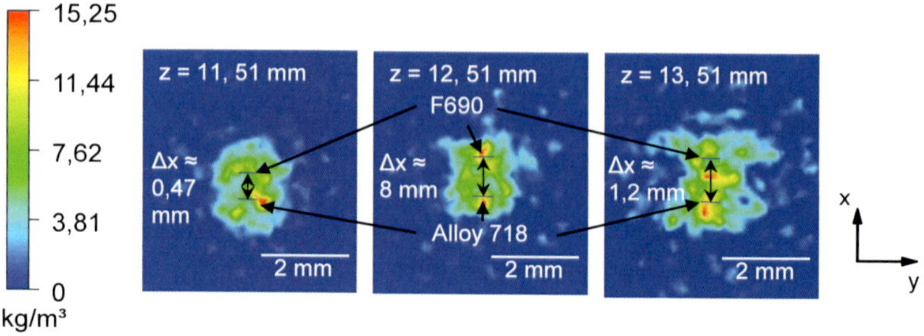

Bild 45: Graphische der Darstellung der Partikelkonzentration innerhalb der x-y-Ebene bei z = 11,51 mm, z = 12,51 mm und z = 13,51 mm für den FGVS 11:8 l/min (Alloy 718:F-690-HV2)

Die Partikelkonzentrationen in verschiedenen x-y-Ebenen der FGVS-Variationen (Alloy 718/F690) 11:11 l/min, 11:8 l/min und 8:11 l/min sind in Bild 46 dargestellt und die Pulverfokusabmessung der PF der mittels ANSYS 2021R2 größten 80 % der Partikelkonzentration sind in Tabelle 19 für die jeweiligen PF von Alloy 718 und F690 angeführt. Im Mittel betragen die gemittelten PF-Durchmesser der jeweiligen PGS ca. 2,9 mm. Die Abstände der PF in x-Richtung sind kleiner als die jeweiligen PF-Abmessung in x-Richtung, was zu einer großen Überlappung der PF führt. Die Überlappung der PF führt zu PGS-Interaktionen und kann für die Wechselwirkungen der PGS mit Verschiebung in x-Richtung, wie abweichende PF-Positionen bei FGVS-Variation, eine Ursache sein.

Tabelle 19: Übersicht der gemittelten Pulverfokusgrößen entsprechend der größten 80 % Konzentrationsverteilung der TTH (Alloy 718/F690)

FGVS	Alloy 718		F-690-HV2	
	x-Richtung [mm]	y-Richtung [mm]	x-Richtung [mm]	y-Richtung [mm]
11:11 l/min	2,11 ± 0,49	2,16 ± 0,54	2,91 ± 0,42	3,26 ± 0,47
11:8 l/min	1,89 ± 0,41	2,39 ± 0,51	2,8 ± 0,43	2,78 ± 0,45
8:11 l/min	3,43 ± 0,41	4,94 ± 0,6	2,79 ± 0,41	3,88 ± 0,56

Beim FGVS-Verhältnis 11:11 l/min sind die Abmessungen des PF vom PGS_{718} fast gleich groß und haben einen Unterschied von 0,05 mm. Beim F690 beträgt die Differenz der PF-Abmessung zwischen x- und y-Richtung bei gleichem FGVS-Verhältnis 0,35 mm. Im Vergleich zu den Abmessungen des PF von Alloy 718 ist der PF von F690 in x-Richtung 0,8 mm und in y-Richtung 1,1 mm größer. Durch Reduzierung des FGVS beim F690 um 3 l/min reduziert sich die PF-Abmessung des Alloy 718 auf 1,89 mm und in y-Richtung vergrößert sich dieser um 0,23 mm auf 2,39 mm. Die PF-Abmessung des F690 reduziert sich durch die FGVS-Reduzierung um 3 l/min in x-Richtung um 0,11 mm und in y-Richtung um 0,48 mm auf 2,78 mm. Beim FGVS-

Verhältnis 8:11 l/min vergrößert sich der PF von Alloy 718 im Vergleich zum FGVS-Verhältnis 11:11 l/min in x-Richtung 1,32 mm und in y-Richtung 2,88 mm. Die PF-Abmessungen von F690 reduziert sich in x-Richtung um 0,11 mm und vergrößert sich in y-Richtung 0,52 mm. Im Vergleich der FGVS-Ströme kann ein größerer Einfluss der FGVS-Variation des Alloy 718 auf die Veränderung der PF-Abmessungen erkannt werden. Eine mögliche Ursache hierfür kann die größere Partikelanzahl im PGS des Alloy 718 sein.

Die max. Partikelkonzentrationen werden mit größeren z-Abständen bis zum PF größer und werden unterhalb des PF (z = 14 mm) kleiner (s. in Bild 46). In Bild 46 ist erkennbar, dass sich die einzelnen max. Partikelkonzentrationen bei den verschiedenen FGVS-Variationen bei gleichem z-Abstand im Vergleich zur TTV in kleinem Maß voneinander unterscheiden. Eine mögliche Erklärung dafür kann der nahezu gleiche Pulvermassenstrom je PGS und die ähnlichen Materialdichten von Alloy 718 und F690 sein. Durch die PGS-Verschiebung in x-Richtung ist die Verteilung der Partikelkonzentration im Bereich der PF bei z = 11,5 mm eher elliptisch.

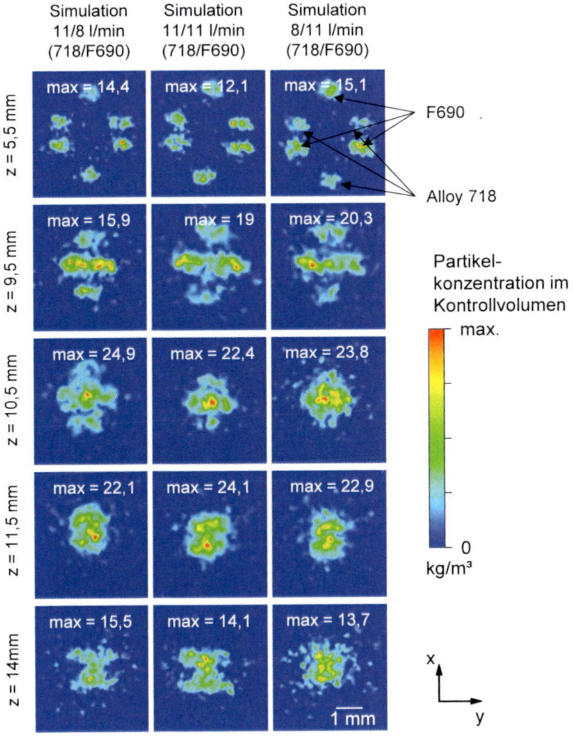

Bild 46: Graphische Darstellung der Partikelkonzentrationen der FGVS-Variationen der TTH in unterschiedlichen x-y-Ebenen mit verschiedenen Abständen zum Düsenausgang

5.4.2 Partikelgeschwindigkeit

Dreistrahldüse

Im ersten Schritt werden die auftretenden Gas- und Partikelgeschwindigkeiten der Dreistrahldüse betrachtet und diese mit den, mittels Hochgeschwindigkeitsaufnahmen gemessenen, Partikelgeschwindigkeiten im PGS verglichen. Dafür werden zunächst die resultierenden Gasgeschwindigkeiten der FGVS innerhalb der PGK betrachtet und diese mit den vorgegebenen Einlassgeschwindigkeit verglichen. In Bild 47 sind die Einlassgeschwindigkeit gegenüber der simulativ ermittelten Ar-Gasgeschwindigkeiten ohne Partikel und der simulativ bestimmten mittleren Partikelgeschwindigkeit innerhalb der letzten 20 mm des PGK für die jeweils verwendeten FGVS dargestellt und in Tabelle 20 die zugehörigen Werte zusammengefasst.

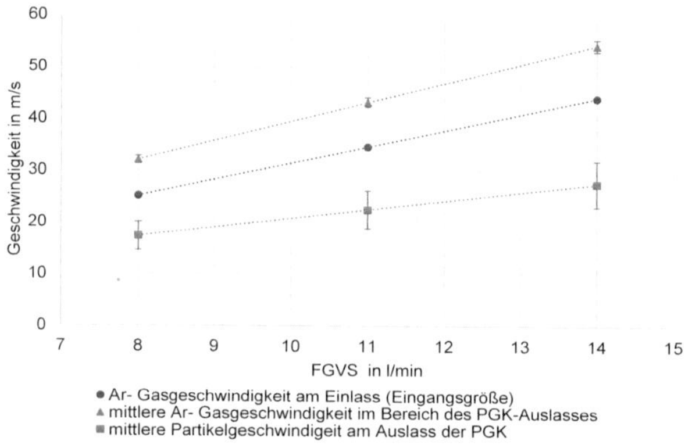

Bild 47: Graphischer Vergleich der Ar-Einlassgeschwindigkeit, der Ar-Gasgeschwindigkeit und der Partikelgeschwindigkeiten im Bereich des Auslasses der PGK in Abhängigkeit der FGVS-Variationen

Aufgrund der definierten Haftbedingung an den PGK-Wänden, wodurch die Wandgeschwindigkeit v = 0 m/s beträgt, bildet sich eine Pfropfen-Strömung (plug-flow) im Einlauf der PGK aus (s. Kap. 10.5 Bild 121) [Kur12]. Die vorgegebene Ar-Gasgeschwindigkeit (s. Kap. 5.3, Tabelle 13) an den PGK-Einlässen wird dadurch innerhalb der Rohrströmungen größer. Die Steigerung der Ar-Gasgeschwindigkeit durch die Ausbildung der Rohrströmung innerhalb der PGK für die einzelnen FGVS beträgt im Mittel ca. 25,25 % zur vorgegebenen Einlassgeschwindigkeit des Argons.

Für die Partikel wird am Einlass der PGK die Partikelgeschwindigkeit 0 m/s vorgegeben. Innerhalb der PGK-Wegstrecke von 100 mm werden die Partikel durch die Gasströmung des jeweiligen FGVS beschleunigt. Die prozentuale Abweichung beim FGVS von 8 l/min beträgt zwischen mittleren Ar-Gasgeschwindigkeit und der mittleren Partikelgeschwindigkeit, welche kleiner ist, ca. 45,9 % und steigt auf ca. 49,3 % bei einem FGVS 14 l/min an (s. Bild 47 und Tabelle 20).

Tabelle 20: Zusammenfassung Ar-Einlassgeschwindigkeit und der simulativ ermittelten mittleren Partikel- und Ar-Gasgeschwindigkeit innerhalb der letzten 20 mm der PGK vor dem Austritt der Dreistrahldüse

	Ar- Gasgeschwindigkeit am Einlass	Mittlere Ar- Geschwindigkeit im PGK	Mittlere Partikelgeschwindigkeit innerhalb der letzten 20 mm der PGK
8 l/min	25,15 m/s	32,08 ± 0,76 m/s	17,34 ± 2,78 m/s
11 l/min	34,58 m/s	43,23 ± 0,9 m/s	22,5 ± 3,65 m/s
14 l/min	44,01 m/s	54,21 ± 1,15 m/s	27,48 ± 4,42 m/s

Innerhalb der Düse wird die Strömung durch die Zufuhrröhrchen geführt und dadurch eine konstante Strömung ausgebildet. Nach Austritt aus der Düse expandieren die einzelnen PGS, wodurch die Gasgeschwindigkeit reduziert wird. Die Partikelgeschwindigkeit reduziert sich aufgrund der Impulserhaltung in kleinerem Maß.

In Bild 48 sind die PGS-Verläufe vom PGK-Einlass bis zum Ende des Strömungszylinders dargestellt. Die unterschiedlichen Partikelgeschwindigkeiten führen zu unterschiedlichen Impulsen, wodurch die Partikel mit steigender Partikelgeschwindigkeit in kleinerem Maß von ihrer Flugbahn abweichen können. Dadurch reduziert sich die Streuung der PGS unterhalb der Düse mit steigender Partikelgeschwindigkeit (vgl. Kap. 5.4.1).

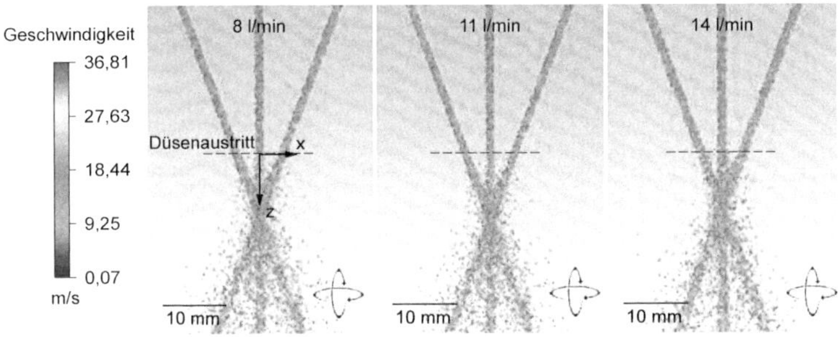

Bild 48: Graphische Darstellung der Partikelverteilung von PGK-Einlass zum Düsenaustritt bei der Dreistrahldüse und innerhalb des PGS abhängig der FGVS 8, 11 und 14 l/min. Die Falschfarben stellen die Partikelgeschwindigkeiten dar.

Abhängig von der verwendeten FGVS resultieren im Bereich des Pulverfokus im Intervall von z = 10 – 15 mm die in Tabelle 21 aufgeführten mittleren Partikelgeschwindigkeiten. Die gemittelte größte Partikelgeschwindigkeit am Düsenausgang anhand der größten 50 Partikelgeschwindigkeiten und die mittlere Partikelgeschwindigkeit um den PF im Bereich z = 10 – 15 mm sind in Tabelle 21 gegeben. Die Mittelung der Partikelgeschwindigkeit wird anhand der größten 80 % der simulativ bestimmten Ergebnisse in dem betrachteten Bereich z = 10 – 15 mm durchgeführt.

Tabelle 21: Max. Partikelgeschwindigkeit am Düsenaustritt und mittlere Partikelgeschwindigkeit um den PF

	Mittelung der größten 50 Partikelgeschwindigkeiten am Düsenaustritt	Mittlere Partikelgeschwindigkeit im Bereich z = 10 – 15 mm um den PF
8 l/min	25,38 ± 0,26 m/s	19,33 ± 1,91 m/s
11 l/min	32,9 ± 0,84 m/s	23,98 ± 3,07 m/s
14 l/min	40,58 ± 1,61m/s	28,78 ± 4,22 m/s

Zur Charakterisierung der simulativ bestimmten Partikelgeschwindigkeiten werden mittels einer Hochgeschwindigkeitskamera die PGS aufgenommen und durch die Partikelnachverfolgung die Partikelgeschwindigkeit ermittelt. Dazu wird die simulierte sowie die gemessenen mittlere Partikelgeschwindigkeit im Bereich oberhalb des PF (z < PF-Position) bestimmt und miteinander verglichen. Für die messtechnische Ermittlung der mittleren Partikelgeschwindigkeit werden mittels den Hochgeschwindigkeitsaufnahmen insgesamt 10 Partikel aufgenommen und anhand der zurückgelegten Strecke (Pixelgröße) in Kombination mit der benötigten Zeit (Aufnahmezeit) berechnet (s. Bild 24). In Bild 49 sind die gemessenen Partikelgeschwindigkeiten mit gleichen Pulverzufuhrparametern wie bei der Simulation (s. Tabelle 13) gegenüber der simulierten mittleren Partikelgeschwindigkeit dargestellt und in Tabelle 22 sind die gemessenen mittleren Partikelgeschwindigkeiten zusammengefasst.

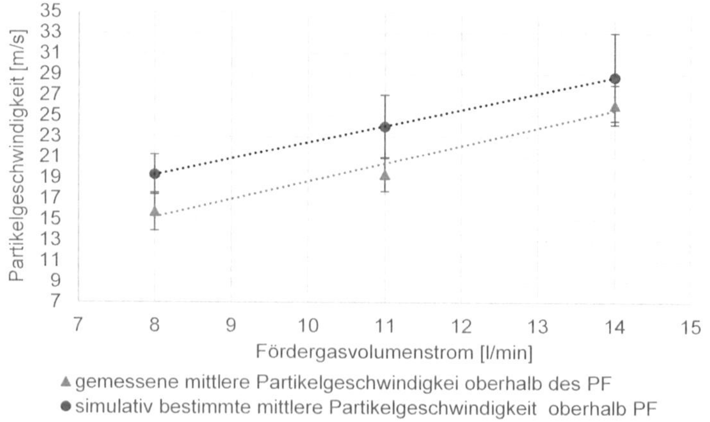

Bild 49: Graphische Darstellung der ermittelten Partikelgeschwindigkeit mittels High-Speed Kamera im Vergleich zur mittels Simulation ermittelten durchschnittlichen Partikelgeschwindigkeit bei unterschiedlichen FGVS

Die Differenz der gemessenen zu den simulierten mittleren Partikelgeschwindigkeiten ist für die drei verwendeten FGVS bei 8 l/min ca. 3,56 m/s und bei 14 l/min ca. 2,68 m/s. Die mittlere gemessene Partikelgeschwindigkeit beim FGVS 11 l/min hat die größte Differenz zur simulierten mittleren Partikelgeschwindigkeit von ca. 4,62 m/s.

Tabelle 22: Zusammenfassung der ermittelten mittleren Partikelgeschwindigkeiten mittels Hochgeschwindigkeitsaufnahme und Simulation für die drei FGVS 8, 11 und 14 l/min

	Simulierte mittlere Partikelgeschwindigkeit oberhalb des PF	Gemessene mittlere Partikelgeschwindigkeit	Abweichung
8 l/min	19,33 ± 1,91 m/s	15,77 ± 1,64 m/s	ca. 18,4 %
11 l/min	23,98 ± 3,07 m/s	19,36 ± 1,91 m/s	ca. 19,2 %
14 l/min	28,78 ± 4,22 m/s	26,10 ± 1,88 m/s	ca. 9,3 %

Tendenziell sind die simulativ ermittelten Partikelgeschwindigkeiten größer als die gemessenen Partikelgeschwindigkeiten. Die Abweichung der simulativ bestimmten und der gemessenen Ergebnisse kann auf die Vereinfachungen bei der Simulation und der nicht berücksichtigen äußeren Einflüsse zurückgeführt werden. In der Realität haben Förderstrecke, Verbindungselement (John-Guest-Verbinder), Pulverförderer, Fertigungstoleranzen, Inkonsistenzen in der Pulvermaterialförderung und insbesondere Reibungseffekte einen Einfluss auf die Partikelgeschwindigkeit. Zudem werden für die Simulation konstruktive Vereinfachungen getroffen und Oberflächeneigenschaften wie Rauheiten, die einen Einfluss auf die Abweichung zwischen Simulations- und Messergebnissen haben, werden nicht berücksichtigt.

Durch den Vergleich der Simulationsergebnisse mit den Messergebnissen sind die Abweichungen zwischen Simulation und realer Materialzuführung charakterisiert, sodass das Simulationsmodell für die simulative Charakterisierung der Triple-Two Düse genutzt werden kann. Im Folgenden wird daher für die Charakterisierung der Partikelgeschwindigkeiten abhängig der FGVS-Variationen der PGS-Verschiebung in z- (TTV) und in x- (TTH) Richtung die Simulation genutzt. Für die TTH und TTV werden nachfolgend die ermittelten Simulationsergebnisse gleich zur Dreistrahldüse ausgewertet.

TTV

Für die Charakterisierung der FGVS-Variationen bei der TTV werden die mittlere größte Partikelgeschwindigkeit am Düsenausgang anhand der größten 50 Partikelgeschwindigkeiten und die mittlere Partikelgeschwindigkeit im Bereich des Pulverfokus von z = 10 – 15 mm ermittelt. In Bild 50 sind die so bestimmten mittleren Partikelgeschwindigkeiten dargestellt.

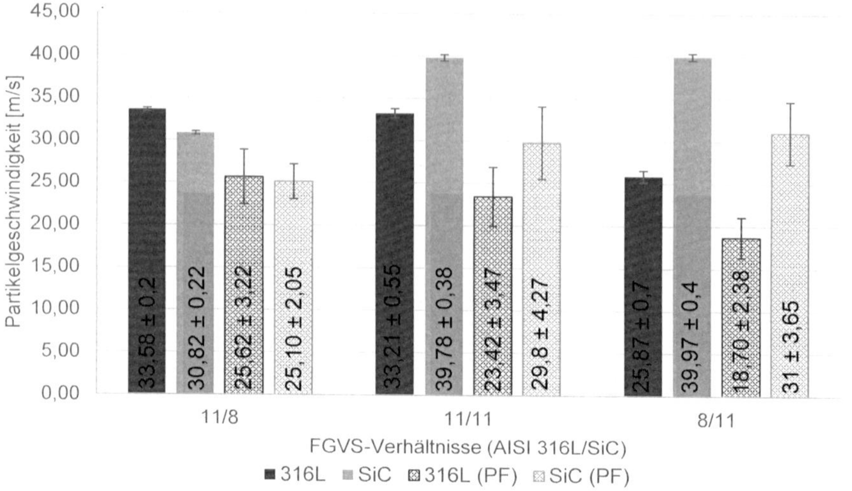

Bild 50: TTV - Graphische Darstellung der mittleren Partikelgeschwindigkeiten am Düsenausgang sowie im Bereich des Pulverfokus (z = 10 – 15 mm) (FGVS-Verhältnis 316L/SiC)

Bei gleichem FGVS-Verhältnis ist die mittlere Partikelgeschwindigkeit der SiC-Partikel am Düsenausgang um ca. 19,8 % (ca. 6,6 m/s) und im Bereich des PF um ca. 27,2 % (ca. 6,4 m/s) größer als die des AISI 316L. Die verwendete mittlere Partikelgröße im Modell (s. Tabelle 13) weicht in kleinem Maß von 1,56 µm mit 36,80 µm für AISI 316L und 38,36 µm für SiC ab. Die größere mittlere Partikelgeschwindigkeit des SiC resultiert aus dem kleineren Pulvermassenstrom und der damit verbundenen kleineren Partikelanzahl sowie der kleineren Materialdichte. Aufgrund der kleineren Materialdichte des SiC können die SiC-Partikel der Gasströmung leichter folgen, wodurch die Differenz zwischen Gas- und Partikelgeschwindigkeit klein ist. Die Partikelgeschwindigkeit wird durch Pralleffekte reduziert. Durch die Reduzierung des FGVS auf 8 l/min wird die mittlere Partikelgeschwindigkeit vom SiC um ca. 22,5 % auf ca. 30,82 m/s am Düsenaustritt und im PF um ca. 15,7 % auf ca. 25,1 m/s reduziert. Beim AISI 316L wird die Partikelgeschwindigkeit durch die Reduzierung des FGVS von 11 l/min auf 8 l/min am Düsenausgang um 21.1 % und im Bereich des PF um ca. 20,1 % verkleinert. In Bild 51 ist die graphische Darstellung der Gasströmungsgeschwindigkeit des Argons in Kombination mit den beiden PGS_{316L} und PGS_{SiC} dargestellt. In den graphischen Darstellungen in Bild 51 ist auffällig, dass die Partikelstreuung unterhalb des Düsenaustritts beim FGVS-Verhältnis 11:8 l/min kleiner als bei den anderen beiden FGVS-Verhältnissen ist. Dieses Ergebnis spiegelt die ermittelten Partikelkonzentrationen innerhalb verschiedener x-y-Ebenen entlang des PGS-Verlaufs in z-Richtung wider (s. Bild 42). Am auffälligsten ist die Partikelstreuung im FGVS-Verhältnis 8:11 l/min, welche in positive y-Richtung größer ist als in die negative y-Richtung ist. Eine Ursache für die Streuung könnte die Differenz der Partikelgeschwindigkeiten vom AISI 316L und SiC unterhalb der Düse sein. Beim FGVS-Verhältnis kann eine nahezu gleichgroße mittlere Partikelgeschwindigkeit im Bereich des PF für AISI 316L und SiC ermittelt werden. Die größte Differenz der mittleren Partikelgeschwindigkeiten liegt beim FGVS-Verhältnis 8:11 l/min vor. Durch die größeren Differenzen der mittleren Partikelgeschwindigkeiten könnte die Interaktion zwischen den beiden PGS größer sein und daraus eine größere Partikelstreuung resultieren.

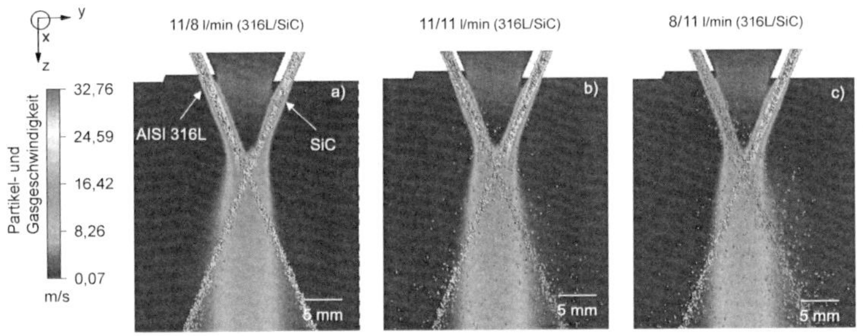

Bild 51: Graphische Darstellung der Gasströmung in Kombination mit den beiden PGS_{316L} zu PGS_{SiC}: (316L/SiC) a) FGVS-Verhältnis 11/8 l/min, b) FGVS-Verhältnis 11/11 l/min, c) FGVS-Verhältnis 8/11 l/min

Die Verkleinerung des FGVS beim SiC auf 8 l/min führt zu einer Steigerung der mittleren Partikelgeschwindigkeit des AISI 316L am Düsenausgang um ca. 1,1 % und im Bereich des PF um ca. 9,4 %. Umgekehrt führt die Reduzierung des FGVS des AISI 316L auf 8 l/min zu einer Steigerung der mittleren Partikelgeschwindigkeit des SiC im Düsenaustritt um ca. 0,5 % und im Bereich des PF um ca. 4,2 %. Dies kann durch den reduzierten Widerstand und andere Druckniveaus unterhalb des Düsenaustritts durch den geringeren Volumenstrom/Zeit erklärt werden (s. Bild 41 Kap. 5.4.1). Beim FGVS-Verhältnis von 11/8 (AISI 316L/SiC) sind die jeweiligen mittleren Partikelgeschwindigkeiten nahezu gleich.

Eine mögliche Erklärung der im Vergleich kleineren Partikelgeschwindigkeit des AISI 316L zu der des SiC kann der größere Pulvermassenstrom und die damit verbundenen Partikelanzahl sowie die größere Materialdichte sein. Die höhere Anzahl an Partikeln führt zu häufigeren Partikelinteraktionen, wie Pralleffekten, und Reibung, wodurch die Partikelgeschwindigkeit reduziert ist. Die Partikelgeschwindigkeit und die FGVS-Variationen haben einen Einfluss auf die Partikelverteilung innerhalb des PGS, weshalb die Reduzierung des FGVS des AISI 316L auf 8 l/min zu einer größeren Partikelstreuung in x- und y-Richtung im Bereich des PF führt als die Reduzierung des FGVS beim SiC auf 8 l/min. In Bild 52 sind die Verläufe der PGS für jedes Material einzeln sowie kombiniert für die verschiedenen FGVS-Variationen dargestellt. Anhand der Falschfarben kann die Partikelgeschwindigkeit der einzelnen Partikel abgeschätzt werden. Diese Darstellung der jeweiligen PGS in der x-z-Ebene kann als ergänzende Darstellung der Partikelkonzentrationen in Bild 42 verwendet werden, um die Einflüsse der Verteilung der Partikelkonzentrationen im PGS mit den Einflüssen der FGVS-Variation auf die Gas- und Partikelgeschwindigkeit zusammenzuführen.

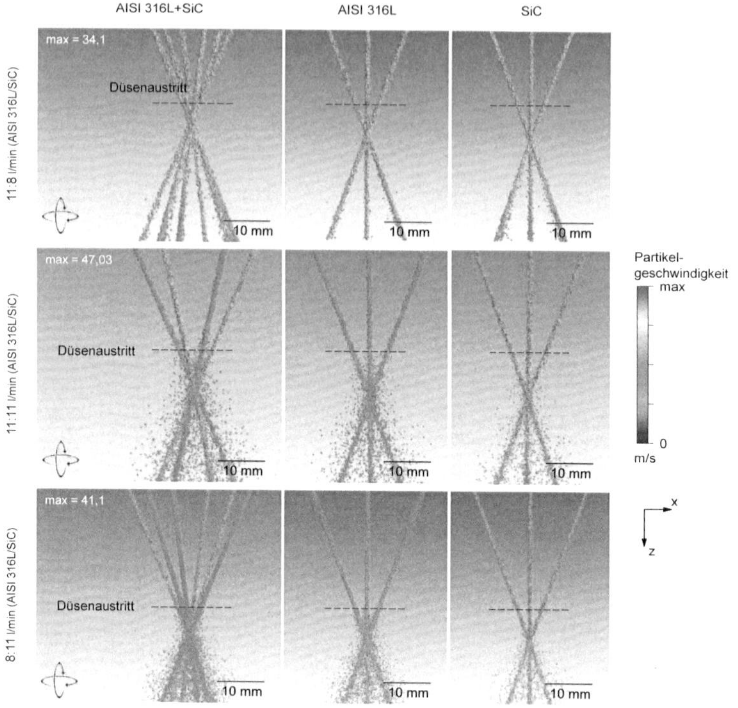

Bild 52: Graphische Darstellung der Partikelgeschwindigkeiten der PGS für verschiedenen FGVS-Verhältnissen, links: Kombinierter PGS aus AISI 316L und SiC, Mitte: PGS des AISI 316L, rechts: PGS des SiC

In Bild 52 kann, wie in den vorangegangenen Ergebnissen, beim FGVS-Verhältnis 11:8 l/min erkannt werden, dass die PGS nahezu keine Streuung aufweisen und die Partikel in den jeweiligen PGS anhand der Falschfarben eine ähnliche Partikelgeschwindigkeiten innerhalb der PGS aufweisen. Beim PGS des AISI 316L kann bei den FGVS-Verhältnissen 11:11 l/min und 8:11 l/min eine im Vergleich zum PGS des SiC größere Partikelstreuung beobachtet werden. Anhand der Falschfarben ist die Geschwindigkeitsdifferenz der beiden PGS beim FGVS-Verhältnis 8:11 l/min erkannt werden. Die Partikelstreuung im PGS des SiC scheint bei den beiden FGVS-Verhältnissen 11:11 l/min und 8:11 l/min ähnlich zu sein. Die kombinierte Darstellung in Bild 52 könnte ein Indiz dafür sein, dass mit steigender Differenz der Partikelgeschwindigkeit vom FGVS-Verhältnis 11:8 l/min zu 8:11 l/min die Interaktionen der beiden PGS größer wird und dadurch die Partikelstreuung in z-Richtung unterhalb des Düsenaustritts zunimmt.

TTH

Bei der TTH unterscheiden sich die Pulvermassenströme der beiden Materialien um ca. 28,5 %, wobei der von Alloy 718 größer ist als der von F-690-HV2. Dies hat einen Einfluss auf die resultierende mittlere Partikelgeschwindigkeit am Düsenaustritt und im Bereich des PF. Die Ermittlung der mittleren Partikelgeschwindigkeit erfolgt wie bei der TTV. In Bild 53 sind die simulativ ermittelten mittleren Partikelgeschwindigkeiten für die unterschiedlichen FGVS-Verhältnisse dargestellt.

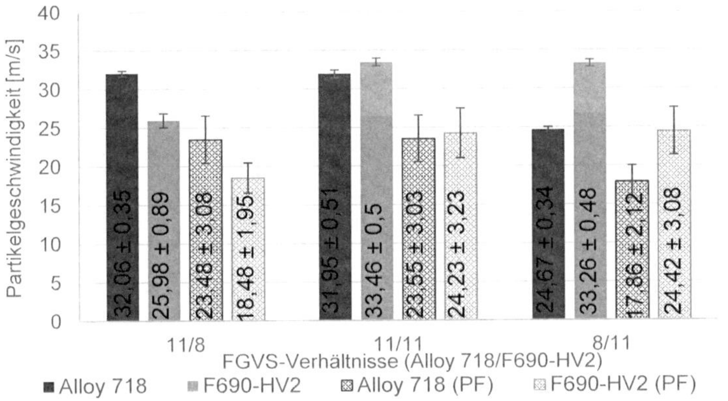

Bild 53: Graphische Darstellung der mittleren Partikelgeschwindigkeiten am Düsenausgang sowie im Bereich des Pulverfokus für die TTH (FGVS-Verhältnis Alloy 718/F-690-HV2)

Bei gleichem FGVS-Verhältnis von 11/11 l/min weichen die mittleren Partikelgeschwindigkeiten der beiden PGS lediglich um ca. 1,52 m/s am Düsenausgang und um ca. 0,69 m/s im PF ab. Die Reduzierung des FGVS auf 8 l/min führt zu einer Reduzierung der mittleren Partikelgeschwindigkeit beim Alloy 718 am Düsenausgang von ca. 7,27 m/s und im Bereich des PF von ca. 5,68 m/s. Beim F-690-HV2 resultiert durch die Reduzierung des FGVS um 3 l/min eine mittlere Partikelgeschwindigkeit am Düsenausgang von ca. 7,49 m/s und im Bereich des PF von ca. 5,75 m/s. Die Einflüsse der jeweiligen FGVS-Variation auf die resultierenden mittleren Partikelgeschwindigkeiten der jeweiligen Materialien sind ähnlich. Der größere Pulvermassenstrom des Alloy 718 kann die Ursache für die kleineren mittleren Partikelgeschwindigkeiten von Alloy 718 im Vergleich zum F690 sein. Die Unterschiede der mittleren Partikeldurchmesser von ca. 1,98 µm und der Materialdichte von ca. 0,17 g/cm³ der verwendeten Pulvermaterialien Alloy 718, AISI 316L und F690, wie in Tabelle 13 aufgeführt, sind klein. Beim Vergleich der ermittelten mittleren Partikelgeschwindigkeit der drei Materialien fällt auf, dass die Unterschiede der resultierenden mittleren Partikelgeschwindigkeiten bei gleichem FGVS im PGK und auch im Pulverfokus < 2,5 m/s sind.

Dies kann ein Indiz dafür sein, dass der mittlere Partikeldurchmesser, die Materialdichte bzw. das Partikelgewicht und der Pulvermassenstrom einen wesentlichen

Einfluss auf die mittlere Partikelgeschwindigkeit haben. Zudem können bei gleichem FGVS und gleicher Pulverzuführung ähnliche Partikelgeschwindigkeiten erwartet werden. In Untersuchungen von [Ost24] zu Segregationen von Multiphasen innerhalb des PGS wird gezeigt, dass unterschiedliche Partikelmassen aufgrund von Dichteunterschieden und Pulvermorphologie zu unterschiedlichen Partikelgeschwindigkeiten innerhalb des PGS führen können. Durch die Anpassung der Partikelmassen zweier Materialien durch unterschiedliche Partikelgrößen kann die Partikelgeschwindigkeit angeglichen werden.

In Bild 54 ist eine graphische Darstellung der Partikel- und Gasgeschwindigkeiten des Argons in Kombination mit den beiden PGS_{718} und PGS_{F690} abgebildet. In der Mitte (Bild 54 b)) ist das FGVS-Verhältnis 11:11 l/min abgebildet. Anhand der roten Falschfarbe im PGK kann die größte Strömungsgeschwindigkeit in dem Bereich identifiziert werden. Durch die FGVS-Variation der einzelnen PGS um 3 l/min kann eine Reduzierung der Strömungsgeschwindigkeit anhand der farblichen Indikation erkannt werden.

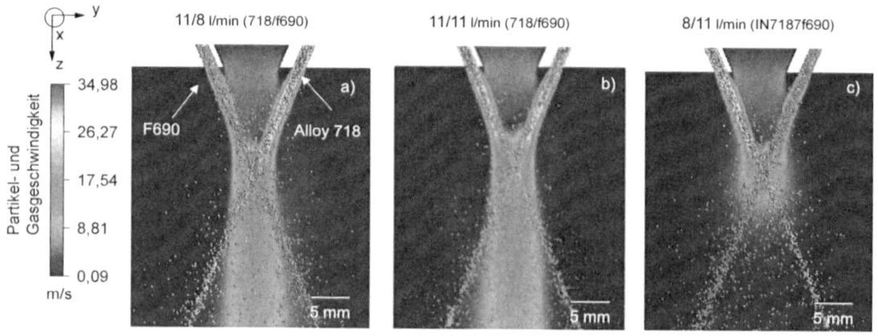

Bild 54: Graphische Darstellung der Gasströmung in Kombination mit den beiden PGS_{718} zu PGS_{F690}: (Alloy 718/F690-HV2) a) FGVS-Verhältnis 11/8 l/min, b) FGVS-Verhältnis 11/11 l/min c) FGVS-Verhältnis 8/11 l/min

In Bild 55 sind die graphischen Verläufe der Partikel von PGK bis zum Ende des PGS einzeln und kombiniert dargestellt. In der Grafik kann die Partikelgeschwindigkeit der einzelnen PGS anhand der Falschfarben abgeschätzt werden. Anhand des PGS-Verlaufs des Alloy 718 kann erkannt werden, dass durch die Reduzierung des FGVS auf 8l/min und der damit verbundenen Reduzierung der mittleren Partikelgeschwindigkeit eine größere Streuung des PGS resultiert. Dies führt zu einer Vergrößerung der PF-Abmessungen in x- und y-Richtung (s. Tabelle 19). Die graphische Darstellung stellt dar, dass die FGVS-Variation auf den PGS vom F690 einen kleinen Einfluss hat. Im Vergleich zu den für die TTV ermittelten Ergebnissen in Bild 52 kann bei den Ergebnissen der TTH in Bild 55 beobachtet werden, dass die Einflüsse der einzelnen FGVS-Variationen eines PGS auf den jeweils anderen PGS hinsichtlich Partikelstreuung kleiner sind. Die graphischen Darstellungen in Bild 52 und Bild 55 zeigen zudem, dass die Partikelstreuung bei kleineren Geschwindigkeitsdifferenzen der einzelnen PGS geringer ist. Dies ist beim Vergleich des FGVS-Verhältnisses 11:11 l/min zu 11:8 l/min (AISI 316L/SiC) in Bild 52 und im Vergleich des FGVS-Verhältnisses 11:11 l/min (Alloy 718/F690) zu den beiden FGVS-Variationen in Bild 55 erkennbar.

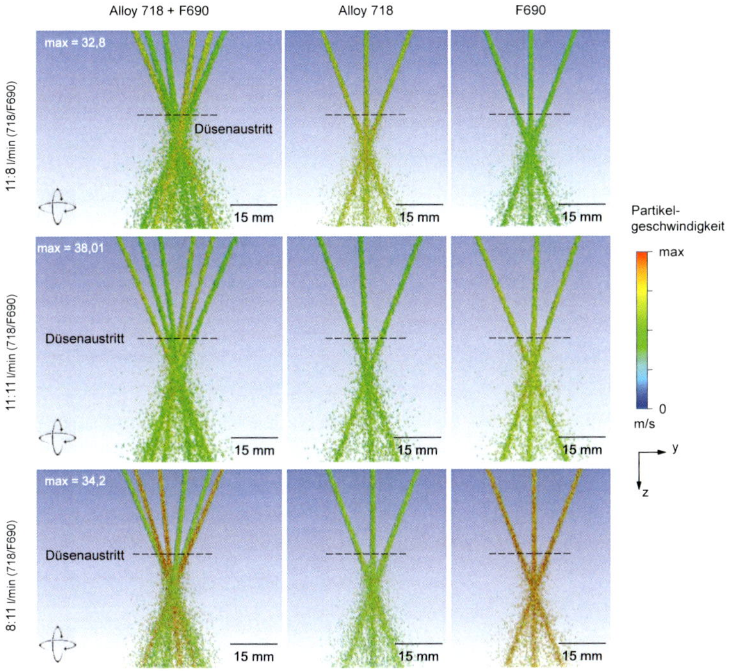

Bild 55: Graphische Darstellung der Partikelgeschwindigkeiten der PGS für verschiedenen FGVS-Verhältnissen bei der TTH, links: Kombinierter PGS aus Alloy 718 und F690, Mitte: PGS des Alloy 718, rechts: PGS des F690

Eine Begründung für die kleinere Partikelstreuung könnte eine reduzierte Anzahl an Partikelkollisionen und weniger Strömungsinteraktionen durch die ähnlichen Partikelgeschwindigkeiten der beiden PGS sein. Anhand der Auswertung der PF-Durchmesser in Bild 42 (TTV) und Bild 46 (TTH) kann erkannt werden, dass die Partikelstreuung bei kleineren Unterschieden der Partikelgeschwindigkeit reduziert ist. Bei größeren Strömungs- und Partikelgeschwindigkeitsunterschieden ergeben sich durch die Interaktion, abhängig vom Geschwindigkeitsverhältnis, unterschiedlich starke Turbulenzen. Größere Geschwindigkeitsverhältnisse führen zu größeren Turbulenzen und zu einer größeren Interaktionsstrecke zwischen den beiden Strömungen bis sich die Geschwindigkeiten zueinander angepasst haben [Dat15].

Bei der TTH ist die Partikelstreuung insgesamt größer als bei der TTV. Dies kann bei der TTH an den größeren Pulvermassenströmen vom Alloy 718 und F690 sowie an der PGS-Verschiebung in x-Richtung liegen. In größeren Pulvermassenströme sind die Partikelanzahlen größer, wodurch die Partikelkollisionen zunehmen. Zudem sind bei der TTH die PGS konstruktiv in derselben z-Höhe. Abhängig der PF-Durchmesser der einzelnen PGS von ca. 2,5 mm überlagern sich die Pulverfokusse bei einer PF-

Verschiebung in x-Richtung von 600 µm ca. 76 %, was zu einer Steigerung der Partikelinteraktion führen kann.

5.5 Zwischenfazit

Im Rahmen der Düsencharakterisierung wird zu Beginn anhand der Dreistrahldüse ein Simulationsmodell entwickelt und die Einflüsse der FGVS-Variation auf den PGS untersucht. Das Simulationsmodell wird durch den Vergleich der Simulationsergebnisse mit den Messergebnissen charakterisiert, sodass die Einflüsse der FGVS-Variation bei der TTV und TTH lediglich simulativ betrachtet werden.

Die Simulationsergebnisse der Dreistrahldüse zeigen, dass der PF-Abstand durch einen steigenden FGVS von 8 l/min auf 14 l/min um ca. 1,26 mm auf ca. 12,27 mm reduziert wird. Zudem führt die Steigerung des FGVS zu einer Vergrößerung der Partikelgeschwindigkeit von ca. 19,33 m/s bei einem FGVS von 8 l/min auf ca. 28,78 m/s bei 14 l/min. Die größere Partikelgeschwindigkeit bewirkt eine größere Trägheit der Partikel, wodurch diese weniger durch den Schutzgasvolumenstrom und die Gravitation in z-Richtung von der durch die Strömung vorgegebene Flugbahn abgelenkt werden. Diese Ergebnisse spiegeln die Ergebnisse der Untersuchungen von [Fer20], [Kum22] und [Zha20] wieder, in denen durch einen steigenden FGVS ein kleinerer PF-Abstand zum Düsenaustritt bei gleichzeitiger Steigerung der Partikelgeschwindigkeit beschrieben wird.

Im Vergleich von Simulations- und PGSA-Messergebnis wird der größte Unterschied des PF-Abstandes beim FGVS von 8 l/min ermittelt und beträgt ca. 5,32 %. Die größte Abweichung zwischen simulativ ermittelter zur mittels Hochgeschwindigkeitsaufnahme bestimmter mittleren Partikelgeschwindigkeit im PF beträgt beim FGVS von 11 l/min ca. 4,6 m/s (ca. 19,2 %). Die Überschätzung der Geschwindigkeit der Simulations- zu den Messergebnissen können auf Vereinfachungen des Simulationsmodells, wie der Haftbedingung innerhalb der Strömungskanäle und geometrische Unterschiede am Düsenausgang, zurückgeführt werden. Zudem sind die Eingangsgrößen an den Strömungsvolumen der Negativgeometrie ideal berechnet bzw. für die Partikelgeschwindigkeit gleich null, wodurch die Materialzuführung von Pulverförderer zur Düse innerhalb der Simulation nicht betrachtet wird.

Mit Hilfe des Simulationsmodells wird bei der TTV die gegenseitige Beeinflussung der beiden PGS AISI 316L und SiC zueinander und die Einflüsse der FGVS-Variation auf die PF-Positionen und der mittleren Partikelgeschwindigkeiten charakterisiert. Aufgrund des im Vergleich um den Faktor 4 größeren Pulvermassenstrom des AISI 316L, führt die Reduzierung des FGVS des AISI 316L zu einer größeren Reduzierung der mittleren Partikelgeschwindigkeit und dadurch zu einem größeren PF-Abstand. Der größere PF-Abstand des AISI 316L führt zu einer Verdrängung des PF vom SiC, wodurch der PF-Abstand des SiC trotz unverändertem FGVS von 11 l/min vergrößert wird. Der kleinere Pulvermassenstrom sowie die kleinere Materialdichte des SiC bewirken, dass die Partikelgeschwindigkeiten innerhalb des PGS größer sind und die Differenz zur Gasströmungsgeschwindigkeit kleiner ist.

Bei der TTH sind die Unterschiede der beiden Pulvermassenströme vom Alloy 718 und F-690-HV2 kleiner und die Materialeigenschaften beider Legierungen ähnlicher als beim AISI 316L und SiC, wodurch die Änderungen der resultierenden Partikelgeschwindigkeiten durch die jeweilige Reduzierung des FGVS ähnlich sind. Die beiden PGS beeinflussen sich gegenseitig, wodurch Interaktionseffekte durch die FGVS-Variation aufgrund von Druck- und Trägheitsunterschieden, zwischen den PGS hinsichtlich PF-Position in z- und in x-Richtung, festgestellt werden. Die PF-Abstände in x-Richtung sind für alle FGVS-Variationen kleiner als die konstruktive Verschiebung von 1 mm. Die jeweilige Reduzierung des FGVS führt zu einer Reduzierung des PF-Abstands in x-Richtung im Bereich von 0,1 – 0,2 mm.

In Bezug auf die Forschungsfrage können durch das Simulationsmodell die Einflüsse des FGVS auf den PGS bei der Dreistrahldüse sowie auf die einzelnen PGS bei der separaten Materialzuführung untersucht und charakterisiert werden. Das entwickelte Simulationsmodell bietet die Möglichkeit, die Gasströmungs- und Partikelgeschwindigkeit darzustellen sowie die Beeinflussung des Gasströmungsprofils aus Schutzgasströmung und PGS zu ermitteln. Zudem ist das Simulationsmodell designunabhängig und bietet das Potential, die Einflüsse konstruktiver Anpassungen der Materialzuführung auf den PGS vor Fertigung der Pulverzufuhrdüse zu charakterisieren.

6 Materialmischung MMC AISI 316L+SiC

6.1 Versuchsdurchführung

Zur Vertiefung des Prozessverständnisses der separaten Materialzuführung mit relativer PGS-Verschiebung in z-Richtung wird der Einfluss der Prozessgeschwindigkeit, des Laserspotdurchmessers und des FGVS auf das Lösungsverhalten von SiC in der AISI 316L Matrix untersucht. Hierfür wird eine systematische Parametervariation durchgeführt. Für die separate Materialzuführung werden die, mithilfe der Dreistrahldüse erzeugten, Ergebnisse der MMC als Startpunkt genutzt und die erzielten Ergebnisse miteinander verglichen. Dafür wird der zugeführte SiC Anteil der MMC im Intervall von 10 – 50 vol.-% mit einer Schrittweite von 10 vol.% gesteigert. In Bild 56 ist das Vorgehen der Versuchsdurchführung graphisch dargestellt.

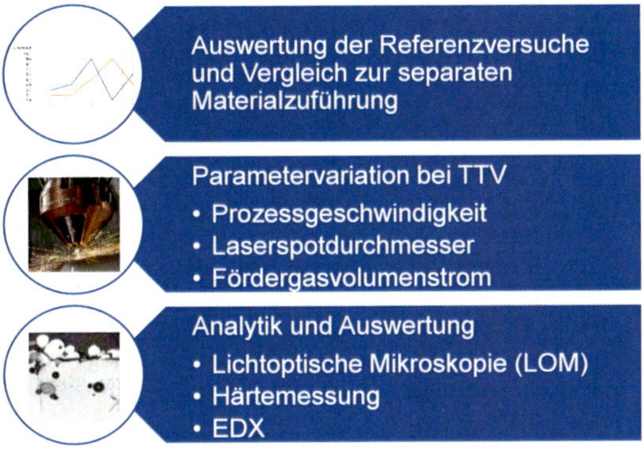

Bild 56: Schematische Darstellung der Vorgehensweise zur Untersuchung der separaten Materialdurchführung mit PGS-Verschiebung in z-Richtung bei der Erzeugung der MMC AISI 316L+SiC

Auf dem Vergleich zwischen Dreistrahl und TTV aufbauend wird eine Parametervariation der Größen Prozessgeschwindigkeit, Laserspotdurchmesser auf der Substratoberfläche und des FGVS für die separate Materialzuführung durchgeführt. Außerdem werden die Einflüsse der Parametervariation hinsichtlich Schichtcharakteristik, Härte und Si-Gewichtsanteil mittels LOM, Härtemessung und EDX auf die erzeugte MMC AISI 316L+SiC untersucht. Mittels LOM werden die Querschliffe ungeätzt und durch V2A-Beize geätzt betrachtet. Anschließend wird eine Mikrohärtemessung durchgeführt, um abhängig des zugeführten SiC-Mischungsanteils die resultierenden Schichthärten zu ermitteln. Die Ermittlung der in der Matrix AISI 316L gelösten Si-Anteile erfolgt mittels je zehn EDX-Linienmessungen.

In Bild 57 links ist eine schematische Darstellung der relativen Positionierung der separaten PGS in z-Richtung zueinander abgebildet. Aufgrund der Reaktivität des SiC mit dem AISI 316L und der Sublimation von SiC durch Wärmeeintrag ist der PF des SiC unterhalb des PF des AISI 316L positioniert, um den thermischen Energieeintrag in das SiC mittels kleinerer Interaktionsstrecke im Laserstrahl und durch den

Abschirmeffekt des AISI 316L zu reduzieren. In Bild 57 rechts sind die Ergebnisse der PGSA-Messungen dargestellt. Die jeweiligen Einzelstrahlen sind auf einer Kreisbahn angeordnet. Die unterschiedlichen Durchmesser resultieren aus dem vertikalen Versatz der einzelnen PGS.

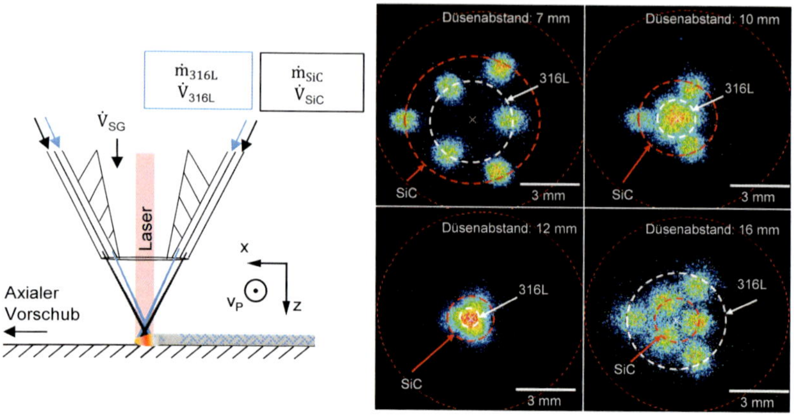

Bild 57: links: Schematische Darstellung der separaten Materialzuführung mit PGS-Verschiebung in z-Richtung beim HS DED-LB, rechts: PGSA-Messergebnisse der TTV mit z-Versatz von 0,5 mm in verschiedenen z-Düsenabständen

Die Düse und die Bearbeitungsoptik sind senkrecht zur Substratoberfläche positioniert. Als Substrat wird ein Rohr aus S355J2 mit einem vom Durchmesser Ø 50 mm und einer Wandstärke von 5 mm verwendet. Für die Untersuchungen mit der Dreistrahldüse wird basierend auf der Literatur eine Prozessgeschwindigkeit von 200 m/min gewählt [Ach22, Oet19]. Die Versuche werden bei Raumtemperatur von ca. 20 °C durchgeführt. Eine Übersicht der konstanten Prozessparameter ist in Tabelle 23 für die Dreistrahl und die Triple-Two Düse gegeben.

Tabelle 23: Konstante Prozessparameter bei der Untersuchung der MMC AISI 3216L+SiC hergestellt mittels Dreistrahldüse und mittels separaten Materialzuführung mittels Triple-Two Düse

Prozessparameter	Dreistrahldüse	Triple-Two Düse
Anstellwinkel	0° (z-Achse) Senkrecht zur Substrat-oberfläche	0° (z-Achse) Senkrecht zur Substrat-oberfläche
Laserstrahlfokuslage	Substratoberfläche	Substratoberfläche
Schutzgasvolumenstrom	11 l/min	17 l/min
Schutzgas	Argon	Argon
Fördergas	Argon	Argon
Fördergasvolumenstrom	11 l/min	11:11 l/min; 11:8 l/min, 8:11 l/min

Arbeitsabstand Düse zu Substrat ($STO_{Düse}$)	13 mm	unterer PF: 13 mm
Δ Pulverfokus (Triple-Two)	-	0,5 mm
Prozessgeschwindigkeit	200 m/min	variabel
Substrattemperatur	ca. 20 °C (Raumtemp.)	ca. 20 °C (Raumtemp.)
Substrat	St52	St52
Pulvertemperatur	ca. 20 °C (Raumtemp.)	ca. 20 °C (Raumtemp.)
Umgebungstemperatur	ca. 20 °C (Raumtemp.)	ca. 20 °C (Raumtemp.)

In Tabelle 24 sind die variablen Parameter und die jeweiligen Grenzen für die Untersuchung der Parametereinflüsse bei der separaten Materialzuführung hinsichtlich des in Lösung gegangenen Si in der AISI 316L Matrix dargestellt.

Tabelle 24: Übersicht der variablen Parameter für die Untersuchung der Parametereinflüsse bei der Dreistrahldüse und der separaten Materialzuführung mittels Triple-Two Düse

Parameter	Werte
Laserleistung	3000 - 4000 W
Pulvermassenstrom Mischungsverhältnis	100:0 – 50:50 vol.-% (316L:SiC)
Laserspotdurchmesser	1,2 – 1,6 mm
Fördergasvolumenstrom	11:11 – 11:5 (316L:SiC) l/min
	11:11 – 5:11 (316L:SiC) l/min
Prozessgeschwindigkeit	50 – 200 m/min

6.2 Vergleich Dreistrahldüse zur separaten Materialzuführung

Im ersten Schritt werden Versuche mit der Dreistrahldüse durchgeführt, in denen der SiC-Mischungsanteil von 0 – 50 vol.-% im Pulver schrittweise erhöht wird. In Bild 58 sind LOM-Aufnahmen der mit 20 vol.-% und 50 vol.-% SiC in der Pulvermischung erzeugten Schichten gegenübergestellt. Mit steigendem SiC-Mischungsanteil im Pulver nimmt die Anzahl der Risse und die Porosität zu (s. Bild 58). Innerhalb des MMC sind nicht aufgeschmolzene SiC-Partikel erkennbar.

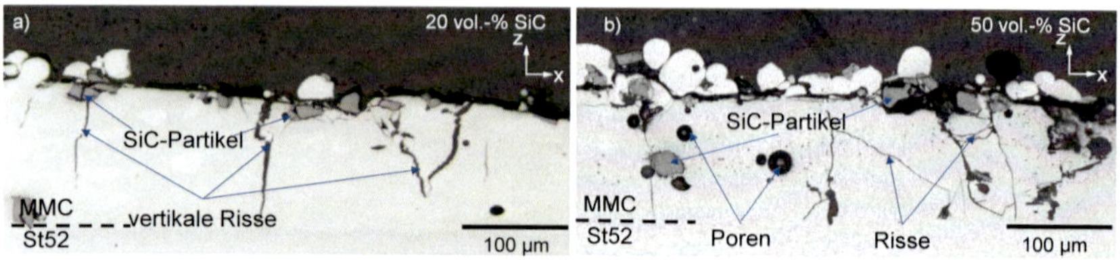

Bild 58: LOM-Aufnahme eines Querschliffs einer mittels Dreistrahldüse erzeugten MMC 316L+SiC Schicht a) 20 vol.-% SiC-Mischungsanteil b) 50 vol.-% SiC-Mischungsanteil

In Bild 59 sind einzelne Schichten mit variablen SiC-Mischungsanteil geätzt dargestellt. Bei ca. 10 vol.-% SiC-Mischungsanteil ist die Matrix, bis auf die direkte Umgebung der SiC-Partikel, mittels V2A-Beize ätzbar. Die nicht ätzbaren Bereiche werden mit steigendem SiC-Mischungsanteil größer, bis die Matrix AISI 316L bei einem SiC-Mischungsanteil von ca. 50 vol.-% nicht mehr mittels V2A-Beize ätzbar ist. In Bild 59 d) ist eine LOM-Detailaufnahme bei einem SiC-Anteil von 30 vol.-% von einigen SiC-Partikeln mit den umgebenden nicht ätzbaren Bereichen dargestellt. In der Matrix AISI 316L ist das angeätzte Gefüge erkennbar.

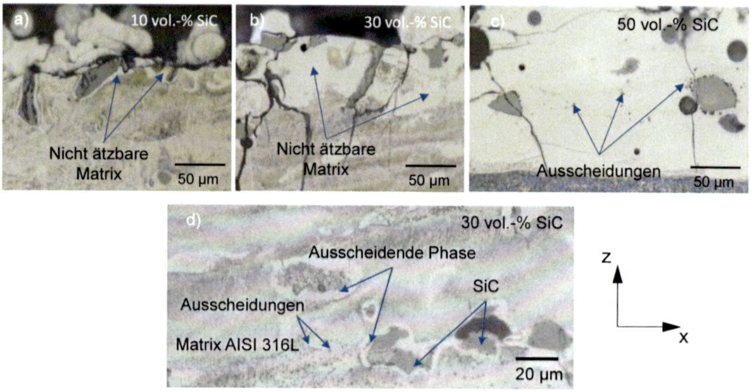

Bild 59: LOM-Aufnahme eines mittels V2A-Beize geätzten Querschliffs einer mittels Dreistrahldüse erzeugten MMC 316L+SiC Schicht; a) 10 vol.-% SiC-Mischungsanteil; b) 30 vol.-% SiC-Mischungsanteil; c) 50 vol.-% SiC-Mischungsanteil; d) Detailaufnahme von SiC-Partikeln, Ausscheidungen und der ausscheidenden Phase

Die nicht ätzbaren Bereiche können ein Indiz für das in der Matrix AISI 316L in Lösung gegangene Si und C (Kohlenstoff) sein. Durch die Benetzung des SiC-Partikels mit dem flüssigen Fe-Matrixmaterial AISI 316L können Diffusionsvorgänge von Si und C in die Matrix starten [Wu19] (s. Kap. 2.4.3). Dadurch wird die Matrix beginnend um die SiC-Partikel, mit C und Si angereichert. Das Gefüge im direkten Bereich um die SiC-Partikel innerhalb der Matrix AISI 316L ist nicht ätzbar, was ein Indiz für eine Gefügeänderung ist. Bei kleinen SiC-Mischungsanteilen sind weniger SiC-Partikel in der Schicht, weshalb die nicht ätzbaren Bereiche einen kleinen Flächenanteil innerhalb der Matrix AISI 316L einnehmen. Mit steigendem SiC-Mischungsanteil sind mehr SiC-Partikel in der generierten Schicht, wodurch die nicht ätzbaren Flächenanteile größer werden. Bei einem Mischungsverhältnis von 50:50 vol.-% (AISI 316L:SiC) ist die gesamte Matrix nicht mehr ätzbar. Die geätzten Proben werden zur näheren Charakterisierung der MMC im REM analysiert, mittels EDX wird die chemische Zusammensetzung (Bestimmung des gelösten Si-Anteils in der Matrix AISI 316L) bestimmt.

In Bild 60 ist eine REM-Aufnahme des Gefüges der Matrix AISI 316L und zweier SiC-Partikel abgebildet. Die reine AISI 316L Matrix mit keinem bis kleinen Si- und C-Anteilen erstarrt in dem typischen dendritischen Gefüge (Bereich 3) [Wu19]. In Bereich 1 und Bereich 2 in Bild 60 sind feine zellulare Gefüge, auch Subkörner oder Verfestigungszellen genannt, welche aufgrund von Ausscheidungen an Korngrenzen entstehen und aufgrund ihrer Struktur erkennbar sind. Die Bereiche 1 und 2 unterscheiden sich in der Größe der Ausscheidungen, die im Bereich 1 größer sind. Dies kann ein Indiz auf die nach *Wu et. al* beschriebenen „Block Shaped" (BS) und „Well-Shaped" (WS) Phasen sein, die sich bei steigendem Si-Gehalt in der AISI 316L aus der dendritischen Phase ausscheiden. Die BS-Phasen sind reich an Fe und Cr (Bereich 2). Bei Si-Gehältern >16 % in der Matrix werden neben den BS auch WS-Phasen ausgeschieden (Bereich 1). Die steigenden Si-Gehalte innerhalb der WS-Phase sind ein Indikator für die Bildung von Eisensiliziden (s. Kap. 2.4.3) [Wu19]. In Untersuchungen von *Majumdar et al.* wird bei DED-LB-Versuchen mit SiC-verstärktem AISI 316L gezeigt, dass beim Auftragschweißen der Materialmischung Mikroseigerungen durch feine SiC-, Cr_3C_2- und Fe_3Si-Ausscheidungen verursacht werden. [Maj09, Wu19]

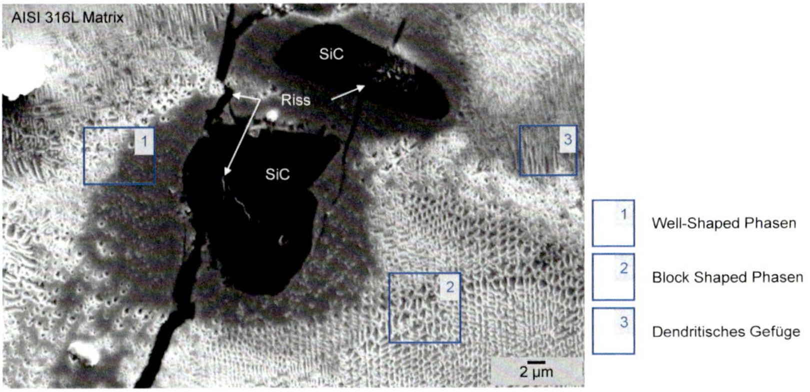

Bild 60: REM-Aufnahme von 2 SiC-Partikeln (schwarz) und dem Mikrogefüge der Matrix AISI 316L

In Bild 61 oben ist die REM-Aufnahme von der 316L Matrix mit SiC-Partikel und die Linie für EDX dargestellt. Unten in Bild 61 sind die Elementverläufe als EDX-Linienspektren für C, Si, Cr und Fe dargestellt. Im SiC-Partikel ist die Konzentration von Si am größten. Im Übergang zum Matrixwerkstoff sinkt der Si-Anteil und der Cr- und Fe-Anteil steigt. Im Bereich der Ausscheidung steigt der C-Anteil stark an und der Anteil aller anderen Elemente sinkt und lässt eine Graphit-Ausscheidung vermuten (vgl. Kap. 2.4.3). In Bild 122 ist ergänzend eine weitere EDX-Linienmessung über ein

SiC-Partikel abgebildet, in welcher der Übergang des Matrixmaterials AISI 316L und des SiC-Partikels anhand der Elemente Fe, Cr, Si und C veranschaulicht wird.

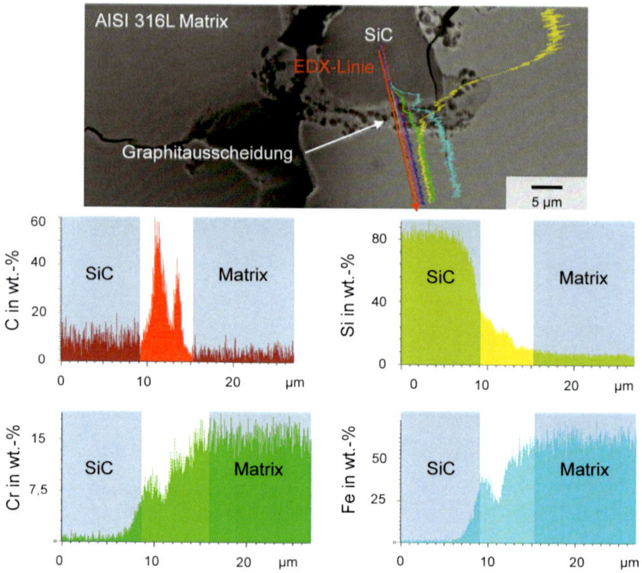

Bild 61: oben: Aufnahme der EDX-Untersuchung mittels Linienspektrum im Übergang von SiC-Partikel ins Matrixmaterial AISI 316L, unten: graphische Darstellung der Elementverläufe entlang der EDX-Messlinie von C, Cr, Si und Fe

Weiterführend wird die Übergangszone eines SiC-Partikels zur AISI 316L Matrix mittels EDX-Analyse in 3 Spektren näher untersucht (s. Bild 62). Dafür wird eine Messung im hellen Bereich innerhalb der Übergangzone (Spektrum 51), eine Messung im dunklen Bereich der Übergangszone (Bereich 52) und eine Messung innerhalb der AIS 316L Matrix (Spektrum 53) durchgeführt. Im Spektrum 51 ist der Si-Anteil innerhalb der Matrix um ca. 3 wt.-% größer als der Fe-Anteil. Der gelöste C-Anteil beträgt ca. 24 wt.-%. Im dunklen Bereich der Übergangszone in Spektrum 52 ist der C-Anteil mit ca. 56 % am größten. Innerhalb des Spektrums 52 wird zudem ein Fe-Anteil von ca. 24 wt.-% und ein Si-Anteil von ca. 7 wt.-% gemessen. Dies kann ein Indiz dafür sein, dass es sich bei den dunklen Bereichen um Ausscheidungen mit großen Kohlenstoffanteilen handelt. Innerhalb der Matrix AISI 316L in Spektrum 53 ist der Si- und Cr-Anteil etwa gleich groß mit ca. 11 – 12 wt.-%. Der C-Anteil in diesem Bereich beträgt ca. 20 wt.-%. Die Ergebnisse und entstehenden Ausscheidungen um ein SiC-Partikel mit großem Si-Anteil können ebenfalls in der Literatur, etwa bei *Sánchez et al.* und *Riquelme et al.*, beobachtet werden [Riq22, Sán22b]. Diesen Untersuchungen nach werden bei Si-Gehältern ab ca. 30 – 40 wt.-% innerhalb der Matrix Graphitausscheidung im Größenbereich von ca. 10 – 20 µm gemessen, die bis ca. 200 µm bei einem Si-Mischungsanteil von ca. 60 wt.-% groß sein können [Sán22b]. Dies deutet darauf hin, dass um einen SiC-Partikel innerhalb der Matrix die Si-Konzentrationen größer sein können als die im Spektrum 51 gemessenen ca. 33 wt.-%.

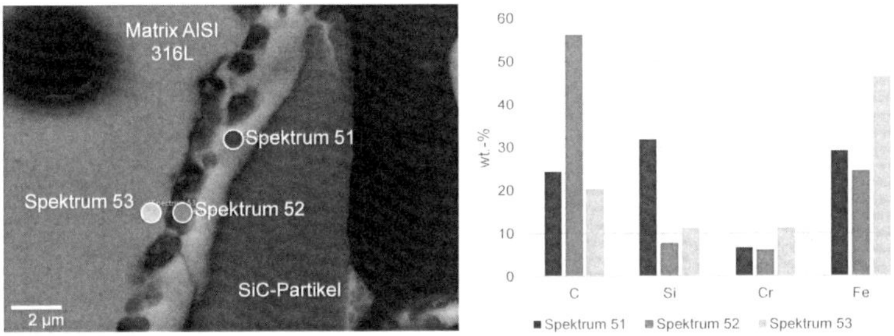

Bild 62: links: REM-Aufnahme mit eingezeichneten EDX-Punktmessungen innerhalb der Umgebung um ein SiC-Partikel, rechts: graphische Darstellung der Elementanteile der EDX-Punktmessungen

Die erzeugten Schichten mit variablen SiC-Mischungsanteil werden weiterführend mittels Härtemessung nach Vickers ausgewertet (s. Bild 63 rechts). Die Härte der Matrix steigt bis zum Mischungsanteil von ca. 30 vol.-% SiC nahezu linear von ca. 400 HV0.1 auf ca. 630 HV0.1. Von 30 auf 40 vol.-% SiC-Mischungsanteil steigt die Härte sprunghaft auf ca. 1150 HV0.1 an und von 40 auf 50 vol.-% SiC-Mischungsanteil bleibt die härte nahezu konstant mit ca. 1100 HV0.1. Die mittels EDX-Punktmessungen in Linienanordnung (s. Bild 63 links) bestimmter Si-Anteile innerhalb der Matrix AISI 316L je SiC-Mischungsanteil sind in Bild 63 rechts in türkis dargestellt. Der Verlauf des Si-Anteils innerhalb der AISI 316L-Matrix ähnelt dem Verlauf der Härte (s. Bild 63 rechts, blau). Von 30 auf 40 vol.-% SiC-Mischungsanteil steigt der Si-Anteil innerhalb der Matrix sprunghaft von 8 At.-% auf ca. 15.8 At.-%.

Im Bereich von 10 – 30 vol.-% SiC-Mischungsanteil findet eine Si-/C-Diffusion statt. Die sprunghafte Härtesteigerung kann durch die Phasenumwandlung von γ- (austenitisch, KFZ) zu α- Fe (ferritisch, KRZ) hervorgerufen werden, die nach *Wu et. al* ab einem eingebrachten SiC-Anteil zwischen 4 – 8 % festgestellt werden [Wu19]. Die konstant bleibenden Werte der Härte von 40 – 50 vol.-% SiC-Mischungsanteil könnte ein mögliches Anzeichen dafür sein, dass die Matrix AISI 316L an Si gesättigt ist und es zu Graphitausscheidungen kommt [Riq22, Sán22b].

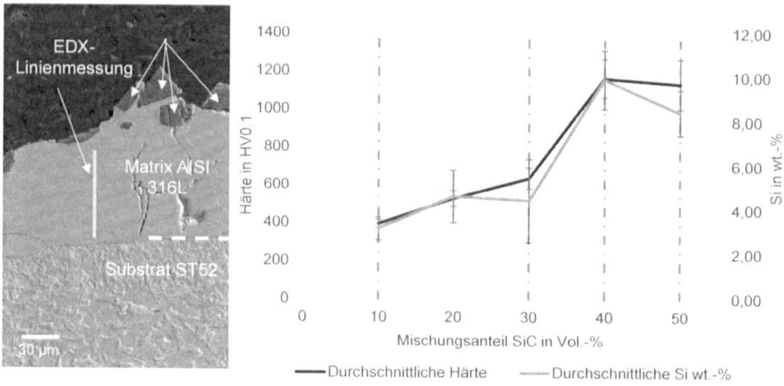

Bild 63: links: REM-Aufnahme mit eigezeichneter der EDX-Punktmessung in Linienanordnung innerhalb der AISI 316L Matrix; rechts: graphische Darstellung der Härte der erzeugten MMC und Si-Gehalte innerhalb der Matrix AISI 316L der mittels Dreistrahldüse erzeugten Schicht

Die Ergebnisse zeigen, dass eine Schichterzeugung bis zu einem Mischungsverhältnis 50:50 vol.-% mittels Dreistrahldüse möglich sind. Mit steigendem SiC-Mischungsanteil steigt der Si-Anteil in der Matrix AISI 316L und die Härte wird vergrößert. Zwischen den SiC-Mischungsanteilen 30 vol.-% und 40 vol.-% kann ein Härtesprung und ein sprunghafter Anstieg des Si-Anteils in der Matrix AISI 316L gemessen werden. Basierend auf der Literatur ist dies durch eine Phasenumwandlung von γ- (austenitisch, KFZ) zu α- Fe (ferritisch, KRZ) erklärt. Weiterführend werden die Einflüsse der separaten Materialzuführung mittels TTV auf die MMC AISI 316L+SiC untersucht.

In Bild 64 sind die LOM-Aufnahmen einer mittels Dreistrahldüse und einer mittels TTV erzeugten MMC AISI 316L+SiC mit einem Mischungsverhältnis 50:50 vol.-% (AISI 316L:SiC) gegenübergestellt. Im Vergleich ist die Anzahl der Risse, die Anzahl der Poren und die Ausprägung der Ausscheidungen (s. weiß umrandet) bei der separaten Materialzuführung größer (s. Bild 64 b)).

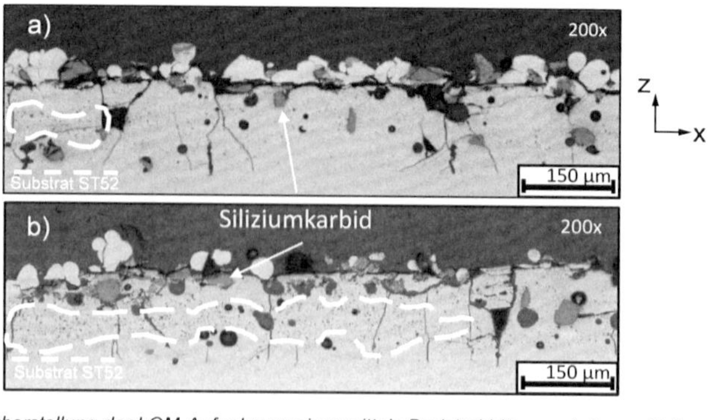

Bild 64: Gegenüberstellung der LOM-Aufnahmen einer mittels Dreistrahldüse und einer mittels separater Materialzuführung erzeugten MMC; a) Dreistrahldüse, SiC-Mischungsanteil 50 vol.-%, Laserleistung 3600 W; b) Separate Materialzuführung, Mischungsverhältnis 50:50 vol.-%, Laserleistung 3400 W

Die EDX-Messergebnisse in Bild 65 der rot umrandeten, kleineren Ausscheidungen innerhalb der Matrix AISI 316L stellen in Messpunkt 2 und Messpunkt 8 dar, dass die Ausscheidungen überwiegend aus Kohlenstoff bestehen und damit auf die Ausscheidung von Graphit geschlossen werden kann. Mittels EDX kann allerdings nur eine quantitative Aussage zum Graphitgehalt getroffen werden.

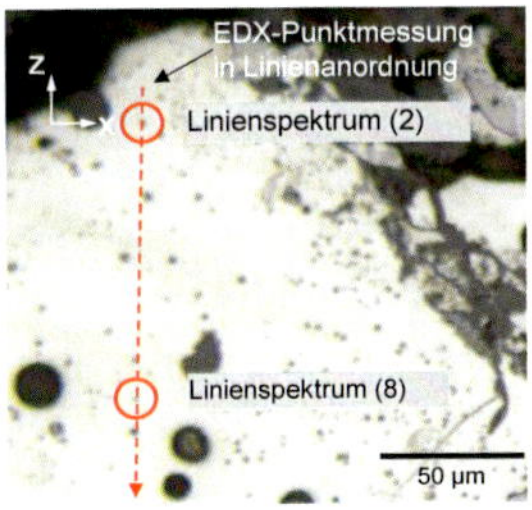

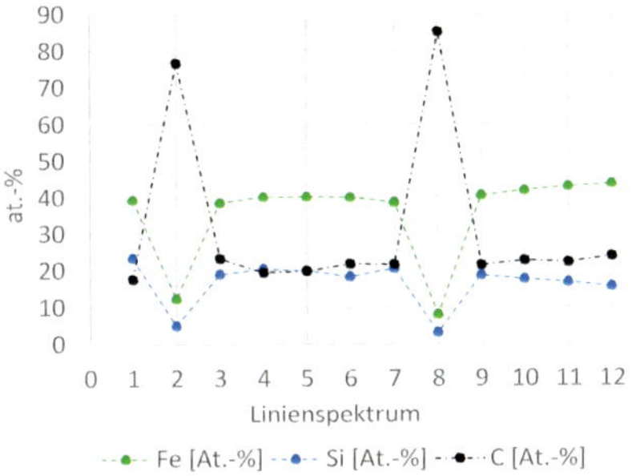

Bild 65: links: REM-Aufnahme mit Darstellung der EDX-Punktmessungen in Linienanordnung innerhalb der AISI 316L Matrix im Querschliff einer mit separater Materialzuführung mit einem SiC-Mischungsanteil von 50 vol.-% hergestellten Schicht, rechts: Graphische Darstellung der Elementanteile von Fe, Si und Cr in den einzelnen EDX-Messpunkten

Der resultierende Härteverlauf der Querschliffe der mittels separater Materialzuführung hergestellten Schichten ist in Bild 66 gegenüber dem Härteverlauf der ermittelten Ergebnisse mittels Dreistrahldüse (vgl. Bild 63) dargestellt. Bei der separaten Materialzuführung erfolgt der Härtesprung, der, wie bei der Dreistrahldüse, ein Indikator für die Phasenumwandlung von γ- (austenitisch, KFZ) zu α- Fe (ferritisch, KRZ) sein kann, bereits bei einem SiC-Mischungsanteil von 20 auf 30 vol.-%. Die Härte steigt zwischen den beiden SiC-Mischungsanteilen von ca. 600 HV0.1 auf ca. 1100 HV0.1. Bei weiterer Erhöhung des SiC-Mischungsanteils steigt die Härte nicht weiter und es kann eine größere Streuung der Härtewerte im Vergleich zu den Messergebnissen der Dreistrahldüse beobachtet werden. Dies kann durch eine höhere Anzahl von nicht aufgeschmolzenen SiC-Partikeln (vergrößerte Härte) und aufgrund der Graphit-Ausscheidungen (reduzierte Härte) hervorgerufen werden. Dieser Effekt wird bereits bei [Sán22b] und [Riq22] beobachtet.

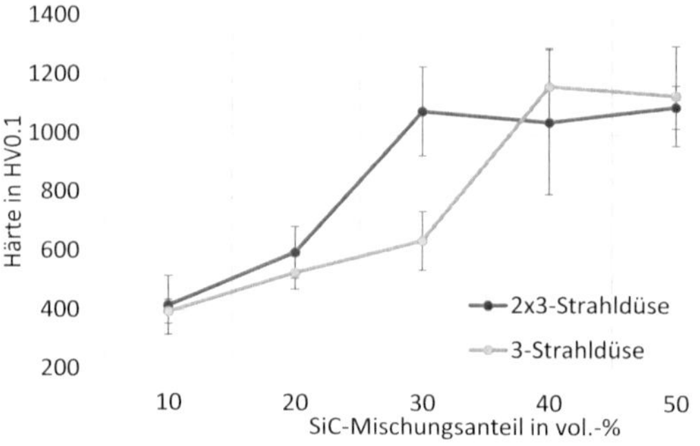

Bild 66: Vergleich Härte in Abhängigkeit von SiC-Mischungsanteil anhand der Querschliffe mittels Dreistrahldüse und mittels separater Materialzuführung erzeugten Schichten

Ein Vergleich der gemessenen Si-Anteile innerhalb der Matrix AISI 316L mit SiC bei einem SiC-Mischungsanteil von 50 %, hergestellt mittels separater Materialzuführung bei den FGVS-Verhältnissen 11:11 l/min und 8:8 l/min mit der mittels Dreistrahldüse hergestellten MMC, ist in Bild 67 dargestellt. Der gelöste Si-Anteil innerhalb der Matrix ist bei der separaten Materialzuführung für beide FGVS-Verhältnisse 11:11 l/min und 8:8 l/min höher als bei der Dreistrahlstrahldüse. Im Mittel ist der Si-Anteil prozentual in der Matrix AISI 316L ca. 35,7 – 41,9 % höher. Die Standardabweichung der Messungen ist ein Indikator dafür, dass bei der separaten Materialzuführung eine größere Anzahl an ungelösten SiC-Partikeln innerhalb der MMC enthalten sind. Die größeren Si wt.-% in Kombination mit der größeren Standardabweichung der durch separate Materialzuführung erzeugten MMCs deuten darauf hin, dass in der erzeugten Schicht mittels separater Materialzuführung eine größere Anzahl nicht aufgeschmolzener SiC-Partikel als bei der mittels Dreistrahldüse enthalten sind (s. Kap. 10.6 Bild 125). Die nicht aufgeschmolzenen SiC-Partikel führen zu größeren Abweichungen bei den Ergebnissen der EDX-Messung.

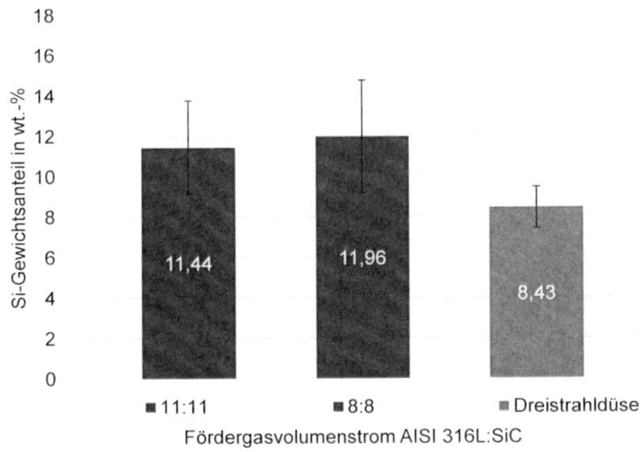

Bild 67: Vergleich des Si-Anteils der erzeugten MMC beim SiC-Mischungsanteil 50 vol.-% der separaten Materialzuführung beim FGVS-Verhältnis 11:11 l/min und 8:8 l/min zur mittels Dreistrahldüse erzeugten MMC

6.3 Parametervariation der separaten Materialzuführung

Aufbauend auf den in Kap. 6.2 mittels separater Materialzuführung erzeugten Ergebnissen, werden für die separate Materialzuführung mittels TTV die Einflüsse der Prozessparameter Prozessgeschwindigkeit, Laserspotdurchmesser und des FGVS auf die Schichtcharakteristik (Welligkeit, SiC-Partikel innerhalb der Schicht, Porosität) und den gelösten Si-Gewichtsanteil innerhalb der MMC untersucht. Dazu werden die generierten Schichten mithilfe von LOM-Untersuchungen und EDX-Punktmessungen in Linienanordnung analysiert. Die verwendeten Prozessparameter und durchgeführten Parametervariationen sind in Tabelle 25 ersichtlich. Für die Untersuchung der Parametereinflüsse wird jeweils ein Parameter ausgehend des in Tabelle 25 unterstrichenen Parameters variiert. Für die sonstigen Prozessparameter werden die unterstrichenen Parameter verwendet.

Tabelle 25: Übersicht der verwendeten Prozessparameter für die Parametervariationen Prozessgeschwindigkeit, Laserspotdurchmesser und FGVS bei der separaten Materialzuführung. Die jeweiligen Ausgangsparameter sind unterstrichen.

	Prozessparameter
Laserleistung	4000 W
Laserspotdurchmesser	<u>$Ø_{spot}$ 1,2 mm</u>; $Ø_{spot}$ 1,4 mm; $Ø_{spot}$ 1,6 mm
Mischungsverhältnis Pulvermassenstrom	50:50 vol.-%
Fördergasvolumenstrom AISI 316L:SiC	<u>11:11 l/min</u>; 11:9 l/min; 11:7 l/min; 11:5 l/min; 9:11 l/min; 7:11 l/min; 5:11 l/min;
Prozessgeschwindigkeit	<u>200 m/min</u>; 150 m/min; 50 m/min
Spurversatz	0,12 mm/U

Pulverzufuhrdüse	Triple-Two
Arbeitsabstand der Triple-Two zum Substrat (STO_{TT})	13 mm

Zu Beginn wird die Prozessgeschwindigkeit, die einen Einfluss auf die Abkühlrate der erzeugten Schichten hat [Koß21a], ausgehend von der Prozessgeschwindigkeit von 200 m/min variiert. Für die separate Materialzuführung sind in Bild 68 LOM-Aufnahmen der Schichtquerschliffe unter Angabe der Prozessgeschwindigkeitsvariation abgebildet.

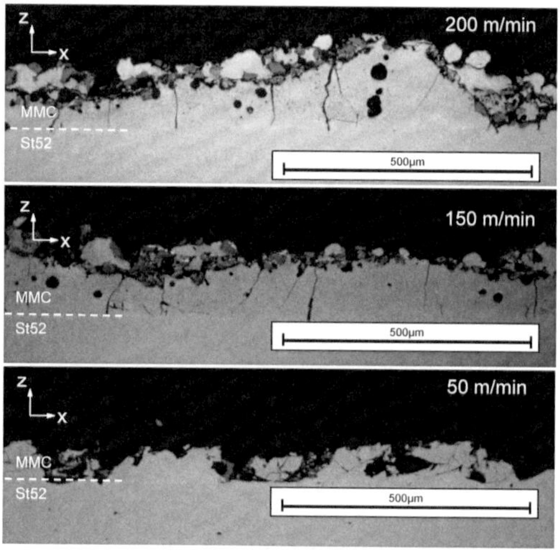

Bild 68: LOM-Aufnahmen der MMC-Schichtquerschliffe hergestellt mit der Prozessgeschwindigkeitsvariation, oben: Prozessgeschwindigkeit 200 m/min, Mitte: Prozessgeschwindigkeit 150 m/min, unten: Prozessgeschwindigkeit 50 m/min

In diesen Querschliff-Aufnahmen der erzeugten MMC bei variierenden Prozessgeschwindigkeiten sind Risse und Poren ähnlich zu den mittels Dreistrahldüse erzeugten Versuchsergebnissen in Bild 64 erkennbar. Die nicht aufgeschmolzenen SiC-Partikel sind vermehrt an der Schichtoberfläche erkennbar. Eine Ursache hierfür kann in den Dichteunterschieden zwischen AISI 316L von ca. 7,8 g/cm³ zu ca. 3,21 g/cm³ liegen, wodurch die leichteren SiC-Partikel trotz Abkühlraten bis 10^6 K/s innerhalb der erzeugten MMC aufschwimmen. Eine weitere Erklärung kann der Impuls der nicht aufgeschmolzenen SiC-Partikel beim Auftreffen auf die Substratoberfläche sein, wodurch diese von der Substratoberfläche abprallen.

Die gemittelten Schichthöhen der erzeugten MMC hergestellt mit den Prozessgeschwindigkeiten 200 m/min und 50 m/min betragen 194,95 ± 31,74 µm und 146,9 ± 24,7 µm. Die Schichthöhen sind ungleichmäßiger als bei einer

Prozessgeschwindigkeit von 150 m/min mit der gemittelten Schichthöhe von 162,18 ± 19,9 µm. Bei 50 m/min wird die Reaktionszeit zwischen Fe- und SiC, vermutlich aufgrund der kleineren Abkühlrate, größer, wodurch der Si-Gehalt in der Matrix AISI 316L höher sein kann. Dadurch können Reaktionsprodukte wie Graphit entstehen, die als Gas einen homogenen Schichtaufbau behindern [Wu19]. Zudem variieren die Interaktionszeiten zwischen der Laserstahlquerschnittsfläche und der Substratoberfläche durch die unterschiedlichen Prozessgeschwindigkeiten und variieren um den Faktor 4 von 1,5 ms bei 50 m/min zu 0,375 ms bei 200 m/min. Die unterschiedlichen Interaktionszeiten bewirken bei gleichbleibender Laserleistung von 4 kW unterschiedliche Oberflächentemperaturen, die bei einer längeren Interaktionszeit größer sind. Die Temperatur kann so groß werden, dass das SiC sublimiert. Die resultierende Gasentstehung kann die Generierung einer homogenen Schichtdicke behindern. Diese Gasentstehung als Resultat eines zu hohen Energieeintrags aufgrund zu kleiner Prozessgeschwindigkeit, die einen direkten Einfluss zueinander haben, wird auch in der Untersuchung von *Majumdar et al.* beschrieben [Maj09]. Die Kombination der beiden Einflüsse aus höheren Temperaturen durch längere Interaktionszeiten der Partikel im Laserstrahl sowie der unterschiedlichen Abkühlraten ist am wahrscheinlichsten für die ungleichmäßigen Schichthöhen. Die ungleichmäßigen Schichthöhen bei der mithilfe der Prozessgeschwindigkeit 200 m/min hergestellten MMC können eventuell durch eine Verkleinerung des Spurversatzes reduziert werden.

Weiterführend werden die gelösten Si-Gewichtsanteile anhand von EDX-Linienmessungen innerhalb der MMC für die verwendeten Prozessgeschwindigkeiten 50 m/min, 150 m/min und 200 m/min verglichen (s. Bild 69). Für die Prozessgeschwindigkeit 200 m/min beträgt der Si-Gewichtsanteil innerhalb der Matrix ca. 9 – 18 wt.-%. Durch Variation der Prozessgeschwindigkeit verändert sich der gelöste Si-Gewichtsanteil innerhalb der Matrix für 150 m/min von ca. 8 – 17 wt.-% und für 50 m/min von ca. 8,5 – 17,5 wt.-% in kleinem Maß. Daraus kann geschlussfolgert werden, dass die Variation der Prozessgeschwindigkeit und der Einfluss dieser auf die Abkühlrate keinen wesentlichen Einfluss auf die Si-Löslichkeit innerhalb der Matrix AISI 316L aufweist, aber die Prozessgeschwindigkeit einen Einfluss auf die Homogenität des Schichtauftrags hat.

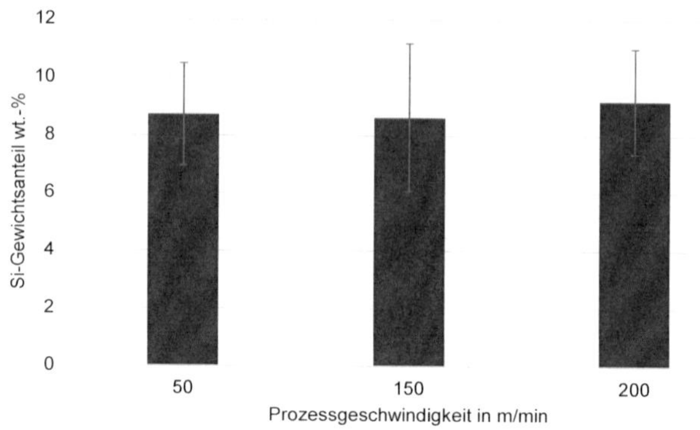

Bild 69: Balkendiagramm zur graphischen Darstellung des Si-Gewichtsanteils in der AISI 316L Matrix abhängig von der Prozessgeschwindigkeiten 50, 150 und 200 m/min

Resultierend aus dem geringen Einfluss der Prozessgeschwindigkeit auf den gelösten Si-Gewichtsanteil und die gleichmäßigere Schichtdicke wird für die weiteren Untersuchungen der Parametereinflüsse auf den Si-Gewichtsanteil innerhalb der Matrix AIS 316L die Prozessgeschwindigkeit 150 m/min verwendet.

Die Vergrößerung des Laserspotdurchmessers auf der Substratoberfläche von 1,2 mm auf 1,6 mm führt zu einer Reduzierung der Rissanzahl, einer kleineren Rissausprägung und einer kleineren Porenanzahl (s. Bild 70). Bei Verwendung eines Laserspotdurchmessers von 1,4 mm sinkt, im Vergleich zum Laserspotdurchmesser von 1,2 mm, zunächst die Anzahl der SiC-Partikel innerhalb der MMC. Dies kann durch die optische Flächenauswertung mittels ImageJ Threshold in Bild 70 rechts (SiC-Partikel sind rot dargestellt) anhand des SiC-Flächenanteils bei den mittels dem Laserspotdurchmesser Ø 1,2 mm hergestellten Schichten von ca. 12,7 % und des mittels dem Laserspotdurchmesser Ø 1,4 mm von ca. 10,4 % festgestellt werden. Der kleinere SiC-Partikelanteil kann zum einen auf eine gesteigerte Löslichkeit von Si in der Matrix hindeuten. Zum anderen kann er darauf hindeuten, dass weniger Partikel in den betrachteten Querschliffen enthalten sind. Der größte ermittelte SiC-Partikelanteil kann, bei der Schicht hergestellt mit dem Laserspotdurchmesser Ø 1,6 mm, mit einem SiC-Flächenanteil von ca. 21 % gemessen werden.

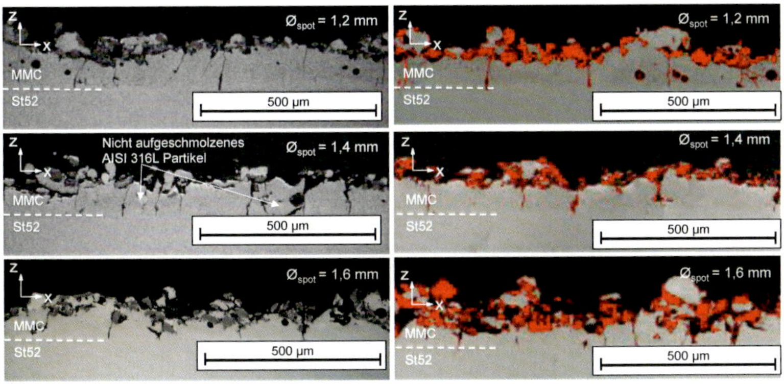

Bild 70: links: LOM-Aufnahmen der erzeugten Querschliffe der erzeugten MMC hergestellt mit variierenden Laserspotdurchmessern, rechts: Gleiche LOM-Aufnahmen wie links aber auf Basis der Kontrastanalyse eingefärbte SiC-Partikel

In der graphischen Darstellung der EDX-Messergebnisse kann ein steigender mittlerer Si-Anteil für die Laserspotvergrößerung innerhalb der Schicht festgestellt werden (s. Bild 71). Durch die Vergrößerung des Laserspotdurchmessers von 1,2 mm auf 1,4 mm steigt der gelöste Si-Gewichtsanteil von ca. 8 ± 3 wt.-% auf ca. 9 ± 2,3 wt.-%. Der höhere gelöste Si-Gewichtsanteil in Kombination mit der kleineren Standardabweichung beim Laserspotdurchmesser Ø 1,4 mm im Vergleich zum Si-Gewichtsanteil bei Laserspotdurchmesser Ø 1,2 mm deutet darauf hin, dass ein höherer Si-Gewichtsanteil in Lösung und die Anzahl nicht sublimierter SiC-Partikel kleiner ist. Dieses Ergebnis unterstützt die beobachteten Schichtcharakteristiken in den LOM-Aufnahmen der Querschliffe in Bild 70, in denen eine kleinere SiC-Partikelanzahl ermittelt wird. Beim Laserspotdurchmesser Ø 1,6 mm wird der höchste Si-Gewichtsanteil mit ca. 9,9 ± 1,3 wt.-% gemessen.

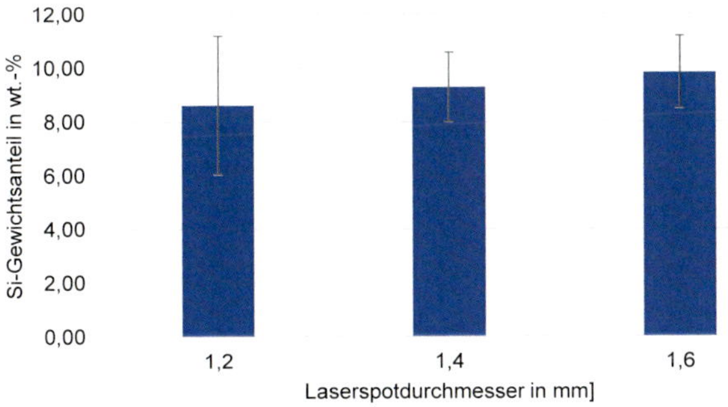

Bild 71: EDX-Messergebnisse des Si-Gewichtsanteil in Matrix AISI 316L der mit unterschiedlichen Laserspotdurchmessern hergestellten MMC

Die Laserspotvariation beeinflusst zwei wesentliche Aspekte:

- die Intensität des Laserstrahls mit TopHat-Verteilung (Gl. 6.1) [Dav08]

$$I = \frac{P_L}{A_{Spot}} \tag{6.1}$$

I: Intensität; P_L: Laserleistung; A_{Spot}: Fläche des Laserspots auf Substratoberfläche

- Interaktionszeit der Partikel im Laserstrahl

Die Intensität wird durch die Laserspotvergrößerung von Ø 1,2 mm auf Ø 1,6 mm um ca. 43,75 % von ca. 3536,78 W/mm² auf 1989,44 W/mm² für die verwendete Laserleistung von 4000 W reduziert. Die Intensitätsverteilungen in x- und y- Richtung für die drei verwendeten Laserspotdurchmesser und die Strahlkaustik in z-Richtung sind in Bild 123 und Bild 124 abgebildet. Gleichzeitig wird die Interaktionszeit der Partikel im Laserstrahl vergrößert. Unter der Annahme, dass der Laserstrahl im Auftragbereich einem Zylinder entspricht und der Partikelstrahl linear verläuft, wird die Interaktionsstrecke der Partikel im Laserstrahl (Diagonale durch den Zylinder) durch die Laserspotvergrößerung von Ø 1,2 mm auf Ø 1,6 mm um ca. 33,8 % von ca. 1,3 mm auf ca. 1,74 mm vergrößert. Für die Diagonale des Laserstrahls, abhängig des Laserspotdurchmessers und des Düsenwinkels (s. Kap. 2.2 Bild 9), der den Winkel des PGS zum Laserstrahl konstruktiv beeinflusst, von 23° (s. Kap. 10.5 Bild 119), wird die Interaktionszeit abhängig der in Kap. 5.4.2 berechneten mittleren Partikelgeschwindigkeit für AISI 316L von ca. 0,06 ms auf ca. 0,07 ms und für SiC von ca. 0,04 ms auf ca. 0,06 ms verlängert. Dies kann ein Indiz dafür sein, dass die verlängerte Interaktionszeit einen Einfluss auf den Reaktionsfortschritt bzw. die Diffusion von Si in die Matrix AISI 316L hat und der Si-Gewichtsanteil innerhalb der Matrix AISI 316L dadurch vergrößert wird. Zudem kann anhand der EDX-Ergebnisse beobachtet werden, dass eine längere Interaktionszeit zu einer kleineren Standardabweichung führt, wodurch auf eine homogenere Si-Konzentrationsverteilung geschlossen werden kann.

Den größten Einfluss auf den gelösten Si-Gewichtsanteil innerhalb der AISI 316L Matrix hat die jeweilige Variation des FGVS zueinander. Ausgehend von den in Tabelle 25 aufgeführten Prozessparametern wird vom FGVS-Verhältnis 11:11 l/min (AISI 316L:SiC) der FGVS bei je einem der beiden Werkstoffe schrittweise um 2 l/min von 11 l/min auf 5 l/min reduziert. Anhand der LOM-Aufnahmen der Reduzierung des FGVS des SiC kann eine gleichmäßigere SiC-Partikelverteilung über die Schichthöhe innerhalb der erzeugten MMC im Vergleich zum Ausgangsversuch beim FGVS-Verhältnis von 11:11 l/min erkannt werden (s. Bild 72). Mit zunehmender Reduzierung des SiC-FGVS wird anhand der EDX-Messergebnisse in Bild 73 ein steigender Anteil von Si in der Matrix AISI 316L festgestellt. Zudem wird die Standardabweichung kleiner, was auf eine gleichmäßigere Verteilung nicht aufgeschmolzener SiC-Partikel über die Schichthöhe innerhalb der MMC hindeutet (s. Bild 73). Der maximale Si-Gewichtsanteil innerhalb der Matrix AISI 316L steigt um bis zu 18,9 % vom FGVS-Verhältnis 11:11 l/min bis 11:5 l/min (AISI 316L:SiC). Eine Ursache könnte in der reduzierten Partikelgeschwindigkeit des SiC und in dem dadurch reduzierten Impuls beim Auftreffen der SiC Partikel auf der Substratoberfläche liegen. Allerdings wird die Interaktionszeit im Laserstrahl durch die reduzierte Partikelgeschwindigkeit verlängert. Dadurch kann die Aufheizung der SiC-Partikel vergrößert werden. Dies kann zur Steigerung der Reaktivität des SiC mit dem AISI 316L und zudem zur Steigerung der Gasbildung führen.

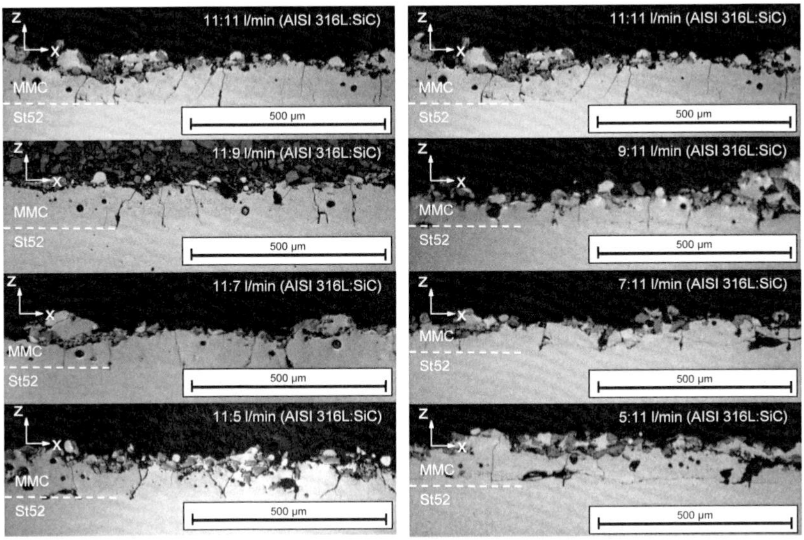

Bild 72: LOM-Aufnahmen der erzeugten Querschliffe hergestellt mit unterschiedlichen FVGS-Verhältnissen (AISI 316L: SiC) zueinander

Durch die Reduzierung des FGVS von AISI 316L kann anhand der LOM-Aufnahmen in Bild 72 und anhand der ermittelten graphischen Darstellung durch Flächenauswertung zur Erzeugung von Kontrasten zwischen der SiC-Partikel zur Matrix AISI 316L (s. Bild 126) erkannt werden, dass die SiC-Partikel bei den Querschliffen vermehrt an der Schichtoberfläche aufkommen. Dies kann auf einen höheren Lösungsanteil von Si in der Matrix AISI 316L hindeuten. Anhand der EDX-Messergebnisse in Bild 73 kann erkannt werden, dass die Si-Gewichtsanteile innerhalb der Matrix AISI 316L durch die Reduzierung des FGVS von AISI 316L zum SiC höher sind als die Reduzierung des FGVS vom SiC zum AISI 316L. Dies unterstützt die These, dass der Lösungsanteil von Si in der Matrix AISI 316L durch die FGVS-Reduzierung vom AISI 316L höher ist.

Die EDX-Messergebnisse in Bild 73 stellen dar, dass bei einem FGVS-Verhältnis von 9:11 l/min (316L:SiC) der höchste Si-Gewichtsanteil innerhalb der Matrix im Mittel von ca. 12,3 wt.-% erzielt wird. Dies ist eine Steigerung des mittleren Si-Gewichtsanteil zum Si-Gewichtsanteil beim FGVS-Verhältnis 11:11 l/min von ca. 22,8 %. Beim FGVS-Verhältnis 9:11 l/min kann bei der Flächenauswertung der LOM-Aufnahmen (s. Bild 126) zudem der höchste Anteil nicht aufgeschmolzener SiC-Partikel ermittelt werden. Eine weitere Senkung des AISI 316L-FGVS führt zu keiner weiteren Steigerung des Si-Gewichtsanteils in der Matrix. Für die FGVS 7:11 l/min und 5:11 l/min (AISI

316L:SiC) werden mittlere Si-Gewichtsanteile innerhalb der Matrix von ca. 10,4 wt.-% gemessen, welche sich gering zueinander und zum FGVS-Verhältnis 11:5 (AISI 316L:SiC) unterscheiden.

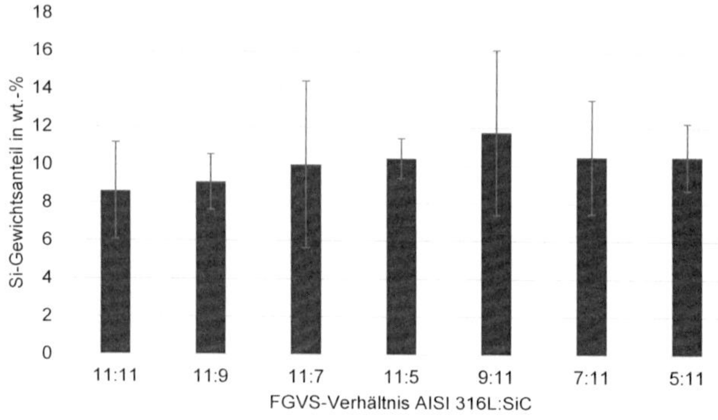

Bild 73: EDX-Messergebnisse des Si-Gewichtsanteil in Matrix AISI 316L der MMC hergestellt mit einer Variation des FGVS

Wie in Kap. 5.4.1 und 5.4.2 gezeigt, beeinflusst die FGVS-Variation sowohl die PF-Position als auch die Partikelgeschwindigkeit. Die FGVS-Variationen haben einen Einfluss auf die relative PF-Position zueinander und dementsprechend hat die FGVS-Variation einen Einfluss auf die PF-Position im Laserstrahl. Dies kann eine Auswirkung auf die Interaktionszeit der Partikel innerhalb des Laserstrahls und damit einen Einfluss auf die Schichtzusammensetzung haben. Allerdings können die Verdrängungseffekte zwischen den PGS nur näherungsweise durch Simulationen ermittelt werden. Der Einfluss der PF-Positionen durch die Verdrängungseffekte auf die Schichtzusammensetzung kann nicht quantifiziert werden. Die Reduzierung der Partikelgeschwindigkeit durch die Reduzierung des jeweiligen FGVS resultiert bei gleichbleibendem Laserspotdurchmesser in einer Verlängerung der Interaktionszeit zwischen Laserstrahl und Pulverpartikel, wodurch der Si-Gewichtsanteil gesteigert werden kann. Die simulativ bestimmten durchschnittlichen Partikelgeschwindigkeiten der SiC-Partikel im Pulverfokus von AISI 316L werden von ca. 23,4 m/s für 11 l/min auf ca. 18,7 m/s für 8 l/min reduziert und durch die Reduzierung des SiC-FGVS von 11 l/min auf 8 l/min wird die mittlere Partikelgeschwindigkeit des SiC im PF von ca. 29 m/s auf ca. 25 m/s reduziert. Für das AISI 316L wird durch die Geschwindigkeitsreduzierung die Interaktionszeit im Laserstrahl verlängert. Zudem ist der PF des AISI 316L in z-Richtung oberhalb vom PF des SiC positioniert, wodurch der größere thermische Energieeintrag in das AISI 316L erfolgt und zu einer größeren Aufheizung der AISI 316L-Partikel führt. AISI 316L-Partikel mit höherer Temperatur ($T_{Partikel} > T_{schmelz}$) benetzen während der Flug-Strecke zwischen der Aufschmelzung im Laserstrahl und Substrat, wie in [Wu19] beschrieben, die SiC-Partikel, wodurch es aufgrund der höheren Temperatur zu einer vergrößerten Diffusion von Si in die Matrix kommt.

6.4 Zwischenfazit

Im Rahmen der Vergleichsversuche zur Materialmischung aus AISI 316L und SiC bis zu einem SiC-Mischungsanteil von 50 vol.-% werden zunächst die mit der Dreistrahldüse erzeugten Schichten charakterisiert. Bei steigendem SiC-Mischungsanteil werden die nicht mittels V2A-Beize ätzbaren Bereiche innerhalb der Matrix AISI 316L größer, bis die Matrix bei einem Mischungsverhältnis von 50:50 vol.-% nicht mehr geätzt werden kann. Dies kann durch einen gesteigerten Si-Anteil innerhalb der Matrix AISI 316L eine Phasenumwandlung von γ- (austenitisch, KFZ) zu α- Fe (ferritisch, KRZ) hervorgerufen werden. Der Effekt wird durch den sprunghaften Härteanstieg zwischen den SiC-Mischungsanteilen von 30 – 40 vol.-% von ca. 630 HV0.1 auf ca. 1150 HV0.1 und der sprunghaften Erhöhung des Si-Gewichtsanteils innerhalb der MMC im gleichen Bereich des gleichen SiC-Mischungsanteils bekräftigt. Die α- Fe Phase weist eine größere Härte als die γ- Fe Phase auf und die Phasenumwandlung wird bei höheren Si-Gehältern ab 4 – 8 % festgestellt [Sán22b, Wu19].

Darauf aufbauend werden die Untersuchungen der separaten Materialzuführung mittels der TTV durchgeführt. Hierbei ist der PGS des AISI 316L oberhalb des PGS des SiC mit einem Abstand von 0,5 mm angeordnet. Der Vergleich des Härteverlaufs der Proben, hergestellt mittels separater Materialzuführung und mittels Dreistrahldüse, zeigt bei den verschiedenen SiC-Mischungsanteilen, dass bei der separaten Materialzuführung der Härtesprung bereits bei einem SiC-Mischungsanteil von 20 – 30 vol.-% stattfindet. Dies ist ein Indiz dafür, dass durch Verwendung der separaten Materialzuführung ein größerer Si-Anteil innerhalb der Matrix AISI 316L gelöst ist bzw. mehr SiC-Partikel innerhalb der MMC enthalten sind und dadurch bereits bei kleinerem SiC-Mischungsanteil die Phasenumwandlung von γ-Fe zu α-Fe erfolgt.

Weiterführend werden die Einflüsse der Prozessparameter Prozessgeschwindigkeit, Laserspotdurchmesser und FGVS bei der separaten Materialzuführung auf den Si-Gewichtsanteil innerhalb der MMC untersucht:

- Die Variation der Prozessgeschwindigkeit hat einen kleinen bis keinen Einfluss auf den gelösten Si-Gewichtsanteil innerhalb der MMC.
- Eine Verlängerung der Interaktionszeit durch die Vergrößerung des Laserspotdurchmessers als auch durch die Reduzierung des FGVS führt zu einer Steigerung des Si-Gewichtsanteils in der MMC. Die längere Interaktionszeit kann zu einer größeren Si-Diffusion in die AISI 316L Matrix führen.
- Die Vergrößerung des Laserspotdurchmessers führt zu einer geringeren Intensität des Laserstrahls, was zu einer langsameren Aufwärmung der Partikel führen kann. Die Reduzierung des FGVS führt zu einer geringeren Partikelgeschwindigkeit. Die Verkleinerung der Aufwärmung der SiC-Partikel im Laserstrahl oder auch die Reduzierung der Partikelgeschwindigkeit führt zu einer Steigerung der nicht aufgeschmolzenen SiC-Partikel innerhalb der MMC.

In Bezug auf die Forschungsfrage stellen die gewonnen Ergebnisse und Erkenntnisse dar, dass durch den Einsatz der separaten Materialzufuhr mit PGS-

Verschiebung in z-Richtung und der zusätzlich einstellbaren Prozessparameter die Möglichkeit besteht, die Aufheizung der Partikel zu steuern und dadurch die Schichtzusammensetzung zu beeinflussen.

In bisherigen Arbeiten ist das Mischungsverhalten von SiC und AISI 316L bei Verwendung von einem PGS untersucht worden. Bei den Untersuchungen von [Riq22, Sán22b, Wu19] werden die Pulvermaterialien vorher vermischt und über einen PGS dem Laserstrahl zugeführt. Die in dieser Arbeit mittels Dreistrahldüse gewonnen Ergebnisse spiegeln die charakteristischen Schichteigenschaften mit steigendem SiC-Mischungsteil derer von [Riq22, Sán22b, Wu19] wider. Weiterführend wird in dieser Arbeit durch Verwendung der separaten Materialzuführung mit PGS-Verschiebung in z-Richtung gezeigt, dass durch die Verlagerung der Materialmischung in den Laserstrahl und der zusätzlichen Möglichkeit der Beeinflussung des thermischen Energieeintrags in die einzelnen Materialien durch relative Lage zueinander sowie Beeinflussung der Interaktionszeit das jeweilige Mischungs- bzw. Lösungsverhalten beeinflusst werden kann.

7 Einlagig gradierte Schicht

7.1 Versuchsdurchführung

Die separate Materialzuführung ermöglicht die relative Positionierung der PGS in horizontaler Richtung innerhalb der x- und y-Ebene. Dies ermöglicht die Verschiebung der PGS in axialer Vorschubrichtung, sodass ein vorlaufender und ein nachlaufender Pulverfokus erzeugt wird. Durch die Verschiebung in x-Richtung der jeweiligen PGS soll die direkte Erzeugung einer gradierten Schicht in einer Beschichtungsüberfahrt realisiert werden. Zu diesem Ansatz der Materialzuführung sind bisher keine Untersuchungen bekannt, sodass im Rahmen dieser Ausarbeitung im ersten Schritt eine Machbarkeitsstudie zur direkten Erzeugung einer einlagig gradieren Schicht durchgeführt wird. In dieser wird neben der grundlegenden Machbarkeit auch der Einfluss der Prozessgeschwindigkeit auf die Gradierung untersucht. Die Prozessgeschwindigkeit beeinflusst die Abkühlrate bzw. die Erstarrungsgeschwindigkeit und hat dadurch einen direkten Einfluss auf die Zeit zur Mischung beider schmelzflüssigen Legierungen [Koß21a].

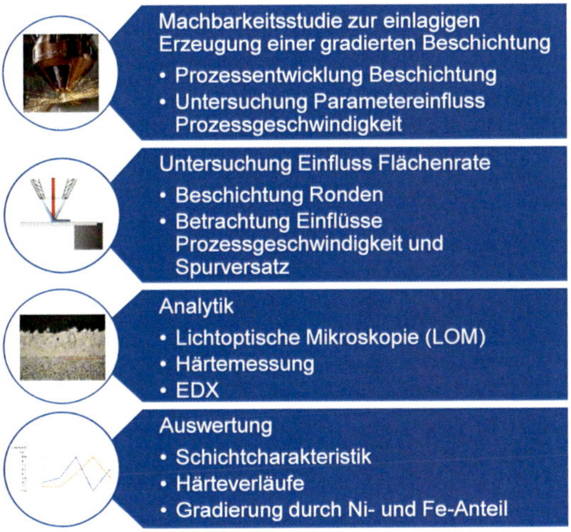

Bild 74: Schematische Darstellung des Vorgehens der Prozessentwicklung und Identifizierung der Parametereinflüsse für die Erzeugung einer einlagig gradierten Schicht

Ausgehend von der Machbarkeitsstudie wird der entwickelte Beschichtungsprozess auf einen ebenen Rotationskörper übertragen und die Einflüsse der Prozessgeschwindigkeit und des Spurversatzes werden bei gleichbleibender Flächenrate untersucht. Die erzeugten Testschichten werden dazu mittels LOM, Härtemessung und EDX analysiert und die Ergebnisse anschließend ausgewertet. Das Vorgehen ist schematisch in Bild 74 dargestellt.

Im Rahmen dieser Arbeit wird die Machbarkeit zur gradierten Korrosions- und Verschleißschutzbeschichtung untersucht. Dabei ist das Korrosionsschutzmaterial der vorlaufende und das Verschleißschutzmaterial der nachlaufende PGS. Für die nachfolgende Auswertung und Darstellung des Gradierungsverlaufs mittels EDX-Analyse ist es notwendig, zwei Legierung mit unterschiedlicher Elementbasis zu nutzen. Daher werden als Korrosionsschutzmaterial die Ni-Basislegierung Alloy 718 und als Verschleißschutzmaterial die Fe-Basislegierung F-690-HV2 gewählt. In Bild 75 ist schematisch der Materialauftrag auf einem Rohr, die relative PGS-Verschiebung in x-Richtung und die schematische Darstellung der gradierten Beschichtung abgebildet. Für die Materialzuführung wird die Triple-Two Düse mit horizontaler Verschiebung in x-Richtung verwendet, im Folgenden TTH abgekürzt.

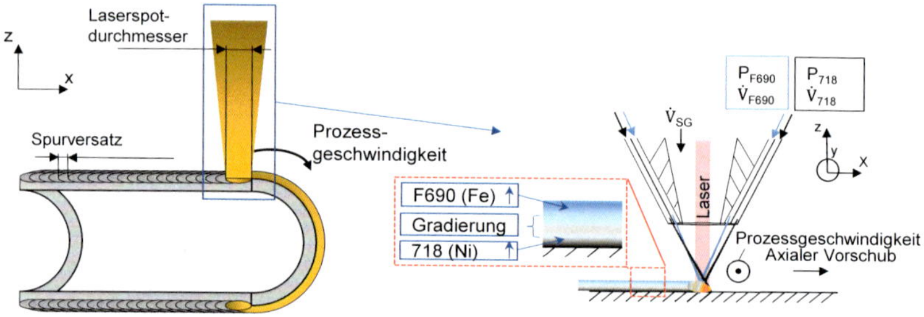

Bild 75: links: schematische Darstellung des Materialauftrags auf einem Rohr., rechts: Schematische Darstellung der Materialzuführung mit PGS-Verschiebung in x-Richtung und resultierender gradierter Beschichtung

Eine PGS-Verschiebung in x-Richtung ist mittels Triple-Two Düse möglich, es bedarf aber der Analyse mittels PGSA, um den Wert der Verschiebung zu bestimmen. Daher wird zur Bestimmung der PGS-Verschiebung im ersten Schritt eine PGSA-Analyse durchgeführt. In Bild 76 sind einzelne Ebenen des PGS in verschiedenen Abständen zum Düsenaustritt in z-Richtung dargestellt. Die Vermessung der PGS mittels PGSA ergibt eine Verschiebung in x-Richtung um ca. 600 µm. Die Elliptizität des Pulverfokus beträgt ca. Ø 2,3 – 2,6 mm und der PF-Abstand zum Düsenaustritt in z-Richtung beträgt ca. 11,5 mm. Die Ergebnisse des PF-Abstands sind ähnlich zu den Ergebnissen der Simulation in Kap. 5.4.1. Durch die Verschiebung in x-Richtung ist die Querschnittsfläche des PF elliptisch.

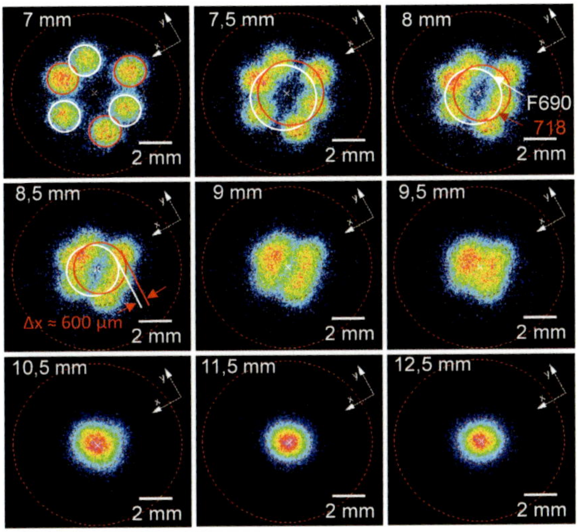

Bild 76: Ergebnisse der PGSA der PGS-Verschiebung in x-Richtung mittels Triple-Two Düse

Als Ausgangsparameter für die Prozessentwicklung der TTH werden die Parameter Prozessgeschwindigkeit, Vorschubgeschwindigkeit und Laserleistung aus Vorversuchen mit der Dreistrahldüse zur Verarbeitung der jeweiligen Legierungen verwendet. Das mittels Dreistrahldüse erzeugte Zweischichtsystem ist in Bild 77 abgebildet und die zugehörigen Prozessparameter sind in Tabelle 26 zusammengefasst.

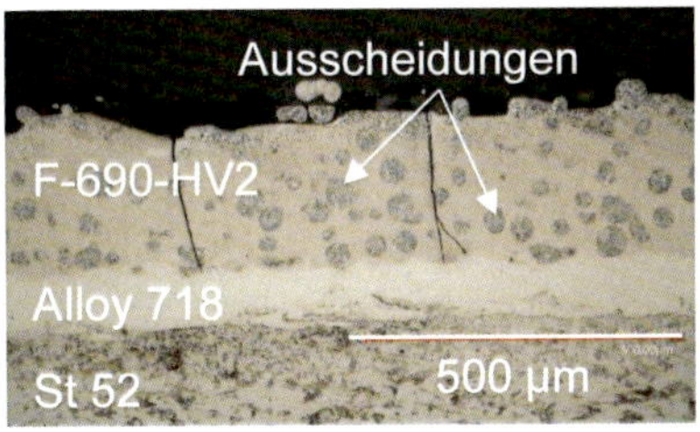

Bild 77: LOM-Aufnahme der mittels Dreistrahldüse erzeugten zweilagigen Beschichtung aus Alloy 718 (Korrosionsschutz) und F-690- HV2 (Verschleißschutz)

Die Versuche werden mittels Dreistrahldüse auf einem Rohr mit einem Durchmesser Ø 50 mm durchgeführt. In Bild 77 sind die Charakterisierungsergebnisse des Zweischichtsystems, das mit den Parametern in Tabelle 26 aufgebaut ist, dargestellt. Im ersten Schritt wird die Korrosionsschutzschicht aus Alloy 718 auf dem Rohr aufgebracht (s. Bild 77 Korrosionsschicht). Die mittlere Schichthöhe beträgt ca. 100 µm und die Schicht ist riss- und porenfrei. Die Härte der erzeugten Alloy 718 Schicht beträgt ca. 321 ± 26,1 HV0.3. Im darauffolgenden Schritt wird auf der Alloy 718 Schicht die eF-690-HV2 Schicht aufgetragen. Die Schichthöhe dieser beträgt ca. 200 µm und die Härte beträgt ca. 913 ± 73,7 HV0.3. Die erzeugte F690-Schicht in Bild 77 ist porenfrei und weist Erstarrungsrisse auf.

Tabelle 26: Parameter zur Erzeugung des Zweischichtsystems (s. Bild 77) mit Dreistrahldüse

Parameter	Alloy 718	F-690-HV2
Laserleistung	2400 W	3400 W
Laserspotdurchmesser	Ø 1,2 mm	Ø 1,2 mm
Prozessgeschwindigkeit	50 m/min	50 m/min
Vorschubgeschwindigkeit	0,25 mm/U	0,25 mm/U
Pulvermassenstrom	ca. 24,9 g/min	ca. 40,6 g/min
Fördergasvolumenstrom	10 l/min	16 l/min

Die durch die Ätzung sichtbaren runden Punkte sind äquiaxiale Ausscheidungen mit einer Größe von Ø ca. 20 – 35 µm. Diese sind ungleichmäßig innerhalb der F690-HV2 Schicht verteilt. In Bild 78 ist eine REM-Aufnahme einer Ausscheidung zusammen mit EDX-Messergebnissen der chemischen Zusammensetzung abgebildet. Die chemische Zusammensetzung der Ausscheidung lässt auf eine mögliche ferritische Ausscheidung schließen.

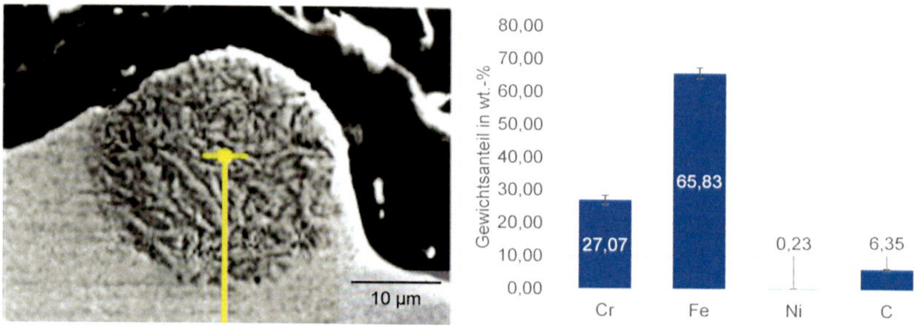

Bild 78: links: REM-Aufnahme einer äquiaxialen Ausscheidung, rechts: graphischer Darstellung der EDX-Messergebnisse der chemischen Zusammensetzung

Ausgehend von den Vorversuchen mittels Dreistrahldüse wird die Machbarkeitsstudie zur einlagig gradierten Schicht durchgeführt. Ziel ist es, das Zweischichtsystem durch eine einlagig gradierte Schicht zu ersetzen. Für die Machbarkeitsstudie werden basierend auf den Vorversuchen die folgend aufgeführten Beschichtungsanforderungen für die einlagig gradierte Beschichtung definiert.

- Risse von der Schichtoberfläche werden innerhalb der Schicht gestoppt.
- Härte von Substrat zu Schichtoberfläche ist steigend.
- Von Substrat zu Schichtoberfläche degradierender Verlauf von Alloy 718- Konzentration anhand des Ni-Gewichtsanteils und steigender Verlauf von F-690-Konzentration anhand des Fe-Gewichtsanteils nachweisen.

7.2 Machbarkeitsstudie zur Erzeugung einer einlagig gradierten Beschichtung

Basierend auf den Parametern in Tabelle 26 wird eine direkte Übertragung der verwendeten Parameter auf die Erzeugung einer einlagig gradierten Beschichtung mittels separater Materialzuführung untersucht. In Bild 79 sind die Querschliffe der direkten Prozessübertragung abgebildet. Die in den Vorversuchen verwendeten Parameter führen zu durchgehenden Rissen innerhalb der Beschichtung bis zum Substrat. Damit ist eine der grundlegenden Anforderung an die Beschichtung nicht erfüllt. Zusammenfassend ist eine direkte Übertragung der Ausgangsparameter nicht möglich, weshalb, ausgehend von den verwendeten Parametern, eine Variation der Parameter Vorschubgeschwindigkeit, Laserleistung und Pulvermassenströme durchgeführt wird.

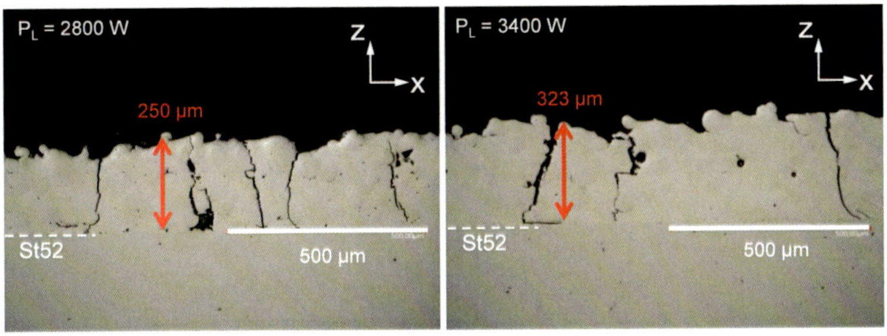

Bild 79: LOM-Aufnahmen der mittels separater Materialzuführung erzeugten einlagig gradierten Schichten

Im ersten Schritt wird dafür der Pulvermassenstrom des F-690-HV2 um ca. 64 % reduziert und der von Alloy 718 um ca. 14 % gesteigert (vgl. Tabelle 26 und Tabelle 27). Durch die Anpassungen der Pulvermassenströme wird versucht, die Schichtzusammensetzung so anzupassen, dass die durchgehende Rissbildung von Schichtoberfläche bis Substrat verhindert wird. Zudem wird der FGVS reduziert, um die kinetische Energie sowie die resultierende strömungsabhängige Verwirbelung innerhalb der PF und im Schichtauftrag zu reduzieren. Auf diese Weise soll die Materialvermischung innerhalb des Schichtauftrags reduziert werden.

Die LOM-Aufnahme des Querschliffs, der mit der Parameteranpassung hergestellt ist, ist in Bild 80 abgebildet. Die Risse werden innerhalb der Schicht gestoppt. Im mittels V2A-Beize geätzten Querschliff wird die Gradierung anhand der runden Ausscheidungen innerhalb des F-690-HV2 sichtbar, welche optisch anhand der Kontraste überwiegend in der oberen Schichthälfte erkennbar sind. Dies kann anhand der unterschiedlichen Kontraste der Ausscheidungen zur Beschichtung bei den geätzten LOM-Aufnahmen mittels Flächenauswertung verdeutlicht werden (s. Bild 80 unten).

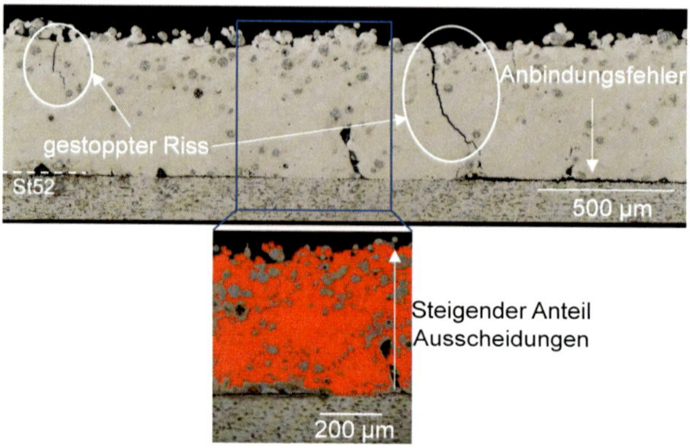

Bild 80 : oben: LOM-Aufnahme eines Querschliffs einer mittels separater Materialzuführung erzeugten einlagig gradierten Schicht; unten: graphische Auswertung der Flächenauswertung durch die Kontraste zwischen Ausscheidungen und Beschichtungen anhand der geätzten LOM-Aufnahme für eine qualitative Darstellung der Verteilung von Ausscheidungen über die Schichthöhe

In der LOM-Aufnahme in Bild 80 sind Anbindungsfehler zwischen der erzeugten Schicht und dem Substrat erkennbar. Eine mögliche Ursache hierfür sind die verwendeten Pulvermassenströme in Verbindung mit der Partikelanzahl und die PF-Größe, durch welche nicht ausreichend thermische Energie des Laserstrahls die Oberfläche erreicht und dadurch Anbindungsfehler entstehen können. Zwei Möglichkeiten zur Reduzierung der Anbindungsfehler sind die Reduzierung des Pulvermassenstroms und die Steigerung der Laserleistung.

Tabelle 27: Prozessparameter der in Bild 80 erzeugten einlagig gradierten Schicht

Parameter	Einlagig gradierte Schicht	
	Alloy 718	F-690-HV2
Laserleistung	3600 W	
Laserspotdurchmesser	Ø 1,2 mm	
Prozessgeschwindigkeit	50 m/min	
Vorschubgeschwindigkeit	0,12 mm/U	
Pulvermassenstrom	ca. 28,6 g/min	ca. 17,9 g/min
Fördergasvolumenstrom	10 l/min	6 l/min
Schutzgasvolumenstrom	17 l/min	

Aufbauend auf der optischen Charakterisierung der erzeugten Schichten anhand der LOM-Aufnahmen ist in Bild 81 der Härteverlauf der Schicht dargestellt. Die Trendlinie der gemittelten Härtewerte weist einen steigenden Verlauf von der Anbindungszone zur Schichtoberfläche auf. Die steigende Härte über die Schichthöhe ist ein Indiz für eine Schichtgradierung. Allerdings entsprechen die Randwerte des Härteverlaufs sowohl im Bereich der Anbindungszone als auch der Schichtoberfläche nicht den Härtewerten der reinen Legierungen, wie in den mittels Dreistrahldüse erzeugten Vergleichsversuchen bestimmt. Dies ist auf eine große Durchmischung der beiden Legierungen zurückzuführen. Im folgenden Schritt wird ausgehend der in Tabelle 27 verwendeten Parameter beim PGS des Alloy 718 der FGVS auf 8 l/min sowie der Pulvermassenstrom auf ca. 24,9 g/min reduziert, um die Durchmischung zu reduzieren sowie die Separierung von Alloy 718 im Anbindungsbereich zu F690 an der Schichtoberfläche zu vergrößern.

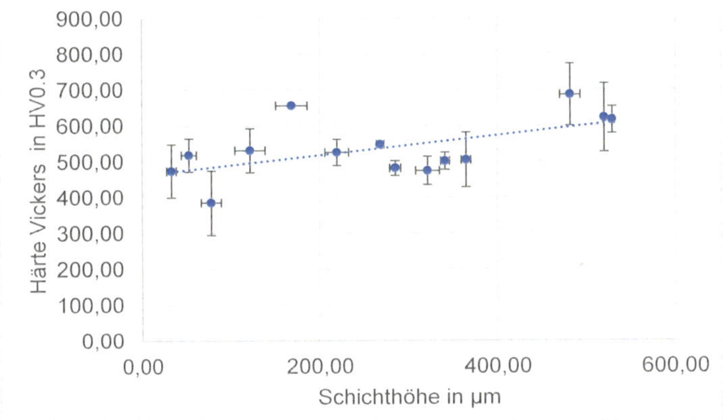

Bild 81: Härteverlauf der in Bild 80 dargestellten Schicht mit den in Tabelle 27 verwendeten Parametern

Die erzeugte Schichtdicke beträgt ca. 525 µm und ist für die gewählten Prozessparameter, insbesondere der Laserspotdurchmesser Ø 1,2 mm in Kombination mit der Laserleistung von 3600 W, vergleichsweise groß. Bei der Verwendung eines PGS beim HS DED-LB beträgt die Schichtdicke für ähnliche Parameter ca. 350 µm [Ach22, Sch19b]. Eine mögliche Erklärung für die größere Schichtdicke ist in Bild 82 veranschaulicht. Bei der Verwendung eines PGS mit einem PF wird eine mögliche erzeugbare Schichtdicke abhängig von den Prozessparametern wie Pulvermassenstrom, Partikeldichte im PF, Prozessgeschwindigkeit und Laserspotdurchmesser festgelegt. Die Parameter haben einen Einfluss auf die thermische Energieeinbringung in die Partikel sowie in das Substrat und resultierend auf deren Aufschmelzung. Bei der Verwendung der separaten Materialzuführung mit horizontalem Versatz in x-Richtung werden innerhalb des Laserstrahls zwei PF positioniert, wodurch die thermische Energieeinbringung verändert werden kann. Dies könnte dazu führen, dass der Pulvermassenstrom vergrößert werden kann und dies zu einer zusätzlichen Schichtdickenvergrößerung im Vergleich zu Literatur bei ähnlichen Parametern führen kann.

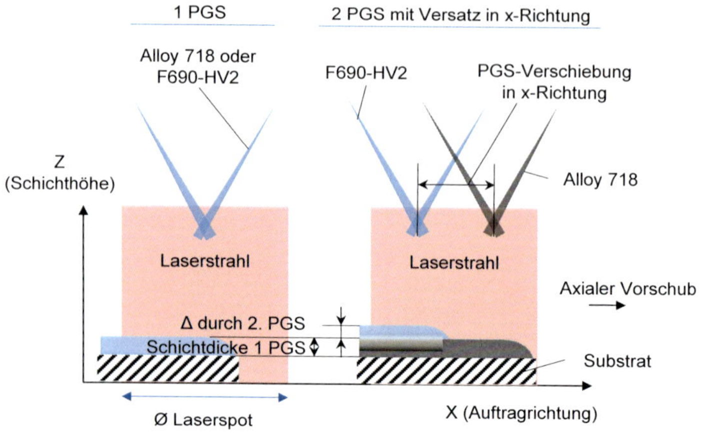

Bild 82: Schematische Darstellung der Schweißspurerzeugung für 1 PGS und 2 PGS mit Versatz in x-Richtung und die möglicherweise größere Schichtdicke

In Bild 83 sind LOM-Aufnahmen der einlagig gradierten Schicht bei 50 m/min mit, zu den in Tabelle 27 aufgeführten Parametern, reduziertem Pulvermassenstrom und reduziertem FGVS ungeätzt und geätzt abgebildet. Der jeweilige Pulvermassenstrom beträgt für Alloy 718 ca. 24,9 g/min und für F690 ca. 17,9 g/min. Der FGVS wird beim Alloy 718 auf 8 l/min und beim F690 auf 6 l/min reduziert. Die Risse können innerhalb der Schicht gestoppt werden. Die kreisförmigen Ausscheidungen sind optisch überwiegend an der Schichtoberfläche zu sehen. Der geätzte Querschliff in Bild 83 b) stellt zudem einen durch eine unterschiedlich starke Ätzwirkung hervorgerufenen farblichen Kontrast von der Anbindungszone zur Schichtoberfläche dar. Dies lässt auf unterschiedliche Materialkonzentrationen in den jeweiligen Bereichen der Anbindungszone und Schichtoberfläche schließen.

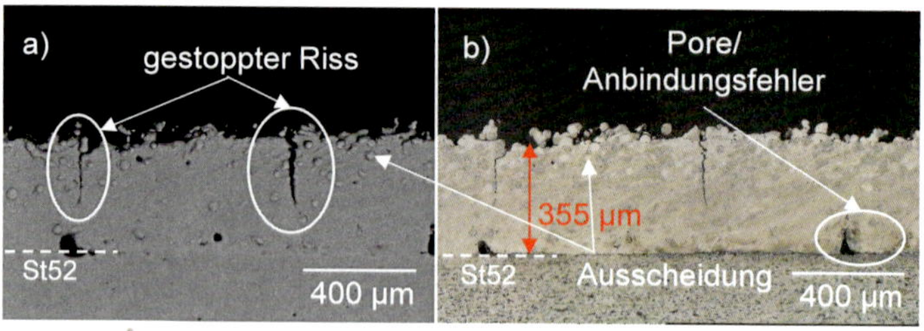

Bild 83: LOM-Aufnahme eines Querschliffs einer einlagig gradierten Schicht bei 50 m/mi und reduziertem Pulvermassenstrom und reduziertem FGVS; a) ungeätzt, b) Mit V2A-Beitze geätzt

Weiterführend zu den LOM-Untersuchungen in Bild 83 wird die erzeugte einlagig gradierte Schicht mittels Härte- und EDX-Messung analysiert. Die Härtemessung der gradierten Schicht wird von der Substratanbindung bis zu einer Schichthöhe von ca. 310 µm ermittelt. In Bild 84 sind die aus 6 Messungen gemittelten Härtewert von

Anbindungszone bis zur Schichtoberfläche dargestellt. Im Bereich der Anbindungszone bis ca. 80 µm der Schichthöhe beträgt die Härte 300 - 390 HV0.3 und liegt im Bereich der in den Vergleichsversuchen ermittelten Härte von Alloy 718 von ca. 330 HV0.3. In Richtung zur Schichtoberfläche steigt die Härte bis zu einem gemittelten Wert von ca. 907,5 ± 44,5 HV0.3 im Bereich der Schichtoberfläche. Die Risse werden im Bereich der mittleren Schichthöhe von ca. 150 – 180 µm gestoppt. In diesem Bereich der Schichthöhe beträgt die Härte innerhalb der Schicht 530 – 670 HV0.3.

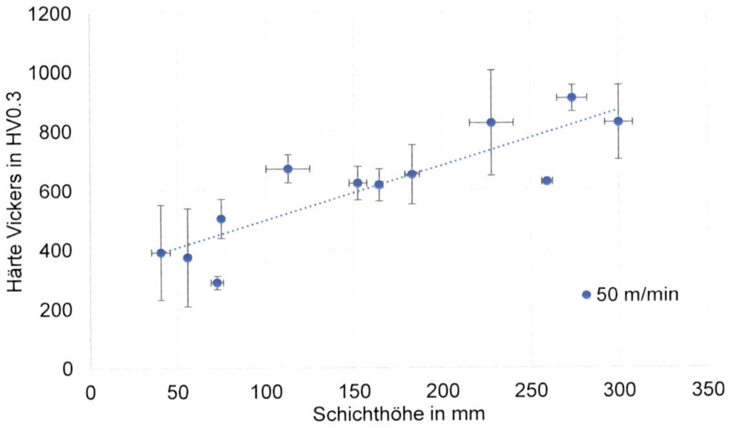

Bild 84: Härteverlauf der einlagig gradierten Schicht der in Bild 83 erzeugten gradierten Schicht

An den Querschliffen wird eine EDX-Analyse von der Anbindungszone zur Substratoberfläche durchgeführt. Eine REM-Aufnahme der Linienspektroskopie ist im Anhang in Kap. 10.7 in Bild 127 abgebildet. Die Gewichtsanteile der jeweiligen reinen Legierungen betragen für Alloy 718 ca. 42,7 wt.-%-Ni und ca. 18,3 wt.-%-Fe [Met23b] und für F690 ca. 8 wt.-%-Ni und ca. 68 wt.-%-Fe [LSN21]. Die lineare Gradierung der Legierungen in Abhängigkeit der chemischen Pulveranalyse über die Schichthöhe ist in Bild 85 dargestellt. Die gemittelten EDX-Messergebnisse der einlagig gradierten Schicht der in Bild 83 dargestellten gradierten Schicht ist in Bild 85 abgebildet und stellt die gegenläufigen Gewichtsanteile der Elemente Ni- und Fe über die Schichthöhe dar. Im Bereich der Anbindungszone ist der Ni-Gewichtsanteil höher als der Fe- Gewichtsanteil. Der höhere Ni-Gewichtsanteil stellt dar, dass die Konzentration des Alloy 718 im Anbindungsbereich am höchsten ist. In Richtung der Schichtoberfläche nimmt der Ni-Gewichtsanteil ab und der Fe- Gewichtsanteil und somit der Anteil der Legierung F690 steigt. Die gegenläufigen Gewichtsanteile von Fe und Ni veranschaulichen die Schichtgradierung von Alloy 718 im Bereich der Anbindungszone zu F-690-HV2 an der Schichtoberfläche.

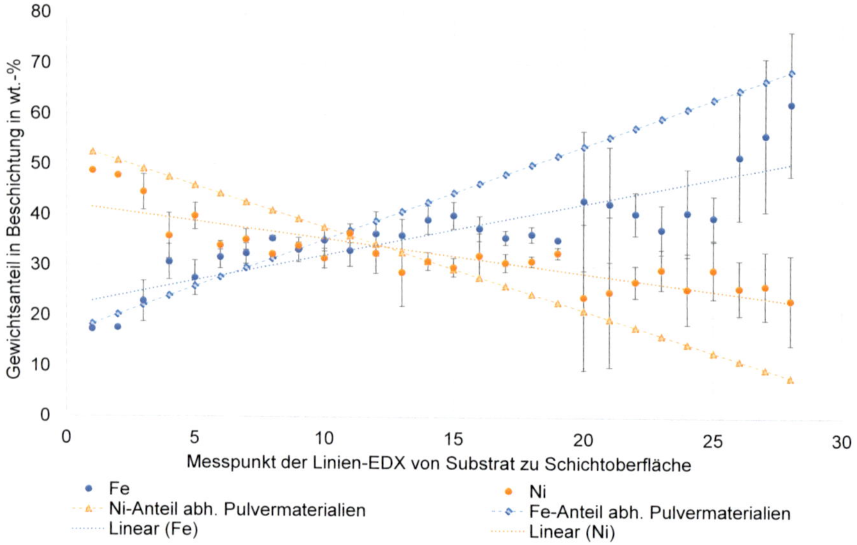

Bild 85: EDX-Messergebnisse Elemente Ni- und Fe-Gewichtsanteile über die Schichthöhe hergestellt mit der Prozessgeschwindigkeit 50 m/min

Die erzielten Ergebnisse der separaten Materialzuführung mit PGS-Verschiebung in x-Richtung stellen dar, dass die erzeugten Beschichtungen eine Gradierung von Alloy 718 in der Anbindungszone zu F690 an der Schichtoberfläche aufweisen. Damit kann die Machbarkeit einer direkten Erzeugung einer gradierten Schicht mittels separater Materialzuführung mit PGS-Verschiebung in x-Richtung erfolgreich gezeigt werden.

Darauf aufbauend wird die Steigerung der Prozessgeschwindigkeit auf 100 m/min und 150 m/min auf die Schichtgradierung betrachtet und dadurch resultierend der Einfluss der Abkühlrate auf die Schichtgradierung untersucht. Die Laserleistung wird um jeweils 200 W pro 50 m/min erhöht. In Bild 86 sind die LOM-Aufnahmen dargestellt und in Kap. 10.7 sind in Tabelle 34 die verwendeten Parameter zusammengefasst.

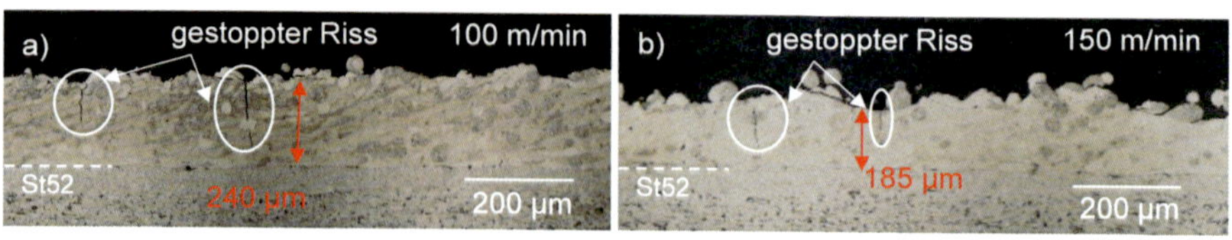

Bild 86: LOM-Aufnahme der geätzten einlagig gradierten Schicht: a) Hergestellt mit Prozessgeschwindigkeit 100 m/min; b) Hergestellt mit Prozessgeschwindigkeit 150 m/min

Durch die Steigerung der Prozessgeschwindigkeit wird die Flächenrate von 60 cm²/min bei 50 m/min und einem Spurversatz von 0,12 mm/U auf 120 cm²/min für 100 m/min und auf 180 cm²/min für 150 m/min gesteigert. Aufgrund des konstanten

Pulvermassenstroms wird die Schichtdicke bei Steigerung der Prozessgeschwindigkeit geringer. Trotz der geringeren Schichtdicke kann anhand der LOM-Aufnahmen der Querschliffe in Bild 86 erkannt werden, dass Risse innerhalb der Schicht gestoppt werden.

Der Vergleich der Härteverläufe veranschaulicht, dass mit Steigerung der Prozessgeschwindigkeit der Gradient der Härte vergrößert wird (s. Bild 87). Die Härteeindrücke über die Schichthöhe und die Schichtbreite werden, wie in Kap. 4.3 in Bild 22 graphisch dargestellt, gewählt und in Bild 133 (Kap. 10.7) sind zwei LOM-Aufnahmen von Härteeindrücken innerhalb der Schicht ersichtlich. Die Länge der Diagonale des Vickerseindrucks beträgt 39,98 – 39,53 µm für den Härtewert 361 HV0.3 und 24,32 – 24,46 µm für den Härtewert 924 HV0.3. Die Standardabweichungen der gemittelten Härtewerte sind im Bereich der mittleren jeweiligen Schichthöhe bei den größeren Prozessgeschwindigkeiten am größten, was auf die teilweise schichtweisen Überlagerungen pro Umdrehung des Rohres der einzelnen Legierungen zurückzuführen ist. Dies kann dadurch erklärt werden, dass, wie im Bild 90 graphisch dargestellt, bei den höheren Prozessgeschwindigkeiten 100 m/min und 150 m/min die Schichthöhe geringer wird und dadurch die Schichtüberlagerung in der mittleren Schichthöhe zunimmt. Die Steigerung der Prozessgeschwindigkeit von 50 m/min auf 150 m/min führt zu einer Verkleinerung des Pulverwirkungsgrades, weshalb die Differenzen der erreichten Schichthöhen ungleich sind.

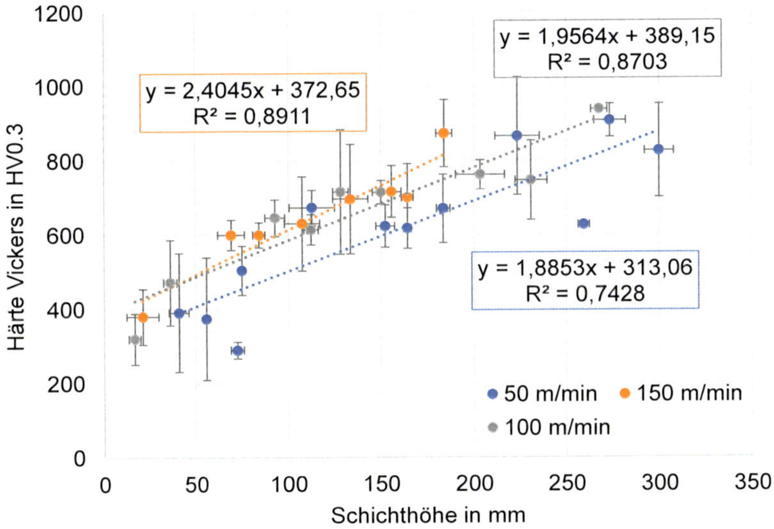

Bild 87: Vergleich der Härteverläufe innerhalb der gradierten Schicht hergestellt mit Prozessgeschwindigkeiten 50, 100 und 150 m/min

Die EDX-Messergebnisse der einlagig gradierten Schichten, die mit den Prozessgeschwindigkeiten 100 m/min (s. Bild 88) und 150 m/min (s. Bild 89) hergestellt werden, stellen einen negativen Verlauf des Ni-Gewichtsanteils und einen steigenden Verlauf des Fe-Gewichtsanteil über die Schichthöhe dar. Anhand der Gleichungen für die linearen Trendlinien der jeweiligen Elementgewichtsanteilen Fe und Ni kann erkannt werden, dass die Steigung der Trendlinie bei der mit der Prozessgeschwindigkeit 100 m/min hergestellten Schicht größer als die der mittels der Prozessgeschwindigkeit 50 m/min ist. Dies lässt auf eine größere Gradierung der verwendeten Legierungen Alloy 718 und F690 von der Anbindungszone zur Schichthöhe schließen (vgl. Bild 85 und Bild 88).

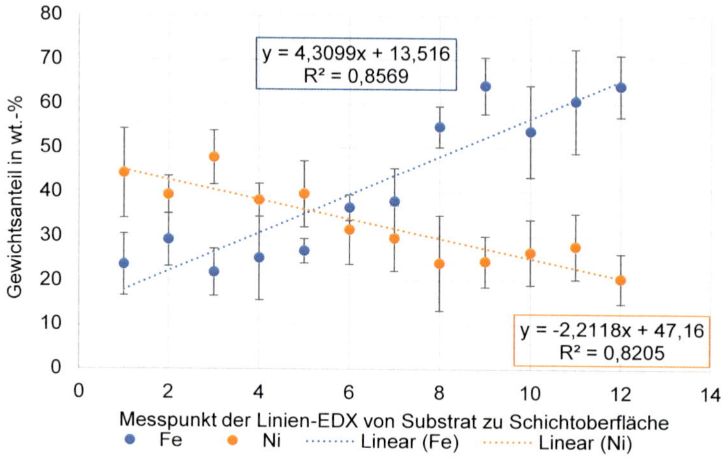

Bild 88: EDX-Messergebnisse Elemente Ni- und Fe-Gewichtsanteile über die Schichthöhe hergestellt mit der Prozessgeschwindigkeit 100 m/min

Die Steigung der linearen Trendlinie der ermittelten Gewichtsanteile ist kleiner als die bei 100 m/min Prozessgeschwindigkeit und größer als die der 50 m/min Prozessgeschwindigkeit (vgl. Bild 85, Bild 88 und Bild 89). Bei einer Prozessgeschwindigkeit von 150 m/min sind die gemittelten Gewichtanteile über die Schichthöhe deutlich schwankender als bei den Prozessgeschwindigkeiten 50 und 100 m/min. Die Ursache dafür ist eine Kombination aus verschiedenen Prozesseinflüssen, die sich überlagern. Aufgrund der höheren Prozessgeschwindigkeit bei gleichbleibenden Pulvermassenströmen sowie gleichbleibendem Spurversatz nimmt die Schichtdicke ab. In Bild 90 ist eine schematische Darstellung des Effekts abgebildet.

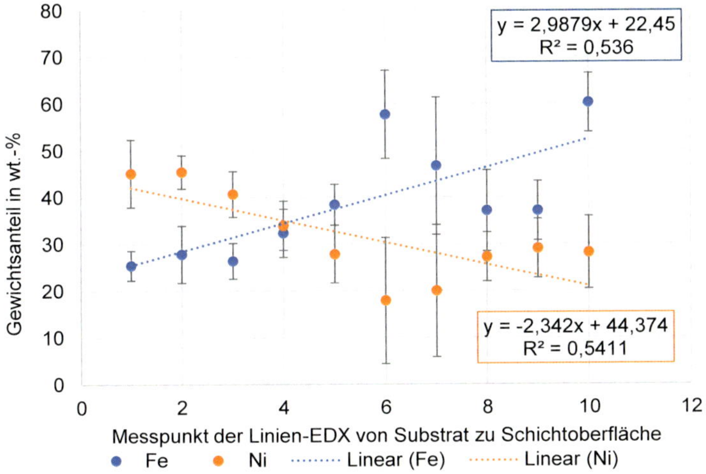

Bild 89: EDX-Messergebnisse Elemente Ni- und Fe-Gewichtsanteile über die Schichthöhe hergestellt mit der Prozessgeschwindigkeit 150 m/min

Durch die reduzierte Schichtdicke bei 150 m/min verändert sich die resultierende Steigung der Beschichtungsfront durch die unterschiedlichen Schichtdicken, hier α_{50} und α_{150} genannt, wodurch die Durchmischung gesteigert wird. Die Winkel bzw. die Steigungen werden durch die Spurbreite und die Schichthöhe ermittelt. Die Steigung der Gradierung innerhalb der erzeugten Schichten in Bild 89, hergestellt mit der Prozessgeschwindigkeit 150 m/min, ist im Vergleich zur Gradierung hergestellt mit der Prozessgeschwindigkeit 100 m/min in Bild 88 kleiner. Gleichzeitig ist im mittleren Bereich der Schichthöhe bei der Prozessgeschwindigkeit 150 m/min die Überlagerung/Durchmischung der aufgetragenen Alloy 718 und F690 Schichten größer. Dies kann zu den stärkeren Schwankungen und größeren Standardabweichungen der EDX-Messergebnisse in Bild 89 im Bereich der mittleren Schichthöhe bei der Prozessgeschwindigkeit 150 m/min führen. Die Durchmischung der beiden Materialien Alloy 718 und F690 kann bei dünneren Schichten zudem durch die große Überlappung der PF größer werden. Die Überlappung der PF, welche je einen Durchmesser von ca. Ø 2,5 mm aufweisen, beträgt bei der Verschiebung in x-Richtung von 0,6 mm ca. 76 %.

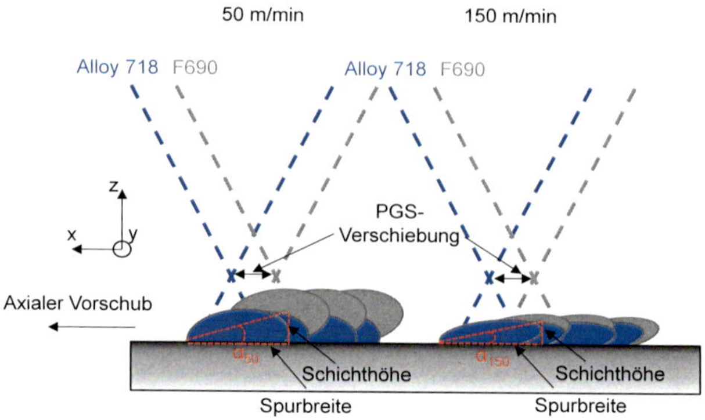

Bild 90: Schematische Darstellung der Kombination aus kleiner Schichthöhe, großer Spurüberlappung und Pulverfokusüberlagerung im Vergleich bei 50 m/min und 150 m/min

Der Durchmischung der beiden Materialien kann durch eine Vergrößerung des Laserspotdurchmessers und einer gleichzeitig vergrößerten PGS-Verschiebung in x-Richtung entgegengewirkt werden. Aufgrund der zur Verfügung stehenden max. Laserleistung von 4 kW, welche für die gradierte Schichterzeugung bei 150 m/min bereits eingesetzt wird, ist eine Vergrößerung der PGS-Verschiebung in diesem Fall nicht möglich. Zudem ist eine Vergrößerung des PGS-Versatzes in x-Richtung mit der verwendeten Triple-Two Düse (Prototyp) nicht möglich. Alternativ zu einem größeren PGS-Versatz könnte auch die Steigerung der jeweiligen Pulvermassenströme zu einer größeren Materialseparierung über die Schichthöhe bei der Prozessgeschwindigkeit 150 m/min führen. Hierfür wird eine größere Laserleitung benötigt, da mehr Material in der gleichen Zeit aufgeschmolzen werden muss.

7.3 Prozessparametereinfluss auf Schichtgradierung

Ausgehend von der Machbarkeitsstudie wird zur Realisierung größerer Prozessgeschwindigkeiten die Untersuchung der Prozessparametereinflüsse auf die Schichtgradierung auf Graugussronden, im Folgenden Ronde genannt, durchgeführt. Als Korrosionsschutz wird weiterhin Alloy 718 als vorlaufender und als nachlaufender PGS die Verschleißschutzlegierung F-690-HV2 verwendet. Als Startparameter werden die Prozessparameter, mit denen unter Verwendung einer Prozessgeschwindigkeit von 150 m/min eine einlagig gradierte Schicht erfolgreich auf einem Rohr (s. Bild 86) hergestellt werden kann, verwendet (s. Kap. 10.7 Tabelle 34). Bei der hergestellten einlagig gradierten Schicht auf einem Rohr aus S355J2 werden die Risse innerhalb der Schicht gestoppt und anhand der Härte- und EDX-Ergebnisse kann die Schichtgradierung von Alloy 718 in der Anbindungszone zu F690 an der Schichtoberfläche festgestellt werden. Eine schematische Darstellung der Prozessführung zur Beschichtung der Ronde ist in Bild 91 dargestellt.

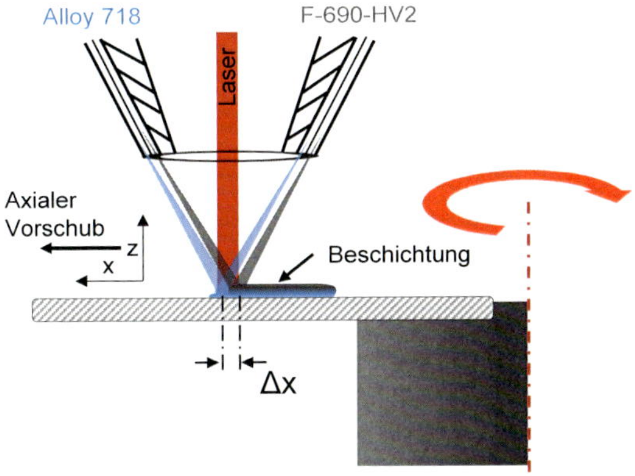

Bild 91: Schematische Darstellung der Prozessführung der einlagig gradierten Beschichtung von Ronden mittels separater Materialzuführung und PGS-Verschiebung in x-Richtung

Bei Verwendung identischer Parameter zur Beschichtung der Ronde werden die gewünschten Schichteigenschaften nicht erzielt, da die Risse nicht innerhalb der Schicht gestoppt werden. In Bild 92 a) ist das LOM-Ergebnis der direkten Prozessübertragung gegeben. Die Beschichtung weist durchgehende Risse von der Schichtoberfläche bis zur Anbindungszone auf. Zudem sind Anbindungsfehler und Poren erkennbar. Durch eine Leistungssteigerung auf 4 kW werden Anbindungsfehler und Porenanzahl sowie -größe geringer, allerdings werden die Risse nicht innerhalb der Schicht gestoppt (s. Bild 92 b)). Eine Übersicht der verwendeten Prozessparameter ist im Anhang in Kap. 10.7 in Tabelle 36 zusammengefasst.

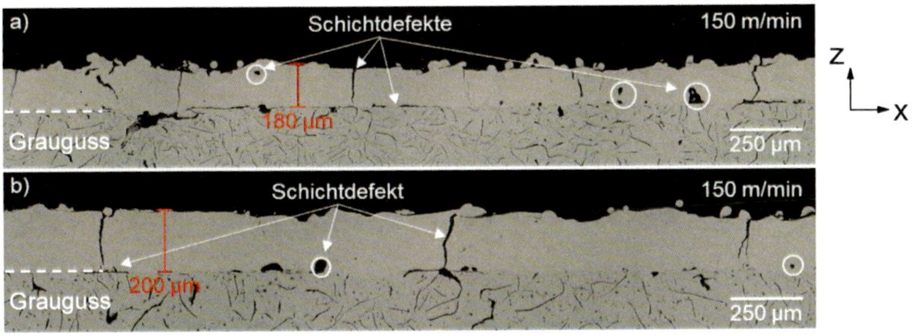

Bild 92: LOM-Aufnahmen der Rondenbeschichtung mittels separater Materialzuführung; a) Laserleistung 3600 W, b) Laserleistung 4000 W

Aufgrund der Interaktionszeit des Laserstrahls mit der Rondenoberfläche und dem resultierenden thermischen Energieeintrag in den Grauguss kann durch die lokale Aufschmelzung der Oberfläche Kohlenstoff in der aufgetragenen Beschichtung diffundieren [Raj22]. Insbesondere die Fe-Basislegierung F-690-HV2 wird dadurch aufgekohlt und die Sprödigkeit steigt. Dies kann zu Erstarrungsrissen innerhalb der Schicht führen. Zudem kann im Anbindungsbereich an den Graphitlamellen eine Kerbwirkung auf die Beschichtung wirken. Diese Effekte werden stärker je mehr thermische Energie des Laserstrahls dem Substrat zugeführt wird, da die thermische Ausdehnung mit steigender Temperatur der Ronde größer wird. [Ble22a, Raj22]

Zur Reduzierung der Interaktionszeit zwischen thermischem Energieeintrag des Laserstrahls und Grauguss wird die Prozessgeschwindigkeit schrittweise auf 275 m/min gesteigert. In Kap. 10.7 in Tabelle 37 sind die verwendeten Parameter zusammengefasst.

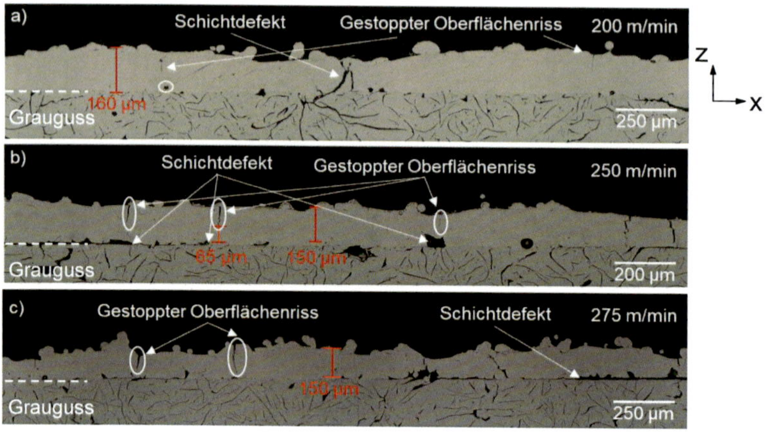

Bild 93: LOM-Aufnahme eines Querschliffs einer einlagig gradierten Beschichtung auf einer Ronde bei a) 200 m/min, b) 250 m/min und c) 275 m/min

Mit steigender Prozessgeschwindigkeit wird die Anzahl an durchgehenden Rissen von der Schichtoberfläche zum Substrat reduziert. In Bild 93 sind die LOM-Aufnahmen der einlagig gradierten Beschichtung einer Ronde bei den verwendeten Prozessgeschwindigkeiten 200 m/min, 250 m/min und 275 m/min dargestellt. Mit steigender Prozessgeschwindigkeit bei gleichem Pulvermassenstrom werden die resultierenden Schichthöhen geringer. Um eine möglichst gleichbleibende Schichtdicke zu erzielen, werden Flächenraten im Bereich von 300 – 330 cm²/min verwendet. Dies bedeutet, dass bei steigender Prozessgeschwindigkeit die Vorschubgeschwindigkeit reduziert wird. Die Steigerung der Prozessgeschwindigkeit auf 200 m/min führt zu einer deutlichen Reduzierung der durchgehenden Risse in der Schicht. Bei der Prozessgeschwindigkeit 250 m/min werden die Risse, welche von der Schichtoberfläche ausgehen, wie bei den Ergebnissen in Kap. 7.2 innerhalb der Schicht gestoppt. Zur detaillierten Veranschaulichung ist in Bild 94 a) eine LOM-Aufnahme der geätzten Schicht abgebildet. Eine weitere Steigerung der Prozessgeschwindigkeit auf 275 m/min führt zu größeren Schichtdefekten. Dabei treten insbesondere Anbindungsfehler auf, welche auf einen zu geringen thermischen Energieeintrag in das Substrat zurückzuführen sind. Zudem stellt die LOM-Aufnahme der geätzten Schicht eine signifikante Vermischung der Materialien dar (s. Bild 94 und Kap. 10.7 Bild 132).

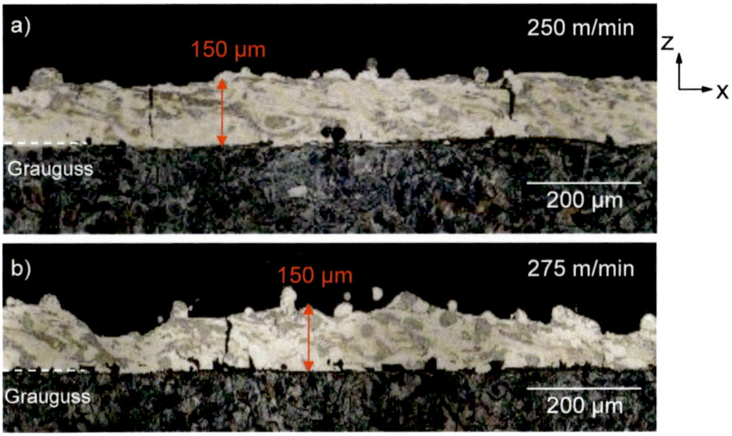

Bild 94: a) LOM-Aufnahme der geätzten einlagig gradierten Schicht bei 250 m/min; b) LOM-Aufnahme der geätzten einlagig gradierten Schicht

In Bild 95 kann der Einfluss der Prozessgeschwindigkeitssteigerung bei gleichbleibleibender Flächenrate auf die optische Schichtgradierung anhand der LOM-Aufnahmen der mittels V2A-Beize geätzten Querschliffen betrachtet werden. Die roten Linien in den einzelnen LOM-Aufnahmen der Querschliffe in Bild 95 bilden die Grenzen der aufgetragenen Einzelspuren. Durch die gleichzeitig in z-Richtung dünner werdenden Einzelspuren der Beschichtung und der größeren Spurüberlappung durch die geringere Vorschubgeschwindigkeit kann erkannt werden, dass die gradierten Schichten im Winkel zur Substratoberfläche durch die dünneren Einzelspuren reduziert werden (s. Bild 95 in rot markiert). Bei der Prozessgeschwindigkeit 275 m/min kann eine Vermischung der Materialien erkannt werden (s. Bild 95 d)). Dadurch kann die Separierung der Materialien Alloy 718 in der Anbindungszone zum F690 an der Schichtoberfläche reduziert werden. Zudem wird durch einen reduzierten Materialauftragswirkungsgrad die Schichthöhe trotz gleichbleibender Flächenrate und konstanter Materialzuführung geringer.

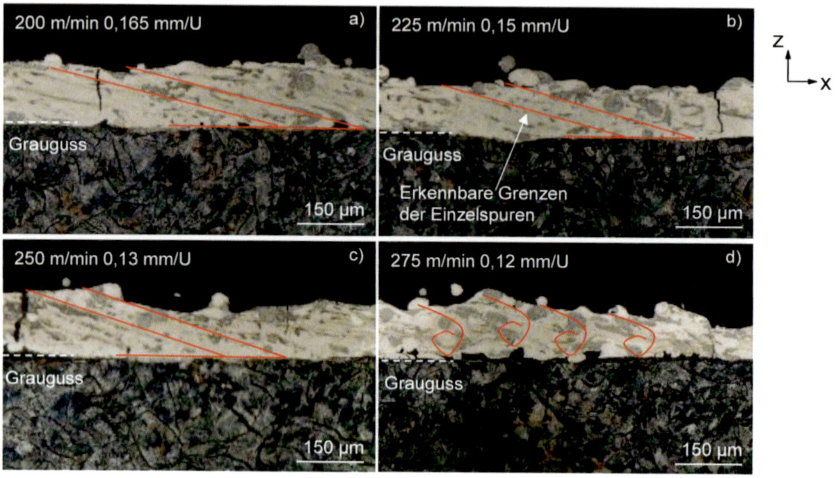

Bild 95: LOM-Aufnahmen der Schichten bei variierenden Prozessgeschwindigkeiten und der graphischen Darstellung der Einzelspuren; a) Prozessgeschwindigkeit 200 m/min; b) Prozessgeschwindigkeit 225 m/min; c) Prozessgeschwindigkeit 250 m/min; d) Prozessgeschwindigkeit 200 m/min;

Die ermittelten Härtewerte werden gemittelt und mittels eines linearen Fit eine Trendlinie eingefügt. In Bild 96 sind die Härtewerte, die Trendlinien, die Funktion der jeweiligen Trendlinien sowie das jeweilige Bestimmtheitsmaß ersichtlich. Mit steigender Prozessgeschwindigkeit von 200 m/min auf 250 m/min wird die Steigung der Härtegradierung von ca. 2,23 auf ca. 3,5 größer. Die größte Steigung der Gradierung wird bei der Prozessgeschwindigkeit von 250 m/min erreicht (s. Bild 96 grau). Für die mittels der Prozessgeschwindigkeit 275 m/min hergestellten Schicht wird die Steigung der Härtegradierung auf ca. 2,49 reduziert. Das Bestimmtheitsmaß der Trendlinie der Härtegradierung für die mittels der Prozessgeschwindigkeit 275 m/min hergestellten Schicht ist mit 0,94 am größten (s. Bild 96 grün), was ein Indiz für eine kleinere Abweichung der Messergebnisse von Schichtanbindung zur Schichtoberfläche darstellt. Die kleinere Steigung des Härteverlaufs und dem, im Vergleich zu den erzielten Härteergebnissen der anderen verwendeten Prozessgeschwindigkeiten, größeren Bestimmtheitsmaß kann ein Indiz für eine größere Materialdurchmischung von Alloy 718 und F690 von der Anbindungszone zur Schichtoberfläche sein.

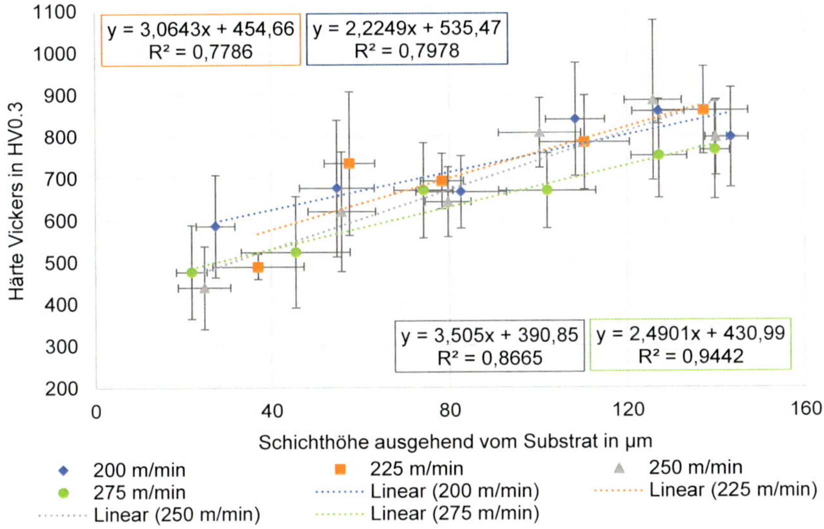

Bild 96: Vergleich Härte der erzeugten einlagig gradierten Schichten hergestellt mit den Prozessgeschwindigkeiten 200, 225, 250 und 275 m/min

In Bild 97 sind die EDX-Ergebnisse der einlagig gradierten Schicht hergestellt mit der Prozessgeschwindigkeit 250 m/min dargestellt. Im Bereich der Anbindungszone ist der Ni-Gewichtsanteil am höchsten und reduziert sich zur Schichtoberfläche hin. Im Bereich der Schichtoberfläche ist der Fe-Gewichtsanteil höher als der Ni-Gewichtsanteil. Die lineare Trendlinie der gemessenen Ni-Gewichtsanteile besitzt eine negative Steigung von ca. -0,1 und die Trendlinie des Fe-Gewichtsanteil ist nahezu äquivalent gegenläufig, sodass die Trendlinie eine Steigung von ca. +0,11 beträgt. Der lineare Fit der EDX-Messergebnisse bildet die Ergebnisse allerdings ungenügend ab. Die Maßgenauigkeit der Trendlinie beträgt für Ni $R^2 = 0{,}28$ und für Fe beträgt diese $R^2 = 0{,}26$. Daher wird eine polynomische Trendline 2. Grades verwendet, die für die EDX-Messergebnisse anhand der Maßgenauigkeit für den Ni- und Fe-Gewichtsanteile mit $R^2_{Ni} = 0{,}57$ und $R^2_{Fe} = 0{,}59$ geeigneter ist.

Die Periodik der EDX-Messergebnisse ab einer Schichthöhe von 30 – 50 µm ausgehend von der Anbindungszone kann auf die Einzelspuren durch die Spurüberlappung zurückgeführt werden (vgl. Bild 95 c)). Im Bereich der Schichthöhe 90 – 120 µm kann ungefähr eine Periodik erkannt werden. Dies entspricht dem Spurversatz bei der Prozessgeschwindigkeit 250 m/min von ca. 0,13 mm/U. Beim verwendeten Spurversatz von 0,13 mm/U wird, auf den Laserspotdurchmesser von Ø 1,2 mm bezogen, jeder Punkt auf der Oberfläche mehrfach (ca. 9 – 10) beschichtet.

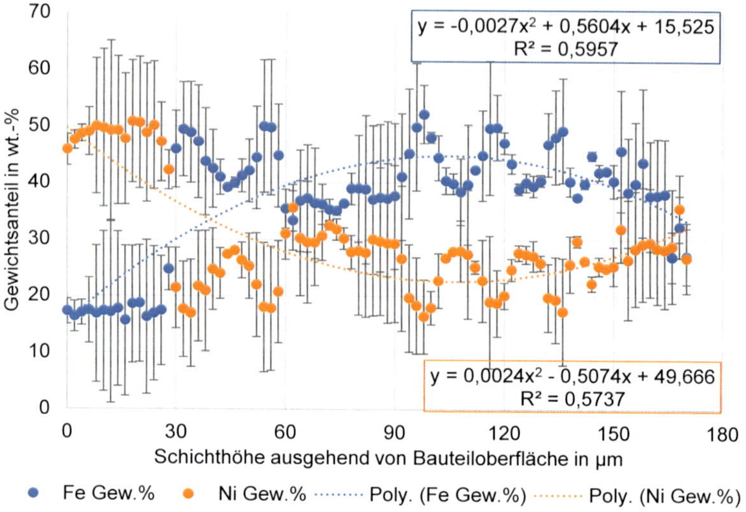

Bild 97: EDX-Messergebnis der Beschichtung einer Ronde mittels einlagig gradierter Materialzuführung hergestellt mit der Prozessgeschwindigkeit 250 m/min

Die Ergebnisse der EDX-Messung für die Beschichtung bei 275 m/min ist schwankend und insbesondere auf mittlerer Schichthöhe im Bereich von ca. 50 – 110 µm sind die Ni- und Fe-Gewichtsanteile nahezu identisch. Trotz der großen Vermischung der beiden Materialien Alloy 718 und F-690-HV2 ist anhand der abgebildeten Trendlinie eine Gradierung messbar (s. Bild 98). Die in den LOM-Aufnahmen der geätzten Schichten (vgl. Bild 95) vermutete Durchmischung der Materialien kann anhand der Härte- und EDX-Messergebnisse nicht bestätigt werden.

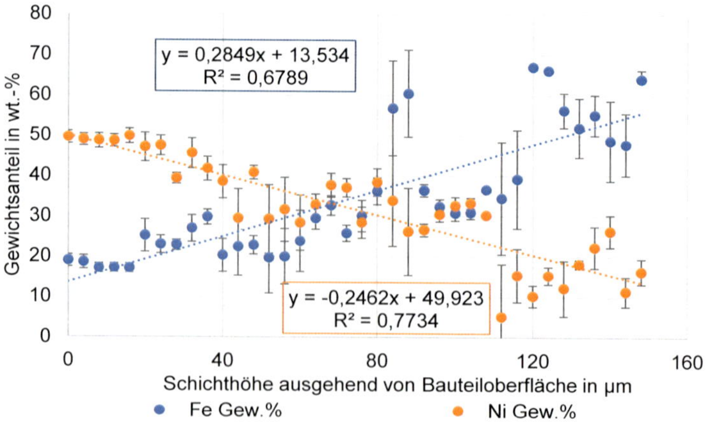

Bild 98: EDX-Messergebnis der Beschichtung einer Ronde mittels einlagig gradierter Materialzuführung hergestellt mit der Prozessgeschwindigkeit 275 m/min

Anhand der Ergebnisse zur einlagig gradierten Beschichtung einer Ronde mittels separater Materialzuführung mit PGS-Verschiebung in x-Richtung sowie der Ergebnisse aus Kap. 7.2 kann der in Bild 99 dargestellte Wirkzusammenhang hinsichtlich Prozessgeschwindigkeit und des Spurversatzes bei gleichbleibender Materialzuführung beschrieben werden. Eine Erhöhung der Prozessgeschwindigkeit führt zu einer Reduzierung der Schichtdicke, wodurch die Beschichtung flacher wird. Dem kann durch eine äquivalent reduzierte Vorschubgeschwindigkeit entgegengewirkt werden. Dies kann jedoch zu einer Materialvermischung führen und die Steigung der Materialseparierung von Anbindungszone zur Schichtoberfläche aufgrund einer zu großen Schichtüberlappung reduzieren.

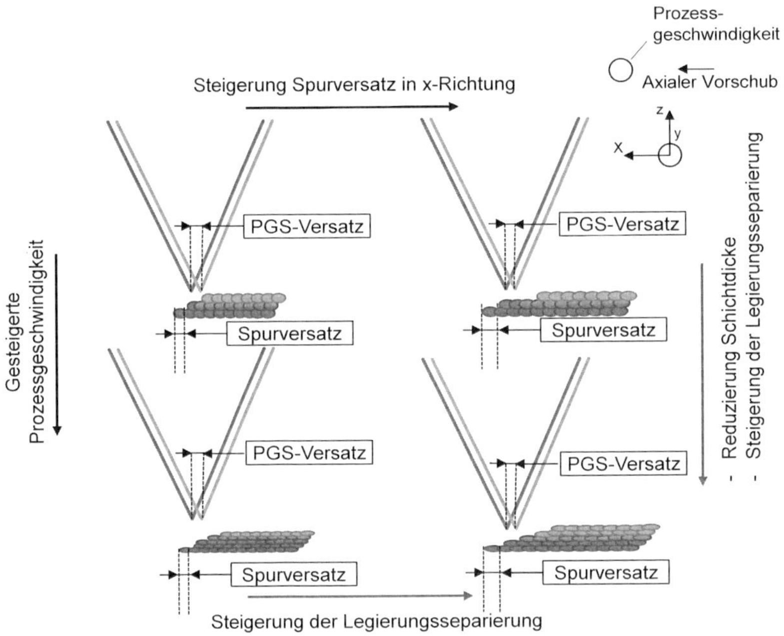

Bild 99: graphische Darstellung des Wirkzusammenhangs zwischen Prozessgeschwindigkeit und Spurversatz in x-Richtung

Die Prozessgeschwindigkeit hat einen Einfluss auf die Abkühlrate der Beschichtung. Bei Verwendung hoher Prozessgeschwindigkeiten, wodurch die Abkühlrate vergrößert werden kann [Koß21a], wird die Gradierung von Alloy 718 zu F690 größer. Dieses Ergebnis lässt darauf schließen, dass eine größere Abkühlrate zu einer Steigerung der Gradierung führt.

Eine Möglichkeit zur Steigerung der Gradierung bzw. der Materialseparierung über die Schichthöhe kann durch eine größere PF-Verschiebung in x-Richtung und eine gleichzeitige Vergrößerung des Laserspotdurchmessers erzielt werden. Dadurch kann die Überlappung der Pulverfokusse reduziert und möglicherweise gleichzeitig die

Gradierung vergrößert werden. Hierfür sind allerdings größere Laserspotdurchmesser und resultierend auch höhere Laserleistungen nötig. Darüber hinaus kann eine veränderte Positionierung der jeweiligen PGS zueinander relativ zur Vorschubrichtung einen Einfluss auf die Schichtgradierung haben. Die Ansätze müssen in weiterführenden Untersuchungen durch den Einsatz höherer Laserleistungen sowie mittels weiterentwickelter Materialzuführung mit justierbarer PGS-Verschiebung in x- und y-Richtung untersucht werden.

Neben den prozesstechnischen Möglichkeiten kann die konstruktive Ausführung der separaten Materialzuführung einen Einfluss haben. Durch die Verwendung von z.B. einer kontinuierlichen Ringspaltausführung kann die Größe des PF auf bis zu ≤ 0,05 mm reduziert werden und dadurch die Überlappung der beiden PF auch bei kleineren PF-Verschiebungen innerhalb der x- und y-Ebene reduziert werden [Gas09]. Die geringere Überlappung der PF kann zu einer Steigerung der Gradierung bzw. der Materialseparierung über die Schichthöhe führen.

Nach aktuellem Stand der Technik wurde die Erzeugung einer einlagig gradierten Beschichtung bei separater Materialzuführung durch die PGS-Verschiebung in x-Richtung bisher nicht betrachtet. Die einlagig gradierte Beschichtung bietet neue Möglichkeiten zur Oberflächenfunktionalisierung hinsichtlich des Schichtaufbaus und der damit verbundenen Schichteigenschaften. Darüber hinaus können Vorteile hinsichtlich der Nachbearbeitung und der Produktivität ermöglicht werden.

Bei der Verwendung von Zweischichtsystemen, wie in Bild 77 (Kap. 7.1) mittels Dreistrahldüse erzeugt, werden einzelne Schichten mit unterschiedlichen Schichteigenschaften, wie Duktilität, chemischer Zusammensetzung und Härte, in separaten Beschichtungsprozessen nacheinander erzeugt. Beim HS DED-LB ist die Aufmischung zwischen den einzelnen Beschichtungen klein, sodass der Übergang zwischen den Materialien im Bereich von < 10 µm ist [Xu22b]. Dies kann bedeuten, dass bspw. die Härte und die damit verbundene Duktilität sprunghaft variiert. Dies kann zu Spannungen innerhalb des Zweischichtsystems führen, wodurch dieses versagen kann. Durch die separate Materialzuführung mit PGS-Verschiebung kann, durch die Positionierung des PF und den FGVS sowie der eingesetzten Pulvermassenströme, die Interaktion zueinander und die thermische Energieeinbringung zwischen den einzelnen Materialien innerhalb des PGS variiert und beeinflusst werden. Auf diese Weise können unterschiedliche Material- und Pulvereigenschaften wie Reflexionsgrad, Schmelztemperatur, Härte, Reaktivität, Pulvermorphologie und Partikelgrößenverteilung berücksichtig und dadurch möglicherweise die Schichtgradierung weiterführend beeinflusst werden.

7.4 Zwischenfazit

Im Rahmen der Arbeit wird die Machbarkeit zur Erzeugung einer einlagig gradierten Beschichtung durch die relative PGS-Verschiebung innerhalb der x-y-Ebene gezeigt. Bei Betrachtung der geätzten Querschliffe ist optisch eine Gradierung der Schicht erkennbar. Die in Vorversuchen beim F-690-HV2 betrachteten Risse sind bei der einlagig gradierten Schicht erkennbar, werden allerdings im Bereich von ca. 100 – 150 µm ausgehend von der Anbindungszone innerhalb der Schicht gestoppt. Die Ergebnisse der Härtemessungen stellen die Gradierung dar. Die Härte steigt beginnend bei der Anbindungszone von ca. 330 HV0.3 – der Härte von Alloy 718 – bis zur Schichtoberfläche von ca. 950 HV0.3 an – der Härte von F-690-HV2. Im Bereich von ca. 100 – 150 µm ausgehend von der Substratanbindung beträgt die Härte innerhalb der Schicht ≥ 500 – 650 HV0.3. Die EDX-Ergebnisse stellen im Bereich der Anbindungszone zur Schichtoberfläche eine Verkleinerung der Ni-Konzentration (Alloy 718) und einen steigenden Fe-Anteil (F-690-HV2) dar. Sowohl die Prozessgeschwindigkeit als auch die Spurüberlappung haben einen Einfluss auf die Separierung. Durch die Erhöhung der Prozessgeschwindigkeit kann die Separierung der verwendeten Materialien über die Schichthöhe vergrößert werden. Eine mögliche Erklärung hierfür könnte die Abkühlrate sein, die durch die Erhöhung der Prozessgeschwindigkeit vergrößert wird [Koß21a]. Eine zu große Spurüberlappung kann zu einer Vergrößerung der Materialdurchmischung führen, was der Separierung der Materialien entgegenwirkt.

In Bezug auf die Forschungsfrage kann in der Arbeit die Machbarkeit der direkten einlagig gradierten Schicht mittels separater Materialzuführung mit PGS-Verschiebung in x-Richtung gezeigt werden.

Nach aktuellem Stand der Technik ist es möglich, schichtweise mehrere unterschiedliche Materialien oder Materialmischungen durch separate Auftragsprozesse übereinander aufzutragen. Durch den schichtweisen Aufbau kann bei Verwendung von Materialmischungen eine gradierte Beschichtung in mehreren Beschichtungsüberfahrten erzeugt werden. Eine direkte Erzeugung einer einlagig gradierten Beschichtung, wie sie im Rahmen dieser Arbeit durch die separate Materialzuführung mit relativer PGS-Verschiebung zueinander innerhalb der x- und y-Ebene erfolgreich generiert worden ist, ist nach aktuellem Stand der Technik bis dato nicht bekannt.

8 Demonstration

8.1 Materialmischung

Die Materialmischung der MMC aus AISI 316L und SiC kann in tribologischen Gleitkontakten mit hohem Mischreibungsanteil wie in Gleitlagern oder in Pumpen, wie einer Axialkolbenpumpe, als Ersatz für bleihaltige Buntmetalle, welche nach REACH reglementiert sind, eingesetzt werden. Das SiC und das gelöste Si in der AISI 316L Matrix besitzt Feststoffgleiteigenschaften, weshalb der Reibwert klein ist [Amu04]. Gleichzeitig weist die MMC eine hohe Verschleißbeständigkeit auf, mit der die Einsatzdauer verlängert werden und die Möglichkeit einer Effizienzsteigerung bestehen kann. [Ach22, Amu04, Hol24]

In der Untersuchung von *Holzer et al.* wird ein Steuerspiegel mit MMC AISI 316L und SiC mittels HS DED-LB beschichtet (s. Bild 100 rechts) und in einer Axialkolbenpumpe gegenüber einem konventionellen Steuerspiegel aus Buntmetall (s. Bild 100 links) in einem 1000 h-Betriebstest verglichen. Im Test in einem tribologischen Kontakt gegen ein Gusseisen zeigt der beschichtete Steuerspiegel einen kleineren Verschleiß von < 150 µm bei einem Effizienzverlust von 2 % zum Serienteil aus Buntmetall auf. [Hol24]

In tribologischen Untersuchungen der MMC-Beschichtung aus AISI 316L und SiC gegenüber den verschiedenen Kontaktpartnern EN S355J2, EN 100Cr6 und Messung EN 12164 wird in den Untersuchgen nach Holzer et al. erkannt, dass die MMC einen kleinen Reibwert von ca. 0,15 – 0,3 gegenüber der Fe-Basismaterialien aufweist. Der Verschleiß bei der MMC sowie bei den jeweiligen Kontaktpartnern S355 und 100Cr6 ist minimal. [Ach22]

Bild 100: links: Konventioneller Steuerspiegel aus Buntmetall einer Axialkolbenpumpe; recht: ein mit der MMC AISI 316L+SiC beschichteter Steuerspiegel

Durch den Einsatz der TTV kann das Lösungsverhalten des SiC in der Matrix AISI 316L gezielt gesteuert und dadurch die chemische Zusammensetzung der Beschichtung anwendungsorientiert angepasst werden. Durch den Einsatz des Hart-Hart-Kontaktes kann die Laufzeit und die Pumpleistung gesteigert werden.

8.2 Einlagig gradierte Beschichtung

Im Rahmen der Euro7-Norm werden die Feinstaubemissionen von Fahrzeugen ganzheitlich betrachtet. Die Beschichtung von Bremsscheiben gegen Verschleiß und Korrosion zur Reduzierung der Feinstaubemissionen stellt eine geeignete Lösung dar. Die Bremsscheibe besteht aus dem laminaren Grauguss GJL-250, der aufgrund der enthaltenen Graphitlamellen thermisch sensitiv ist und den Beschichtungsprozess erschwert [Mar20]. Zudem werden durch Rekuperation die Bremseinsätze bei Elektrofahrzeugen reduziert, sodass die Bremsscheiben für die Funktionsfähigkeit beschichtet werden müssen. [May21]

Für die Beschichtung von Bremsscheiben werden meist Zweischichtsysteme für den kombinierten Korrosions- und Verschleißschutz verwendet, bei denen eine Fe-Basislegierung, wie AISI 316L als Korrosionsschutz, und eine MMC als Verschleißschutz, wie AISI 316L+WC, verwendet werden kann [Har16, Jon20, Wan23]. Der Einsatz der separaten Materialzuführung zur Erzeugung einer einlagig gradierten Beschichtung von Bremsscheiben bietet einige Potentiale hinsichtlich der Produktivität wie auch des Schichtaufbaus, wie ein gradierter Hartpartikelanteil über die Schichthöhe bei MMCs. Zur Demonstration der einlagig gradierten Beschichtung von Bremsscheiben mittels TTV wird der Prozess auf die Beschichtung von Bremsscheiben übertragen. In Bild 101 ist die einlagig gradierte Beschichtung von Bremsscheiben dargestellt.

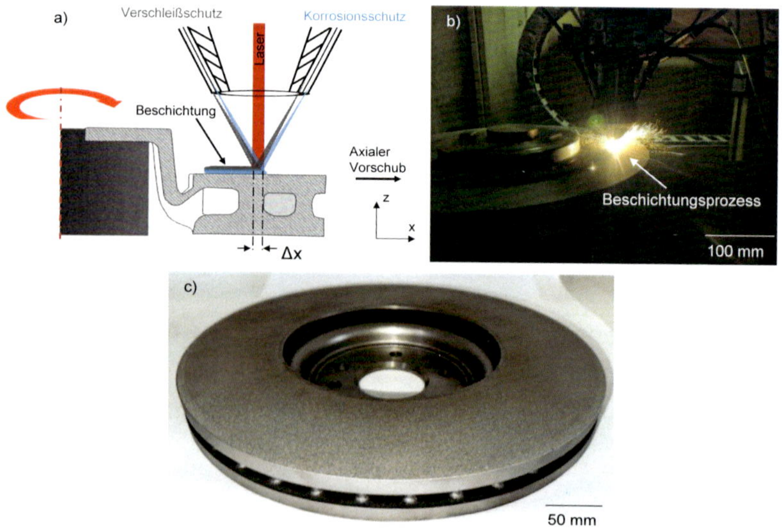

Bild 101: a) Graphische Darstellung der Beschichtung einer Bremsscheibe mittels TTH; b) Prozessaufnahme des Beschichtungsprozesses; c) Aufnahme einer beschichteten Bremsscheibe

Die Erzeugung einer einlagig gradierten Beschichtung mit veränderlichen Schichteigenschaften von der Anbindungszone zur Schichtoberfläche kann eingesetzt werden, um die zwei benötigten Beschichtungsprozesse zur Erzeugung eines

Zweischichtsystems auf einen Beschichtungsprozess zu reduzieren. Auf diese Weise kann bspw. eine gradierte MMC für den kombinierten Korrosions- und Verschleißschutz erzeugt werden. Durch den Einsatz keramischer Verstärkungspartikel und einem Matrixmaterial kann eine MMC mit gradierter Partikelkonzentration von Substrat zur Beschichtungsoberfläche generiert werden. Das Potential einer einlagig gradierten MMC-Beschichtung wird anhand der MMC AISI 316L und SiC demonstriert. SiC ist ein günstiges verschleißbeständiges Material. AISI 316L wird aktuell als Matrixmaterial aufgrund der Korrosionsschutzeigenschaften eingesetzt. Auf diese Weise ist der Korrosionsschutz zum Substrat hin gewährleistet und der Verschleißschutz zur Beschichtungsoberseite durch eine hohe Konzentration an SiC-Partikeln hoch. Exemplarisch ist in Bild 102 eine einlagig gradierte MMC aus AISI 316L und SiC sowie die Härteverläufe, der mittels der Prozessgeschwindigkeiten 200 m/min hergestellten Schichten, dargestellt.

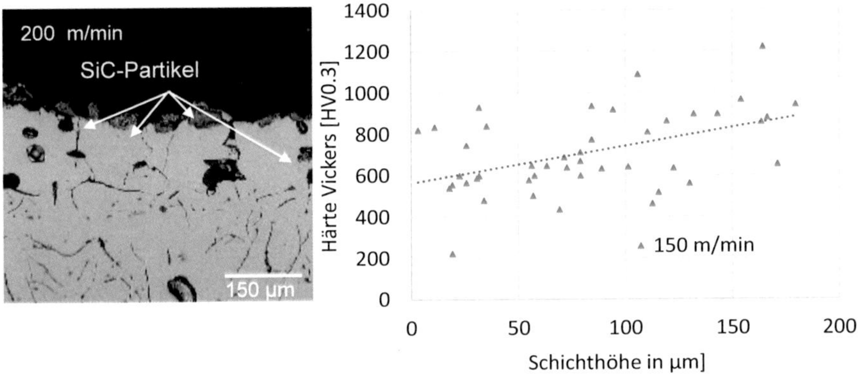

Bild 102: links: Exemplarische Darstellung einer Bremsscheibenbeschichtung der MMC von AISI 316L und SiC; rechts: Härteverläufe der Schichten hergestellt mit den Prozessgeschwindigkeiten 150 m/min und 200 m/min

Die Ergebnisse der Prozessübertragung einer einlagig gradierten Beschichtung auf eine Bremsscheibe als Anwendung sowie der Prozessübertragung auf eine MMC zur Erzeugung eines gradierten Hartwerkstoffanteils veranschaulichen die Potentiale der separaten Materialzuführung im Bereich der Serienproduktion. Aufbauend auf der Prozessübertragung einer einlagig gradierten Beschichtung auf eine Bremsscheibe wird der Beschichtung weiterentwickelt, um zukünftig einlagig gradiert beschichtete Bremsscheiben für den Test bereitstellen zu können.

9 Fazit und Ausblick

Beschichtungen zur Oberflächenveredelungen werden innerhalb der verschiedenen Industriezweige zunehmend bedeutender, um den wachsenden Anforderungen an Werkstücke gerecht zu werden, die Produktionskosten zu senken und den Ressourcenbedarf zu optimieren. Insbesondere der Einsatz des DED-LB birgt durch den lokalen Materialauftrag und die steuerbare thermische Energieeinbringung in Substrat und Pulvermaterial große Vorteile hinsichtlich der Verfahrenseigenschaften wie Produktivität, realisierbare Materialkombinationen, Material- und Energieeffizienz. Mittels DED-LB werden zur Bewältigung der anwendungsorientierten Anforderungen zunehmend Materialmischungen oder mehrlagige Beschichtungen eingesetzt. Bei der Nutzung von Materialmischungen, welche über einen PGS dem Prozess zugeführt werden, können die jeweiligen Materialeigenschaften, wie Pulvermorphologie oder Schmelztemperatur, hinsichtlich der thermischen Energieeinbringung nicht separat voneinander berücksichtigt werden. Daher ist die Steuerung der resultierenden Schichtzusammensetzung nur in kleinem Maße möglich.

Im Vergleich zur beschriebenen in-situ Mischung der Materialien vor der Zuführung zum Ort des Materialauftrags, bietet die separate Materialzuführung über mehrere PGS mittels Triple-Two Düse die Möglichkeit, die Materialmischung in den Ort des Materialauftrags bzw. in den Laserstrahl zu verlagern. Dadurch können die PGS relativ zueinander innerhalb der drei Raumdimensionen positioniert werden. Die separate Materialzuführung erlaubt die Interaktionszeit zwischen Pulverpartikel und Laserstrahl durch die Steuerung der Interaktionsstrecke und der Partikelgeschwindigkeit zu beeinflussen. Auf diese Weise kann das Lösungsverhalten zueinander hinsichtlich homogenem bzw. separierendem Lösungsverhalten über die Schichthöhe beeinflusst werden. Die Einflüsse der separaten Materialzuführung auf die resultierenden Beschichtungen werden im Rahmen dieser Arbeit untersucht und charakterisiert. Dazu werden die Einflüsse der jeweiligen PGS-Verschiebung in z- und in x- Richtung mittels der Triple-Two Düse durch die drei aufgeführten Untersuchungen betrachtet und die folgend angeführten Ergebnisse sowie Erkenntnisse erzielt.

- Charakterisierung der Dreistrahldüse und der Triple-Two Düse durch simulative Betrachtung mittels AnsysFluent 2021R1 hinsichtlich des FGVS-Einflusses auf die resultierenden PF-Positionen, PF-Abmessungen und Partikelgeschwindigkeiten. Bei der separaten Materialzuführung wird zudem die gegenseitige Beeinflussung der zwei PGS zueinander auf die betrachteten Eigenschaften untersucht.
- Charakterisierung der MMC AISI 316L und SiC bei steigendem SiC-Mischungsanteil von 50 vol.-% hergestellt mittels Dreistrahldüse und mittels der PGS-Verschiebung in z-Richtung (TTV). Darauf aufbauend werden weiterführend bei der TTV die Prozessparametereinflüsse Laserspotdurchmesser, Prozessgeschwindigkeit und FGVS zueinander auf das Lösungsverhalten von Si in der Matrix AISI 316L innerhalb der MMC charakterisiert.

- Machbarkeitsstudie zur Erzeugung einer einlagig gradierten Beschichtung anhand einer kombinierten Korrosions- und Verschleißschutzbeschichtung mit den Materialien Alloy 718 und F-690-HV2 durch die PGS-Verschiebung in x-Richtung (TTH). In diesem Rahmen wird der Einfluss der Prozessgeschwindigkeit und des Spurversatzes betrachtet.

Für die Dreistrahldüse werden die Einflüsse der drei FGVS 8 l/min, 11 l/min und 14 l/min untersucht. Durch Steigerung des FGVS von 8 l/min auf 14 l/min wird der PF-Abstand bei der Dreistrahldüse relativ zum Düsenausgang um ca. 1 mm reduziert und die resultierende Partikelgeschwindigkeit wird von 19,33 m/s um 32,8 % gesteigert. Diese Ergebnisse entsprechen den Erkenntnissen aus der Literatur, wie [Fer20] und [Zha20], bei denen die Steigerung des FGVS zu ähnlichen Resultaten geführt hat. Weiterführend werden simulative Ergebnisse der Dreistrahldüse zur Charakterisierung des aufgebauten Simulationsmodells hinsichtlich des geometrischen Verlaufs mit PGSA-Messergebnissen und hinsichtlich der Partikelgeschwindigkeit mit mittels Hochgeschwindigkeitsaufnahmen ermittelten Partikelgeschwindigkeiten verglichen. Die Unterschiede der PF-Abstände der PGSA-Messergebnisse durch die Steigerung des FGVS sind kleiner als die mittels Simulation ermittelten PF-Abstände. Die größte Abweichung zwischen Simulations- und PGSA-Messergebnis beträgt ca. 5,32 % bei einem FGVS von 8 l/min. Der simulative PF-Abstand ist bei einem FGVS 8 l/min um ca. 0,72 mm größer als der mittels PGSA ermittelte PF-Abstand. Zwischen den simulativ bestimmten und den gemessenen Partikelgeschwindigkeiten im PF beträgt der maximale Unterschied ca. 19,3 %, wobei die simulativen Partikelgeschwindigkeiten höher sind. Die Abweichungen zwischen Simulations- und PGSA-Messergebnissen können auf geometrische Unterschiede des Düsenaustritts zwischen der Negativgeometrie bei der Simulation und der, für die PGSA-Messung verwendeten, Dreistrahldüse zurückgeführt werden. Zudem können Vereinfachungen innerhalb des Simulationsmodells, wie die der Haftbedingung innerhalb der Strömungskanäle und der ideal berechneten Gaseingangsgeschwindigkeit an den PGK, zu Ergebnisabweichungen führen. Im Anschluss an die Charakterisierung des Simulationsmodells durch den Vergleich der Simulationsergebnisse mit den Messergebnissen der Dreistrahldüse werden die Einflüsse der FGVS-Variationen bei der TTV und der TTH ausschließlich simulativ untersucht.

Die Simulationsergebnisse der TTV veranschaulichen den Einfluss der Materialdichte und der Partikelanzahl der verwendeten Materialien AISI 316L und SiC auf den PGS. Der Einfluss der FGVS-Reduzierung des AISI 316L führt zu größeren PF-Abständen des AISI 316L sowie des SiC zum Düsenaustritt. Durch den kleineren FGVS des AISI 316L wird die Partikelgeschwindigkeit des AISI 316L reduziert, wodurch die Partikel stärker durch den Schutzgasvolumenstrom und die Gravitation in z-Richtung abgelenkt werden. Der resultierend größere PF-Abstand des AISI 316L beeinflusst den PF-Abstand des SiC dahingehend, dass dieser in z-Richtung verdrängt wird. Die geringere Partikelanzahl des SiC im PGS sowie die geringere Dichte des SiC im Vergleich zum AISI 316L führen zu höheren Partikelgeschwindigkeiten des SiC. Beim

FGVS-Verhältnis 11:11 l/min beträgt der Geschwindigkeitsunterschied zwischen den AISI 316L Partikeln zu den SiC Partikeln ca. 6,4 m/s. Bei der TTH sind die konstr. PF-Abstände des Alloy 718 und F-690-HV2 in z-Richtung zum Düsenaustritt identisch. Ausgehend des gleichen FGVS-Verhältnisses von 11:11 l/min wird durch die jeweilige Reduzierung einer der beiden PGS des FGVS um 3 l/min der PF-Abstand von Alloy 718 um > 1 mm reduziert und des F-690-HV2 um bis zu ca. 0,5 mm vergrößert. In x-Richtung beträgt der PF-Abstand bei gleichem FGVS-Verhältnis ca. 0,59 mm und wird durch die jeweilige Reduzierung des FGVS um bis zu 0,2 mm verringert. Die Partikelgeschwindigkeit des Alloy 718 ist aufgrund des größeren Pulvermassenstroms um ca. 2,5 m/s langsamer als die des F-690-HV2. Ursache für die gegenseitige Beeinflussung der PGS bei der TTV und TTH könnten die Überlagerung der PF und der möglichen resultierenden Interaktionseffekte aufgrund von Druck- und Trägheitsunterschieden der beiden PGS durch unterschiedliche Pulvermassenströme sein.

Aufbauend auf die Düsencharakterisierungen werden die Einflüsse der separaten Materialzuführung auf die Löslichkeit des Si in der Matrix AISI 316L bei MMC AISI 316L und SiC mittels der TTV experimentell untersucht. Dazu wird zunächst die Materialmischung aus AISI 316L und SiC bei steigendem SiC-Mischungsanteil hergestellt mittels Dreistrahldüse als Referenz betrachtet. Hierbei wird erkannt, dass mit einem steigenden SiC-Mischanteil die Härte der erzeugten Schichten sowie der Si-Gewichtsanteil innerhalb der MMC im Bereich von 30 – 40 vol.-% sprunghaft ansteigt. Der sprunghafte Härteunterschied kann auf eine Phasenumwandlung von γ- zu α- Fe entsprechend ähnlicher Ergebnisse und Erkenntnisse in der Literatur nach [Sán22b] und [Rao11] zurückgeführt werden.

Mittels separater Materialzuführung kann ein äquivalenter Verlauf der Härte erzeugt werden, allerdings wird der Härtesprung bereits bei einem SiC-Mischungsanteil von 20 – 30 vol.-% erzielt. Dies kann auf einen höheren Lösungsanteil von Si im AISI 316L zurückgeführt werden. Weiterführend werden die Einflüsse der Parametervariation von Prozessgeschwindigkeit, Laserspotdurchmesser und FGVS im Mischungsverhältnis von AISI 316L und SiC von 50:50 vol.-% untersucht. Nachfolgend sind die wesentlichen Ergebnisse und Erkenntnisse der Parametervariation zusammengefasst:

- Die Prozessgeschwindigkeit hat keinen erkennbaren Einfluss auf den gelösten Si-Gewichtanteil in der Matrix AISI 316L.
- Eine Vergrößerung des Laserspotdurchmessers von Ø 1,2 mm auf Ø 1,6 mm führt zu einem höheren gelösten Si-Gewichtsanteil innerhalb der Matrix um bis zu ca. 16 %. Eine mögliche Erklärung kann durch die Verlängerung der Interaktionszeit zwischen Pulverpartikel mit dem Laserstrahl gegeben werden. Zudem wird durch die Vergrößerung des Laserspotdurchmessers die Intensität reduziert, wodurch eine höhere Anzahl nicht aufgeschmolzener SiC-Partikel in der Matrix ermittelt werden kann.
- Den größten Einfluss auf den gelösten Si-Gewichtsanteil hat die FGVS-Variation. Die Verlangsamung der SiC-Pulverpartikel durch einen kleineren FGVS führt zu einem höheren gelösten Si-Gewichtsanteil um bis zu ca. 20 %.

Einen größeren Einfluss auf den gelösten Si-Gewichtanteil hat eine zum SiC reduzierte Partikelgeschwindigkeit des AISI 316L beim FGVS-Verhältnis 9:11 l/min (AISI 316L/SiC) mit einer Steigerung um ca. 30 %.

Im Rahmen der Arbeit wird die Machbarkeit einer einlagig gradierten Schichterzeugung durch PGS-Verschiebung in x-Richtung anhand einer kombinierten Korrosions- und Verschleißschutzschicht mit Hilfe der TTH erfolgreich demonstriert. Für die Schichterzeugung wird die Ni-Basislegierung Alloy 718 als Korrosionsschutz und die Fe-Basislegierung F-690 als Verschleißschutz verwendet. Anhand von LOM-Analysen von geätzten Querschliffen, Härtemessungen und EDX-Messungen wird die Machbarkeit der Schichtgradierung über die Schichthöhe gezeigt. Weiterführend werden die Einflüsse von Prozessgeschwindigkeit und Spurüberlappung auf die Schichtgradierung betrachtet.

- Mittels der LOM-Aufnahmen kann anhand der Kontrastunterschiede der mittels V2A-Beize geätzten Querschliffe die Gradierung erkannt werden. Ein weiteres Indiz für die Gradierung ist, dass die Risse ausgehend von der Schichtoberfläche innerhalb der Schicht gestoppt werden.
- Die Härtemessung stellt einen steigenden Härteverlauf von ca. 330 HV0. bei der Anbindungszone bis ca. 950 HV0.3 an der Schichtoberfläche dar. Die Schichthärte in dem Bereich, in dem die Risse gestoppt werden, beträgt 500 – 600 HV0.3.
- Mit Hilfe von EDX-Messungen werden die gradierten Elementverläufe der jeweiligen Ni- und Fe- Basislegierungen von der Anbindungszone zur Schichtoberfläche dargestellt. Der Ni-Anteil ist im Bereich der Anbindungszone am höchsten und weist einen kleiner werdenden Verlauf zur Substratoberfläche auf. Der Verlauf des Fe-Anteils innerhalb der Beschichtung ist dem Ni-Verlauf gegenläufig.
- Bei einer Steigerung der Prozessgeschwindigkeit von 50 – 250 m/min kann eine Vergrößerung der Schichtgradierung festgestellt werden. Die Steigung der Härteverläufe steigt durch die Steigerung der Prozessgeschwindigkeit von ca. 1,82 auf ca. 3,5. Allerdings kann bei gleichbleibender Flächenrate durch gleichzeige Vergrößerung der Spurüberlappung eine größere Materialvermischung festgestellt werden.

Die erzielten Ergebnisse und Erkenntnisse werden auf je ein Anwendungsbeispiel übertragen. Der Beschichtungsprozess zur Erzeugung der MMC mittels TTV wird auf einen Steuerspiegel einer Axialkolbenpumpe als Ersatzbeschichtung für Buntmetalllegierungen und für die Umsetzung verlängerter Standzeiten übertragen. Vorversuche mit kleineren SiC-Mischungsanteilen haben bereits gezeigt, dass die MMC aus AISI 316L und SiC im Test einen geringeren Verschleiß bei ähnlicher Effizienz aufweist [Hol24]. Die Erkenntnisse zur Erzeugung einer einlagig gradierten Beschichtung wird auf die Materialkombination AISI 316L und SiC übertragen. Die Demonstration stellt dar, dass ein gradierter Verlauf des Si-Anteils innerhalb der Schicht von Anbindungszone zur Schichtoberfläche erzielt werden kann.

In Bezug auf die Forschungsfrage kann im Rahmen dieser Arbeit gezeigt werden, dass die Schichtzusammensetzung durch den FGVS beeinflusst werden kann, durch die Verlagerung der Materialmischung in den Laserstrahl mittels separater Materialzuführung und der gewonnenen Möglichkeiten der relativen Positionierung der PGS zueinander sowie der individuellen Steuerung der Interaktionszeit der Partikel im Laserstrahl. Dadurch können die aus der Literatur beschriebenen Praxisdefizite bei der Verarbeitung von vorab gemischten Materialmischungen hinsichtlich der Prozessparameterwahl sowie der eingeschränkten Möglichkeiten zur Steuerung der Schichtzusammensetzung gelöst werden. Hinsichtlich des produktionstechnischen Defizits von Zweischichtsystemen kann durch den Einsatz einlagig gradierter Schichten die Effizienz von Beschichtungsprozessen gesteigert werden.

Aufbauend auf die durchgeführten Simulationen der PGS-Verläufe sollten sowohl die Einflüsse der Pulverförderstrecke auf die Eingangsgrößen der Pulverzuführdüse als auch die Ergebnisabweichungen zwischen Simulation und Realität durch geringere Vereinfachungen angestrebt werden. Zudem kann das PGS-Simulationsmodell weiterführend für die Simulation der Partikel-Laserstrahl-Interaktion genutzt werden. Auf diese Weise kann schrittweise ein Simulationsmodell für die Verfahren DED-LB und HS DED-LB entwickelt werden.

Die gewonnene Möglichkeit der relativen PGS-Verschiebung innerhalb der x-, y- und z-Richtung ermöglicht es, weiterführende Entwicklungen von Beschichtungen durchzuführen. In zukünftigen Arbeiten zur PGS-Verschiebung in z-Richtung sollten weitere Untersuchungen zu Wirkzusammenhängen der einzelnen konstruktiven und prozessparametrischen Einflüsse durchgeführt werden. Dies beinhaltet variable Pulverfokusabstände, Steigerung der FGVS zueinander und unterschiedliche Mischungsverhältnisse der Pulvermaterialien. Zudem ist die Betrachtung von abweichenden Geometrien für die Materialzuführung, wie Ringspalten oder die Kombination von Ringspalt und diskreter Einzelstrahlen, von Vorteil, um die Einflüsse auf die resultierende Schichtzusammensetzung aufgrund unterschiedlicher konstruktiver Ausführungen der Pulverzufuhrdüsen zu betrachten.

Im Rahmen dieser Arbeit ist die Systemtechnik auf eine Laserstrahlquelle von 4 kW beschränkt. Aufbauend auf den gewonnenen Ergebnissen und Erkenntnissen zur einlagig gradierten Schichterzeugung mittels der TTH, sollten Versuche mit größeren Laserleistungen durchgeführt werden, um zum einen den Materialauftrag pro Zeit zu steigern und größere Schichtdicken von ≥ 300 µm auch bei Prozessgeschwindigkeiten bis zu 275 m/min realisieren zu können. Zum anderen können bei größeren Laserleistungen größere Laserspotdurchmesser verwendet werden, wodurch eine größere PGS-Verschiebung in x-Richtung verwendet werden kann. Dadurch könnte die Gradierung einer Schicht über die Schichthöhe und auch die Auftragrate vergrößert werden. Darüber hinaus können die Erkenntnisse und Ergebnisse auf andere Schichtsysteme bzw. andere Materialien übertragen werden, um die Schichteigenschaften weiterführend zu beeinflussen.

10 Literaturverzeichnis

[Abr21] J. Abrahamson. Fluent Theory Guide ANSYS 2021 R1, **2021**. http://www.ansys.com

[Abr96] T. Abraham. Advanced ceramic powder and nano-sized ceramic powders: An industry and market overview. In: J. J. Kingsley et al. (Hrsg.). *Science, technology, and commercialization of powder synthesis and shape forming processes:Proceedings of the Symposium on Science, Technology, and Commercialization of Powder Synthesis and Shape Forming Processes, held at the 97th Annual Meeting of the American Ceramic Society, Cincinnati, Ohio, April 30-May 3, 1995*, **1996**. ISBN: 1-57498-005-X

[Ach22] Achill Holzer, Stephan Koß, Johannes Henrich Schleifenbaum, Katharina Schmitz et al. EHLA-coated carbide-reinforced control plates and conventional lead-based in axial piston machines // Extreme High-Speed Laser Material Application-Coated Carbide-Reinforced Control Plates and Conventional Lead-Based Plates in Axial Piston Machines, **2022**. https://onlinelibrary.wiley.com/doi/epdf/10.1002/ceat.202200402

[Add23] Additively. Overview over 3D Printing Technologie, **2023** (abgerufen am 06.09.2023). https://www.additively.com/de/suche?q=Overview+over+3D+Printing+Technologie

[Ahm18] Ahmed Nagib Elmekawy. Computational Fluid Mechanics: Fluent Lecture 4 - Fluent Solver Settings, **2018**. https://drahmednagib.com/CFD_2018/Fluent_Lecture_4_Fluent_Solver_Settings.pdf

[Ahn21] D.-G. Ahn. Directed Energy Deposition (DED) Process: State of the Art. *International Journal of Precision Engineering and Manufacturing-Green Technology*, **2021**, *8* (2), 703–742. https://doi.org/10.1007/s40684-020-00302-7

[Aig07] V. S. Aigbodion; Hassan S.B. Effects of silicon carbide reinforcement on microstructure and properties of cast Al–Si–Fe/SiC particulate composites, **2007**. https://www.sciencedirect.com/science/article/pii/S0921509306023264

[Ali19] M. Ali et al. Effect of cooling rate and composition on microstructure and mechanical properties of ultrahigh-strength steels, **2019**. https://link.springer.com/article/10.1007/s42243-019-00276-0#citeas

[AMS21] AMS AM Additive Manufacturing Metals. Laser Directed Energy Deposition Additive Manufacturing Process (L-DED): AMS 7010A. Dissertation, AMS AM Additive Manufacturing Metals, 400 Commonwealth Drive, Warrendale, PA, United States, **2021.** https://doi.org/10.4271/AMS7010A

[Amu04] D. Amutha Rani et al. Tribological behavior of ceramic materials (Si 3 N 4 , SiC and Al 2 O 3) in aqueous medium, **2004**. https://www.sciencedirect.com/science/article/pii/S0955221903008628?via%3Dihub

[And21] Andreas Wank, Christian Schmengler, Lisa-Marie Rymer, Thomas Grund. Einfluss des Zusatzwerkstoffs auf Eigenschaften von NbC verstärkten Laser Cladding Beschichtungen auf Grauguss Bremsscheiben, **2021**

[ANS09] ANSYS, Inc. Mesh Quality, **2009**. https://www.afs.enea.it/project/neptunius/docs/fluent/html/ug/node167.htm

[ANS21] ANSYS. ANSYS Fluent Tutorial Guide, **2021**. http://users.abo.fi/rzevenho/ansys%20fluent%2018%20tutorial%20guide.pdf

[ANS22] ANSYS, Inc. Solver Setting for CFD Simulations, **2022**. https://courses.ansys.com/index.php/courses/aerodynamics-of-an-fsae-car-2/lessons/solver-setup-using-ansys-fluent-lesson-3/

[Ant22] Anton Schweizer. Stoffdatenbank der Eigenschaften von verschiedenen Materialien, **2022**. https://www.schweizer-fn.de/stoff/start_stoff.php

[Arc20] Archill Holzer et al. Tribological investigations on additively manufactured surfaces using extreme high-speed laser material deposition (ehla) and laser powder bed fusion (LPBF). In: D. Technische Universität Dresden (Hrsg.). *Volume 1 - Symposium*, **2020**; S. 119–128. https://doi.org/10.25368/2020.19

[Ari18] W. H. Ariyaratne et al. CFD Approaches for Modeling Gas-Solids Multiphase Flows - A Review. In: EUROSIM 2012 (Hrsg.). *CFD Approaches for Modeling Gas-Solids Multiphase Flows - A Review*, **2018**; S. 680–686. https://doi.org/10.3384/ecp17142680

[Awi20] B. Awiszus et al. Grundlagen der Fertigungstechnik, 7. vollständig überarbeitete und erweiterte Auflage, **2020.** https://doi.org/10.3139/9783446460669

[Bac12] G. M. Backes, W. Küppers, J. Kittel. Extremes Hochgeschwindigkeitslaserauftragsschweißverfahren, B23K 26/34 (2011.01), **2012**

[Baj20] P. Bajaj et al. Steels in additive manufacturing: A review of their microstructure and properties. *Materials Science and Engineering: A*, **2020**, *772*, 138633. https://doi.org/10.1016/j.msea.2019.138633

[Bal10] S. Balachandar, J. K. Eaton. Turbulent Dispersed Multiphase Flow. *Annual Review of Fluid Mechanics*, **2010**, *42* (1), 111–133. https://doi.org/10.1146/annurev.fluid.010908.165243

[Ban07] P. P. Bandyopadhyay et al. Compositionally Graded Aluminum Oxide Coatings on Stainless Steel Using Laser Processing. *Journal of the*

American Ceramic Society, **2007**, *90* (7), 1989–1991. https://doi.org/10.1111/j.1551-2916.2007.01651.x

[BAN07] P. BANSAL; P. SHIPWAY; S. LEEN. Residual stresses in high-velocity oxy-fuel thermally sprayed coatings – Modelling the effect of particle velocity and temperature during the spraying process, **2007**

[Bar12] H.-J. Bargel. Werkstoffkunde Vol. 11: Vol. 11, **2012**

[Bar17] D. Bartkowski, A. Bartkowska. Wear resistance in the soil of Stellite-6/WC coatings produced using laser cladding method. *International Journal of Refractory Metals and Hard Materials*, **2017**, *64*, 20–26. https://doi.org/10.1016/j.ijrmhm.2016.12.013

[Bar22] Barbosa Maria Dr.-Ing. HICLAD® sorgt mit Hochleistungslaser für resilientes Laserauftragschweißen, **2022** (abgerufen am 19.02.2023). https://www.iws.fraunhofer.de/content/dam/iws/de/documents/presse/2022/PM_22-06_Fraunhofer_IWS_41500_HICLAD_Laserline_DE.pdf

[Bay21] M. Bayat et al. On the role of the powder stream on the heat and fluid flow conditions during Directed Energy Deposition of maraging steel - Multiphysics modeling and experimental validation, **2021**

[Ber96] L.-M. Berger et al. Structure, Properties and Potentials of WC-CO, Cr3C2-NiCr and TiC-Ni-Based Hardmetal-like Coatings. In: C. C. Berndt (Hrsg.). *International Thermal Spray Conference*, **1996.** https://doi.org/10.31399/asm.cp.itsc1996p0089

[Bla90] M. Blaich, E. Dannenmann, E. Mössle. Tribologie der Blechumformung. In: K. Lange (Hrsg.). *Umformtechnik*, **1990**; S. 78–109. https://doi.org/10.1007/978-3-662-10686-0_4

[Ble22a] W. Bleck, U. Krupp, S. Wesselmecking. Werkstoffprüfung in Studium und Praxis. Dissertation, Institut für Eisenhüttenkunde, Aachen, **2022**. ISBN: 978-3-89653-563-4

[Ble22b] W. Bleck (Hrsg.). Spezielle Werkstoffkunde der Stähle für Studium und Praxis, 4. Aufl., **2022**. ISBN: 978-3-8107-0060-5

[Bra17] M. Brandt (Hrsg.). Laser additive manufacturing: Materials, design, technologies, and applications, **2017**. ISBN: 9780081004340

[Bru99] Bruno Kistner. Modellierung und numerische Simulation der Nachlaufstruktur von Turbomaschinen am Beispiel einer Axialturbinenstufe: Turbomaschinen und Fluidantriebstechnik, TU Darmstadt, Darmstadt, **1999**

[Buy06] S. Buytoz, M. Ulutan. In situ synthesis of SiC reinforced MMC surface on AISI 304 stainless steel by TIG surface alloying. Dissertation, , Surface and Coatings Technology, **2006.** https://doi.org/10.1016/j.surfcoat.2005.02.178

[Che06] Cheng Xu et al. Principles of grain refinement in processing by ECAP. *Ultrafine Grained Materials IV*, **2006**, 11–16

[Che22] L. Chen et al. Process optimization, microstructure and microhardness of coaxial laser cladding TiC reinforced Ni-based composite coatings. *Optics & Laser Technology*, **2022**, *152*, 108129. https://doi.org/10.1016/j.optlastec.2022.108129

[Chu08] K. W. Chu, A. B. Yu. Numerical Simulation of the Gas–Solid Flow in Three-Dimensional Pneumatic Conveying Bends. Dissertation, **2008.** https://doi.org/10.1021/ie800108c

[Czu22] A. Czupryński, M. Pawlyta. Influence of Preheating Temperature on Structural and Mechanical Properties of a Laser-Welded MMC Cobalt Based Coating Reinforced by TiC and PCD Particles. *Materials*, **2022**, *15* (4), 1400. https://doi.org/10.3390/ma15041400

[Da22] A. Da Silva et al. Influence of aluminium powder aging on Directed Energy deposition. *Materials & Design*, **2022**, *218*, 110677. https://doi.org/10.1016/j.matdes.2022.110677

[Dar21] G. Darut et al. State of the art of particle emissions in thermal spraying and other high energy processes based on metal powders, **2021**

[Das10] M. Das et al. Laser processing of SiC-particle-reinforced coating on titanium. *Scripta Materialia*, **2010**, *63* (4), 438–441. https://doi.org/10.1016/j.scriptamat.2010.04.044

[Das16] M. Das et al. Tribological, electrochemical and in vitro biocompatibility properties of SiC reinforced composite coatings. *Materials & Design*, **2016**, *95*, 510–517. https://doi.org/10.1016/j.matdes.2016.01.143

[Das19] A. Dass; A. Moridi. State of the Art in Directed Energy Deposition: From Additive Manufacturing to Materials Design, **2019**

[Dat15] A. Datta; K. P. Sinhamahapatra. Investigation of the influence of co-flow velocity ratio on a compressible plane jet exhausting into parallel streams, **2015**. https://www.sciencedirect.com/science/article/pii/S1270963815001595

[Dav08] David Bergström. The Absorption of Laser Light by Rough Metal Surfaces, **2008**. https://www.diva-portal.org/smash/get/diva2:999341/FULLTEXT01.pdf

[Dav95] J. R. Davis (Hrsg.). Tool Materials, first edition, **1995**. ISBN: 0871705451

[Det02] L. Deters et al. Tribologie: Definitionen, Begriffe, Prüfung. Gesellschaft für Tribologie e.V. *GfT Arbeitsblatt*, **2002** (7)

[Dil00] U. Dilthey (Hrsg.). Laserstrahlschweißen: Prozesse, Werkstoffe, Fertigung und Prüfung ; Handbuch zum BMBF-Projektverband "Qualifizierung von Laserverfahren" im Rahmen des Förderkonzeptes Laser 2000, **2000**. ISBN: 3-87155-906-7

[Dil05] U. Dilthey. Temperaturverteilung und Gefügeausbildung in Schweißnähten. In: Springer-Verlag GmbH (Hrsg.). *Schweißtechnische Fertigungsverfahren 2,* 3rd ed., **2005**; S. 43–57. https://doi.org/10.1007/3-540-27402-2_3

[Dil94] U. Dilthey (Hrsg.). Schweißtechnische Fertigungsverfahren, **1994.** https://doi.org/10.1007/978-3-662-12982-1

[DIN00] DIN Deutsches Institut für Normung e. V. DIN EN 12508. DIN EN 12508 - 2000-09, **2000**

[DIN03] DIN Deutsches Institut für Normung e.V. DIN 8580:2003-09. DIN 8580:2020-01, Fertigungsverfahren_- Begriffe, Einteilung, **2003**

[DIN17] DIN Deutsches Institut für Normung e. V. DIN EN ISO 12944. DIN EN ISO 12944 - Korrosionsschutz im Stahlbau, **2017**

[DIN18] Deutsches Institut für Normung e.V. DIN EN ISO 6507-1. Metallische Werkstoffe - Härteprüfung nach Vickers - Teil 1: Prüfverfahren, **07.2018**

[DIN20] Europäisches Komitee für Normung DIN CEN ISO/TR 21555. Beschichtungsstoffe - Übersicht über Prüfverfahren zur Härte und Verschleißfestigkeit von Beschichtungen (ISO/TR 21555:2019), **2020**

[DIN23] DIN Deutsches Institut für Normung e.V. DIN EN ISO 8044. DIN EN ISO 8044 - Korrosion von Metallen und Legierungen - Grundbegriffe, **2023**

[Doñ21] C. Doñate-Buendia et al. Microstructure formation and mechanical properties of ODS steels built by laser additive manufacturing of nanoparticle coated iron-chromium powders, **2021**. https://www.sciencedirect.com/science/article/pii/S135964542031003X

[Dut09] J. Dutta Majumdar, A. Kumar, L. Li. Direct laser cladding of SiC dispersed AISI 316L stainless steel. Dissertation, , Tribology International, **2009.** https://doi.org/10.1016/j.triboint.2008.10.016

[Dwi18a] D. K. Dwivedi. Surface Engineering, **2018.** https://doi.org/10.1007/978-81-322-3779-2

[Dwi18b] D. K. Dwivedi. Surface Engineering: S. 234. Dissertation, , New Delhi, **2018.** https://doi.org/10.1007/978-81-322-3779-2

[Fah06] H. J. Fahrenwaldt, P. Heinrich. Auftragschweißen und Thermisches Spritzen. Dissertation, , Wiesbaden, **2006.** https://doi.org/10.1007/978-3-8348-9192-1_8

[Fah14] H. J. Fahrenwaldt, V. Schuler, J. Twrdek. Praxiswissen Schweißtechnik. Dissertation, , Wiesbaden, **2014.** https://doi.org/10.1007/978-3-658-03141-1

[FCT19] FCT Ingenieurkeramik. SiC Werkstoffe, **2019**. https://fcti.de/images/PDF_zum_Downloaden/FCTSiCStandardwerkstoffe2019_10de.pdf

[Fen23] K. Feng et al. Research on the influence of differential speed ratio on the microstructure and properties of 316L/Ni/EH40 composite plate by asymmetrical rolling, **2023**

[Fer02] J. H. Ferziger, M. Perić. Computational methods for fluid dynamics, Third, rev. edition, **2002**. ISBN: 3540420746

[Fer18] E. Fereiduni; M. Elbestawi. Process-Structure-Property Relationships in Additively Manufactured Metal Matrix Composites, **2018**

[Fer20] E. Ferreira et al. Experimental and Numerical Analysis of Gas/Powder Flow for Different LMD Nozzles, **2020**

[Flu23] B. Flur. Strömungslehre - Kontinuitätsgleichungen, **2023**. https://www.leifiphysik.de/mechanik/stroemungslehre/grundwissen/kontinuitaetsgleichungen

[För18] R. Förster, A. Förster. Einteilung der Fertigungsverfahren nach DIN 8580. In: *Einführung in die Fertigungstechnik*, **2018**; Seiten 23–136. https://doi.org/10.1007/978-3-662-54702-1_2

[For24] Forum AM4industry pusht additive Fertigung. Da geht die Düse, **2024**. https://umformtechnik.net/umform/Inhalte/Fachartikel/Da-geht-die-Duese

[Fra14] W. E. Frazier. Metal Additive Manufacturing: A Review. *Journal of Materials Engineering and Performance*, **2014**, *23* (6), 1917–1928. https://doi.org/10.1007/s11665-014-0958-z

[Fra21] Fraunhofer IWS. Bremsscheibenbeschichtung mit HICLAD, **2021**

[Gar17] S. García-Rodríguez et al. Dry sliding wear behavior of globular AZ91 magnesium alloy and AZ91/SiCp composites. *Wear*, **2017**, *390-391*, 1–10. https://doi.org/10.1016/j.wear.2017.06.010

[Gas09] A. Gasser; T. Schopphoven. System Engineering for Powder-based Laser Cladding, **2009**. https://www.ilt.fraunhofer.de/content/dam/ilt/en/documents/brochure/b-system-engineering-laser-cladding.pdf

[Ger03] Gerold Hensler, Josef Hochhuber, Josef Hasler, Rudolf Kreisel, Berthold Sefller; Karl Beyer, Gerhard Lips, Andrea Thoma Böck, Rolf Koch. Effiziente Energienutzung in der Galvanik, **2003**. https://www.druckluft-effizient.de/downloads/dokumente/leitfaden_galvanik.pdf

[Ger16] Gerhardus Koch, Jeff Varney, Neil Thompson, Olivier Moghissi, Melissa Gould, Joe Payer. International Measures of Prevention, Application, and Economics of Corrosion Technologies Study, **2016**

[Gib15] I. Gibson, D. Rosen, B. Stucker. Directed Energy Deposition Processes. In: I. Gibson et al. (Hrsg.). *Additive manufacturing technologies:3D printing, rapid prototyping and direct digital manufacturing,* Second Edition, **2015**; S. 245–268. https://doi.org/10.1007/978-1-4939-2113-3_10

[Gór13] M. Górny; E. Tyrała. Effect of Cooling Rate on Microstructure and Mechanical Properties of Thin-Walled Ductile Iron Castings, **2013**. https://link.springer.com/article/10.1007/s11665-012-0233-0#citeas

[Got14] G. Gottstein (Hrsg.). Materialwissenschaft und Werkstofftechnik, **2014.** https://doi.org/10.1007/978-3-642-36603-1

[Gre16] F. Greifzu et al. Assessment of particle-tracking models for dispersed particle-laden flows implemented in OpenFOAM and ANSYS FLUENT. *Engineering Applications of Computational Fluid Mechanics*, **2016**, *10* (1), 30–43. https://doi.org/10.1080/19942060.2015.1104266

[GTV22] GTV Verschleiss-Schutz GmbH. Environmentally friendly protective coatings for brake disks, **2022** (abgerufen am 17.02.2023). https://www.gtv-mbh.de/_Resources/Persistent/0/3/c/3/03c3ca10511a86ef5a7f31c4f058bdcb73e2adbb/ITSC%202022%20Environmentally%20friendly%20protective%20coatings%20for%20brake%20disks%20-%20erst%20ab%20Mai%20einstellen.pdf

[Hab20a] K.-H. Habig, T. Mang. Schmierstoffe. In: H. Czichos et al. (Hrsg.). *Tribologie-Handbuch*, **2020**; S. 447–470. https://doi.org/10.1007/978-3-658-29484-7_11

[Hab20b] K.-H. Habig, M. Woydt. Tribologie. In: B. Bender et al. (Hrsg.). *Dubbel Taschenbuch für den Maschinenbau 1: Grundlagen und Tabellen*, **2020**; S. 673–689. https://doi.org/10.1007/978-3-662-59711-8_33

[Har16] M. Harke. Verfahren zum Erzeugen einer verschleiß- und/oder korrosionsfesten Beschichtung auf einer Reibfläche eines Bremskörpers sowie nach dem Verfahren herstellbarer Bremskörper, C23C 4/12 (2006.01), **2017**

[Häu01] P. Häussinger et al. Noble Gases, **2001**. https://onlinelibrary.wiley.com/doi/10.1002/14356007.a17_485

[Hee18] B. Heer, A. Bandyopadhyay. Silica coated titanium using Laser Engineered Net Shaping for enhanced wear resistance. *Additive Manufacturing*, **2018**, *23*, 303–311. https://doi.org/10.1016/j.addma.2018.08.022

[Her23] Herbert Koch. Korrosionsbeständigkeit von Edelstählen, **2023**. http://www.hema-info.de/allg_e.htm

[Hig23] High Performance Alloys, Inc. Alloy 718 - UNS N07718, **2023**. https://www.hpalloys.com/Alloys/718?utm_medium=ppc&utm_source=Adwords&utm_term=718%20sheet&utm_campaign=$718+Flats&hsa_acc=6124394374&hsa_cam=20755320921&hsa_grp=155514071236&hsa_ad=680231286193&hsa_src=g&hsa_tgt=kwd-369639701180&hsa_kw=718%20sheet&hsa_mt=b&hsa_net=adwords&hsa_ver=3&gad_source=1&gclid=EAIaIQobChMI_ZbbyOT-BggMVzPftCh0nqwyKEAAYAiAAEgLZLfD_BwE

[Hil21] Hillig Holger Dipl.-Ing. Jahresbericht 2020/2021 Fraunhofer Institut für Werkstoff- und Strahltechnik, **2021** (abgerufen am 19.02.2023). https://www.iws.fraunhofer.de/content/dam/iws/de/documents/publikationen/jahresberichte/JB_IWS_2020-2021.pdf

[Hol17] K. Holmberg, A. Erdemir. Influence of tribology on global energy consumption, costs and emissions. *Friction*, **2017**, *5* (3), 263–284. https://doi.org/10.1007/s40544-017-0183-5

[Hol24] A. Holzer et al. EHLA-Coated Carbide-Reinforced Control Plates in Axial Piston Pumps First Results from Real-Life Application. In: J. Stryczek et al. (Hrsg.). *Advances in Hydraulic and Pneumatic Drives and Control 2023,* 1st ed. 2024, **2024**; S. 238–248. https://doi.org/10.1007/978-3-031-43002-2_22

[Hua24] L. Huang et al. Rapid preparation of nanocrystalline high-entropy alloy coating with extremely low dilution rate and excellent corrosion resistance via ultra-high-speed laser cladding, **2024**. https://www.sciencedirect.com/science/article/pii/S0966979524001651

[Iam22a] A. D. Iams et al. Influence of particle size on powder rheology and effects on mass flow during directed energy deposition additive manufacturing. *Powder Technology*, **2022**, *396*, 316–326. https://doi.org/10.1016/j.powtec.2021.10.059

[Iam22b] A. D. Iams et al. Influence of particle size on powder rheology and effects on mass flow during directed energy deposition additive manufacturing. *Powder Technology*, **2022**, *396*, 316–326. https://doi.org/10.1016/j.powtec.2021.10.059

[Ibr91] I. A. Ibrahim, F. A. Mohamed, E. J. Lavernia. Particulate reinforced metal matrix composites — a review. *Journal of Materials Science*, **1991**, *26* (5), 1137–1156. https://doi.org/10.1007/BF00544448

[Imp23] Impact Innovations GmbH. Kaltgasspritzen | Verfahren des thermischen Spritzens, **2023** (abgerufen am 01.09.2023). https://impact-innovations.com/technologie/

[ISO14] DIN Deutsches Institut für Normung e. V. ISO 4618:2014. ISO 4618:2014 Beschichtungsstoffe - Begriffe, **2014**

[ISO22] ISO/ASTM International 2021 ISO/ASTM 52900:2021(E). Additive manufacturing - Generalprinciples - Fundamentals and vocabulary: DIN EN ISO/ASTM 52900:2022-03, Additive Fertigung_- Grundlagen_- Terminologie (ISO/ASTM 52900:2021), **2022**

[Ito68] Y. Ito, K. Bessyo. Cracking Parameter of High Strength Steels related to heat affected zone cracking. *Journal of the Japan Welding Society*, **1968**, *37* (9), 983–991. https://doi.org/10.2207/qjjws1943.37.983

[Jam13] T. Jambor, R. Poprawe. Funktionalisierung von Bauteiloberflächen durch Mikro-Laserauftragschweißen: Lehrstuhl für Lasertechnik, RWTH Aachen University; Aachen, **2013**

[Jam14] S. J. James et al. Hybrid Aluminium Metal Matrix Composite Reinforced with SiC and TiB2. *Procedia Engineering*, **2014**, *97*, 1018–1026. https://doi.org/10.1016/j.proeng.2014.12.379

[Jar20] Z. Jardon et al. Offline powder-gas nozzle jet characterization for coaxial laser-based Directed Energy Deposition. Dissertation, **2020.** https://doi.org/10.1016/j.procir.2020.09.053

[Jia22] S. Jiang; B. Zheng; J. M. Schoenung. Directed energy deposition of metal matrix composites: Computational and experimental comparison of powder particle flow behavior, **2022**

[Jon20] Jonathan Schaible, Matthias Brucki, Dr. rer. nat. Norbert Pirch, Thomas Schopphoven, Luis Andrea Hau, Univ.-Prof. Dr.-Ing. Dipl.Wirt.-Ing. Johannes Henrich Schleifenbaum. Analysis of the Process Conditions for the Coating of Grey Cast Iron Brake Discs through Laser Material Deposition, **2020**

[Jos62] Joseph Marin (Hrsg.). Mechanical behavior of engineering materials, **1962.** https://doi.org/10.1007/978-94-010-0436-7

[Kal95] Kalogeropoulou, S., L. Baud, and N. Eustathopoulous et al. Relationship between Wettability and Reactivity in Fe/SiC System // Relationship between wettability and reactivity in Fe/SiC system, **1995**

[Kan23] H. Kania. Corrosion and Anticorrosion of Alloys/Metals: The Important Global Issue. *Coatings*, **2023**, *13* (2), 216. https://doi.org/10.3390/coatings13020216

[Kar06] Karl Ulrich Kainer. Basics of Metal Matrix Composites. In: *Metal Matrix Composites*, **2006**; S. 1–54. https://doi.org/10.1002/3527608117.ch1

[Kel12] I. Kelbassa et al. High Speed LAM. *Laser and Tera-Hertz Science and Technology*, **2012**, MTh3B.1. https://doi.org/10.1364/LTST.2012.MTh3B.1

[Klo17] F. Klocke et al. State-of-the-art Laser Additive Manufacturing for Hot-work Tool Steels. *Procedia CIRP*, **2017**, *63*, 58–63. https://doi.org/10.1016/j.procir.2017.03.073

[Koß21a] S. e. a. Koß. Comparison of the EHLA and LPBF Process in Context of New Alloy Design Methods for LPBF, **2021**

[Koß21b] S. Koß. Düsenvorrichtung und Verfahren zum Laserauftragsschweißen, DE202110122972 20210906, **2023**

[Koß21c] S. e. a. Koß. Investigation of the coating of hydrodynamic plain bearing contact surfaces by means of Extreme High-Speed Laser Material Deposition (EHLA), **2021**

[Koß22] S. Koß. Der Lehrstuhl DAP und HD Sonderoptiken für die Lasertechnik GmbH & Co. KG entwickeln Separate Powder Injected Laser Application (SPILA) zur multifunktionalen gradierten single-layer Beschichtung, **2022**. https://dap-aachen.de/project/spila-deutsch

[Koß23a] S. Koß et al. Metallic Coating of Fibre Reinforced Polymers using Separate Powder Injected Laser Application, **2023**. https://publications.rwth-aachen.de/record/960868

[Koß23b] S. Koß et al. Coating of Aluminum with High Deposition Rates through Extreme High-Speed Laser Application. Dissertation, , J Therm Spray Tech (Journal of Thermal Spray Technology), **2023.** https://doi.org/10.1007/s11666-023-01592-4

[Kov13] I. Kovaleva et al. Numerical simulation and experimental investigation of three-dimensional gas-jet transportation of powder particles in direct material deposition. In: *International Congress on Applications of Lasers & Electro-Optics*, **2013**; S. 268–275. https://doi.org/10.2351/1.5062885

[Kri77] J. Krieg. Einsatz des thermischen Spritzens in der Instandhaltung von Fuhrzeugen und analogen der deutschen Bundesbahn, **1977**. https://pascal-francis.inist.fr/vibad/index.php?action=getrecorddetail&idt=pascalsoudage7880208503

[Kum22] H. Kumar, M. M. Numerical Simulation of Stainless Steel Powder Feeding in a Coaxial Nozzle for High Powder Efficiency in Laser Direct Energy Deposition. *Frontiers in Mechanical Engineering*, **2022**, *8*. https://doi.org/10.3389/fmech.2022.763112

[Küp11] W. Küppers, G. M. Backes, J. Kittel. Extremes Hochgeschwindigkeitslaserauftragsschweißverfahren. DE 10 2011 100 456 A1, **2012**

[Kur12] G. K. Kurup; A. S. Basu. Field-free particle focusing in microfluidic plugs, **2012**

[Las23] Laserline GmbH. Beschichtungsoptik OTS-5 mit Pulverzufuhrdüsen, **2023**. https://www.laserline.com/de-int/beschichtungsoptik/

[LEI23] LEIFIchemie. Elektronegativität und Periodensystem, **2023**. https://www.leifichemie.de/anorganische-verbindungen/molekular-gebaute-stoffe/grundwissen/elektronegativitaet-und-periodensystem

[Len23] Lenntech. Die Elemente des Periodensystems geordnet nach der Elektronegativität, **2023** (abgerufen am 07.10.2023). https://www.lenntech.de/data-pse/elektronegativitat.htm

[Li18] W. Li et al. Investigating and eliminating powder separation in pre-mixed powder supply for laser metal deposition process, **2018**. https://www.sciencedirect.com/science/article/pii/S0924013617305654?via%3Dihub

[Li19] T. Li et al. Extreme High-Speed Laser Material Deposition (EHLA) of AISI 4340 Steel, **2019**

[Li21a] L. Li et al. Numerical Study on Powder Stream Characteristics of Coaxial Laser Metal Deposition Nozzle, **2021**

[Li21b] N. Li et al. Laser Additive Manufacturing on Metal Matrix Composites: A Review, **2021**

[Liu04] W. Liu, J. N. DuPont. Fabrication of carbide-particle-reinforced titanium aluminide-matrix composites by laser-engineered net shaping. *Metallurgical and Materials Transactions A*, **2004**, *35* (13), 1133–1140. https://doi.org/10.1007/s11661-004-1016-5

[Liu23a] M. Liu et al. Numerical simulation on melt pool and solidification in the direct energy deposition process of GH3536 powder superalloy. *Journal of Materials Research and Technology*, **2023.** https://doi.org/10.1016/j.jmrt.2023.08.252

[Liu23b] X. Liu et al. Enhancement of the electrochemical corrosion resistance of Ti6Al4V alloy reinforced by nano- and micro-TiC particles through directed energy deposition. *Corrosion Science*, **2023**, *221*, 111343. https://doi.org/10.1016/j.corsci.2023.111343

[Lou23] Loughborough University. Directed Energy Deposition: About Additive Manufacturing, **2023** (abgerufen am 06.09.2023). https://www.lboro.ac.uk/research/amrg/about/the7categoriesofadditivemanufacturing/directedenergydeposition/

[LSN21] LSN Diffusion. Product data sheet F-690-HV2, **2021**. http://lsndiffusion.com/products/

[Luo22] K. Luo et al. Hot corrosion behaviors of directed energy deposited Inconel 718/Haynes 25 functionally graded material at 700 °C and 900 °C.

Corrosion Science, **2022**, *197*, 110040. https://doi.org/10.1016/j.corsci.2021.110040

[Ma17] K. Ma et al. Environmental Sustainability of Laser Metal Deposition: The Role of Feedstock Powder and Feedstock Utilization Factor. *Procedia Manufacturing*, **2017**, *7*, 198–204. https://doi.org/10.1016/j.promfg.2016.12.049

[Mac19] E. Macherauch, H.-W. Zoch. V97 Metallpulver für Sinterwerkstoffe. In: E. Macherauch et al. (Hrsg.). *Praktikum in Werkstoffkunde*, **2019**; S. 761–769. https://doi.org/10.1007/978-3-658-25374-5_97

[Mah18] R. M. Mahamood, E. T. Akinlabi. Heat affected zone Relationship with processing parameter in Additive Manufacturing Process. *Materials Today: Proceedings*, **2018**, *5* (9), 18362–18367. https://doi.org/10.1016/j.matpr.2018.06.175

[Maj09] J. D. Majumdar, L. Li. Studies on Direct Laser Cladding of SiC Dispersed AISI 316L Stainless Steel. *Metallurgical and Materials Transactions A*, **2009**, *40* (12), 3001–3008. https://doi.org/10.1007/s11661-009-0018-8

[Mao22] W. Mao et al. Effective grain size refinement of an Fe-24Ni-0.3C metastable austenitic steel by a modified two-step cold rolling and annealing process utilizing the deformation-induced martensitic transformation and its reverse transformation, **2022**. https://www.sciencedirect.com/science/article/pii/S2238785422002010

[Mar13] Maria-Magdalena Jarczyk. Numerische Modellierung von turbulenten Strömungen realer Gasgemische - Deutsche Digitale Bibliothek, **2013** (abgerufen am 16.02.2024). https://www.deutsche-digitale-bibliothek.de/item/6DJEHI42F4MOYZOIMQ4BLHDFBP2IR4MS

[Mar20] Marc Rettig, Jaroslaw Grochowicz, Klaus Käsgen, Rob Eaton, Andreas Wank, Alexander Hitzek, Christian Schmengler, Stephan Koß, Maximilian Voshage, Johannes HenrichSchleifenbaum, Clemens Verpoort, Thomas Weber. Carbidic Brake Rotor Surface Coating Applied by High-Performance Laser-Cladding, **2020**

[Mar21] Markus Forytta. Brake disc coating: HICLAD maximizes protection against corrosion and wear, **2021** (abgerufen am 19.02.2023). https://www.fraunhofer.de/content/dam/zv/en/press-media/2021/march-2021/iws-bremsscheiben-hiclad-en.pdf

[Mat20] I. Mathoho et al. Impact of DED process parameters on the metallurgical characteristics of 17-4 PH SS deposited using DED, **2020**

[May21] R. Mayer (Hrsg.). Berichte aus dem µ-Club 2020: Reports from the µ-Club 2020, **2021**. ISBN: 9783662630273

[May22] R. Mayer. XXXIX. Internationales µ-Symposium 2022 Bremsen-Fachtagung, **2022.** https://doi.org/10.1007/978-3-662-66328-8

[Mer16] A. I. Mertens; J. Lecomte-Beckers. On the Role of Interfacial Reactions, Dissolution and Secondary Precipitation During the Laser Additive Manufacturing of Metal Matrix Composites: A Review, **2016**. https://www.intechopen.com/chapters/50835

[Met23a] Metalcor. Datasheet 1.4404 AISI 316L, **2023**. http://www.metalcor.de/en/datenblatt/12/

[Met23b] Metco Oerlikon. Nickel-Based Superalloy Powders and Wires: Material Product Data Sheet, **2023** (abgerufen am 2023). https://mymetco-europe.oerlikon.com/en-us/product/amdry1718?isRegionSelection

[Mit22] G. Mittal; S. Paul. Suspension and Solution Precursor Plasma and HVOF Spray: A Review, **2022**. https://link.springer.com/article/10.1007/s11666-022-01360-w

[Möl21] M. L. B. Möller. Prozessmanagement für das Laser-Pulver-Auftragschweißen, 1. Aufl. 2021, **2021**. ISBN: 978-3-662-62224-7

[Nas22] M. T. Nasiri, M. R. Movahhedy. A new design of continuous coaxial nozzle for direct metal deposition process to overcome the gravity effect. *Progress in Additive Manufacturing*, **2022**, *7* (2), 173–186. https://doi.org/10.1007/s40964-021-00223-0

[Noo07] M. Y. Noordin, V. C. Venkatesh, S. Sharif. Dry turning of tempered martensitic stainless tool steel using coated cermet and coated carbide tools. *Journal of Materials Processing Technology*, **2007**, *185* (1-3), 83–90. https://doi.org/10.1016/j.jmatprotec.2006.03.137

[Nur09] J. Nurminen, J. Näkki, P. Vuoristo. Microstructure and properties of hard and wear resistant MMC coatings deposited by laser cladding. *International Journal of Refractory Metals and Hard Materials*, **2009**, *27* (2), 472–478. https://doi.org/10.1016/j.ijrmhm.2008.10.008

[Oer22] Oerlikon Corporation AG. Einführung Thermisches Spritzen, **2022**. https://www.oerlikon.com/ecoma/files/BRO-0005.7_Thermal_Spray_Brochure_DE.pdf?download=true

[Oer23] Oerlikon Metco. Type 316L Austenitic Stainless Steel Powders: Material Product Data Sheet, **2023** (abgerufen am 2023). https://www.oerlikon.com/ecoma/files/DSM-0269.2_316L_Austenitic_SS.pdf

[Oet19] R. Oetzbach. *Entwicklung einer Prozessführung zum Beschichten von Bremsscheiben mittels Extremen Hochgeschwindigkeits-Laserauftragschweißen (EHLA)*; RWTH Aachen University - DAP, **2019**

[Ola15] E. O. Olakanmi, R. F. Cochrane, K. W. Dalgarno. A review on selective laser sintering/melting (SLS/SLM) of aluminium alloy powders: Processing, microstructure, and properties. *Progress in Materials Science*, **2015**, *74*, 401–477. https://doi.org/10.1016/j.pmatsci.2015.03.002

[Ost22] M. Ostolaza et al. Normalized hardness prediction of L-DED metal matrix composite coatings for wear-resistant applications. *Procedia CIRP*, **2022**, *111*, 266–270. https://doi.org/10.1016/j.procir.2022.08.064

[Ost24] M. Ostolaza; J. I. Arrizubieta; A. Lamikiz. CFD modelling of the powder segregation in multi-material laser directed energy deposition, **2024**. https://www.sciencedirect.com/science/article/pii/S1290072924000073

[Pel99] J. Pelleg. Reactions in the matrix and interface of the Fe–SiC metal matrix composite system, **1999**

[PHO23] PHOTRON EUROPE LIMITED. Product Data Sheet FASTCAM series by Photron, **2023**. https://photron.com/wp-content/uploads/2023/09/NOVA_4models_09.07.2023.pdf

[Pim19] F. Pimenta; M. A. Alves. A coupled finite-volume solver for numerical simulation of electrically-driven flows, **2019**. https://www.sciencedirect.com/science/article/abs/pii/S0045793019302427

[Pin07] A. J. Pinkerton. An analytical model of beam attenuation and powder heating during coaxial laser direct metal deposition. *Journal of Physics D: Applied Physics*, **2007**, *40* (23), 7323–7334. https://doi.org/10.1088/0022-3727/40/23/012

[Pin15] A. J. Pinkerton. Advances in the modeling of laser direct metal deposition. *Journal of Laser Applications*, **2015**, *27* (S1). https://doi.org/10.2351/1.4815992

[Pis15] P. Pischke, R. Kneer, D. P. Schmidt. A comparative validation of concepts for collision algorithms for stochastic particle tracking. *Computers & Fluids*, **2015**, *113*, 77–86. https://doi.org/10.1016/j.compfluid.2015.01.018

[Pis23] G. Piscopo et al. An Overview of the Process Mechanisms in the Laser Powder Directed Energy Deposition. *Applied Sciences*, **2023**, *13* (1), 117. https://doi.org/10.3390/app13010117

[Qui14] L. Quintino. Overview of coating technologies, **2014**. https://www.sciencedirect.com/science/article/pii/B9780857094681500013

[Raj22] H. Rajaei et al. Microstructural and Tribological Evaluation of Brake Disc Refurbishing Using Fe-Based Coating via Directed Energy Deposition, **2022**. https://www.mdpi.com/2075-4701/12/3/465

[Rao11] R. N. Rao, S. Das. Effect of SiC content and sliding speed on the wear behaviour of aluminium matrix composites. *Materials & Design*, **2011**, *32* (2), 1066–1071. https://doi.org/10.1016/j.matdes.2010.06.047

[Raw23] A. Rawat; S. R. Karade; P. C. Thapliyal. Mechanism of inhibitors in control of corrosion of steel in concrete, **2023**. https://www.sciencedirect.com/science/article/pii/S2214785323035897

[REA06] REACH. Verordnung (EG) Nr. 1907/2006 des europäischen Parlaments und des Rates: Registrierung, Bewertung, Zulassung und Beschränkung chemischer Stoffe (REACH), **2006**. https://eur-lex.europa.eu/LexUriServ/LexUriServ.do?uri=OJ:L:2007:136:0003:0280:de:PDF

[Rib20] K. S. Ribeiro, F. E. Mariani, R. T. Coelho. A Study of Different Deposition Strategies in Direct Energy Deposition (DED) Processes. *Procedia Manufacturing*, **2020**, *48*, 663–670. https://doi.org/10.1016/j.promfg.2020.05.158

[Riq22] A. Riquelme et al. Influence of process parameters in additive manufacturing of highly reinforced 316L / SiCp composites. *Journal of Materials Processing Technology*, **2022**, *299*, 117325. https://doi.org/10.1016/j.jmatprotec.2021.117325

[Rod09] P. Rodrigo et al. Microstructure and wear resistance of Al–SiC composites coatings on ZE41 magnesium alloy. *Applied Surface Science*, **2009**, *255* (22), 9174–9181. https://doi.org/10.1016/j.apsusc.2009.06.122

[Roo22] E. Roos, K. Maile, M. Seidenfuß. Verbundwerkstoffe. In: E. Roos et al. (Hrsg.). *Werkstoffkunde für Ingenieure*, **2022**; S. 345–367. https://doi.org/10.1007/978-3-662-64732-5_10

[Rot56] J. Rotta. Experimenteller Beitrag zur Entstehung turbulenter Strömung im Rohr, **1956**. https://link.springer.com/content/pdf/10.1007/BF00536526.pdf

[Rud18] J.-P. Rudolph. Cloudbasierte Potentialerschließung in der additiven Fertigung, **2018**

[Sam21] R. Sampson et al. The influence of key process parameters on melt pool geometry in direct energy deposition additive manufacturing systems. *Optics & Laser Technology*, **2021**, *134*, 106609. https://doi.org/10.1016/j.optlastec.2020.106609

[San18] J. Sander. Selektives Laserschmelzen hochfester Werkzeugstähle. Dissertation, Technische Universität Dresden, Dresden, **2018**

[Sán22a] Sánchez de Rojas Candela, C. et al. Wear behavior of additively manufactured 316L/SiCp composites with up to 60 wt% SiCp. *Ceramics International*, **2022**, *48* (22), 33736–33750. https://doi.org/10.1016/j.ceramint.2022.07.319

[Sán22b] Sánchez de Rojas Candela, C. et al. Wear behavior of additively manufactured 316L/SiCp composites with up to 60 wt% SiCp. *Ceramics International*, **2022**, *48* (22), 33736–33750. https://doi.org/10.1016/j.ceramint.2022.07.319

[Sch13] R. Schwarze. CFD-Modellierung - Grundlagen und Anwendungen bei Strömungsprozessen, **2013**. https://link.springer.com/content/pdf/10.1007/978-3-642-24378-3.pdf

[Sch15] R. Schramm. Strukturierte additive Metallisierung durch kaltaktives Atmosphärendruckplasma. Dissertation, Friedrich-Alexander-Universität Erlangen-Nürnberg, **2015**

[Sch16] T. Schopphoven et al. Investigations on ultra-high-speed laser material deposition as alternative for hard chrome plating and thermal spraying. *Journal of Laser Applications*, **2016**, *28* (2), 22501. https://doi.org/10.2351/1.4943910

[Sch17] T. Schopphoven, A. Gasser, G. Backes. EHLA: Extreme High-Speed Laser Material Deposition. *Laser Technik Journal*, **2017**, *14* (4), 26–29. https://doi.org/10.1002/latj.201700020

[Sch19a] V. Schuler, J. Twrdek. Praxiswissen Schweißtechnik: Werkstoffe, Prozesse, Fertigung. Dissertation, Springer Fachmedien Wiesbaden GmbH, Wiesbaden, **2019**. ISBN: 978-3-658-24266-4

[Sch19b] T. Schopphoven. Experimentelle und modelltheoretische Untersuchungen zum Extremen Hochgeschwindigkeits-Laserauftragschweißen. Dissertation, Fraunhofer IRB-Verlag, Univ., **2019**

[Sch20] T. Schopphoven et al. Statistical/Numerical Model of the Powder-Gas Jet for Extreme High-Speed Laser Material Deposition, **2020**

[Sch99] W. Schwenk; W. von Baeckmann. Grundlagen und Begriffe der Korrosion und des elektrochemischen Korrosionsschutzes, **1999**. https://onlinelibrary.wiley.com/doi/10.1002/9783527625727.ch2

[Sha19] M. O. Shaikh et al. Additive manufacturing using fine wire-based laser metal deposition. *Rapid Prototyping Journal*, **2019**, *26* (3), 473–483. https://doi.org/10.1108/RPJ-04-2019-0110

[She17] A. M. Sherik (Hrsg.). Trends in oil and gas corrosion research and technologies: Production and transmission, **2017**. ISBN: 0081012195

[Shi12] F. Shi. Ceramic Coatings: Applications in Engineering, **2012**. ISBN: 9789535100836

[Shi22] H. Shi et al. Hot corrosion behavior of additively manufactured stainless steel 316L and Inconel 718 in MgCl2/KCl/NaCl chloride salts at 700 °C.

Corrosion Science, **2022**, *207*, 110561. https://doi.org/10.1016/j.corsci.2022.110561

[Sim03] A. Simchi, H. Pohl. Effects of laser sintering processing parameters on the microstructure and densification of iron powder. *Materials Science and Engineering: A*, **2003**, *359* (1-2), 119–128. https://doi.org/10.1016/S0921-5093(03)00341-1

[Sim23] Simscale. Courant Number, **2023**. https://www.simscale.com/knowledge-base/what-is-a-courant-number/

[Sin20] A. Singh, S. Kapil, M. Das. A comprehensive review of the methods and mechanisms for powder feedstock handling in directed energy deposition. *Additive Manufacturing*, **2020**, *35*, 101388. https://doi.org/10.1016/j.addma.2020.101388

[Smi20] L. T. Smith et al. The effect of local chemical ordering on Frank-Read source activation in a refractory multi-principal element alloy, **2020**. https://www.sciencedirect.com/science/article/pii/S0749641920304885

[Spa14] Sparkassen-Finanzgruppe. Oberflächenveredelung und Wärmebehandlung, **2014**. https://www.dsgv.de/content/dam/sparkasse/downloads/firmenkunden/oberflaechenveredelung-und-waermebehandlung.pdf

[Stu18] J. A. Stull et al. Corrosion Characteristics of Laser-Engineered Net Shaping Additively-Manufactured 316L Stainless Steel. *JOM*, **2018**, *70* (11), 2677–2683. https://doi.org/10.1007/s11837-018-3123-6

[Sun18] H. Sun et al. Corrosion behavior of 316SS and Ni-based alloys in a ternary NaCl-KCl-MgCl2 molten salt. *Solar Energy*, **2018**, *171*, 320–329. https://doi.org/10.1016/j.solener.2018.06.094

[Sve21] D. Svetlizky et al. Directed energy deposition (DED) additive manufacturing: Physical characteristics, defects, challenges and applications. *Materials Today*, **2021**, *49*, 271–295. https://doi.org/10.1016/j.mattod.2021.03.020

[Sve22] D. Svetlizky et al. Laser-based directed energy deposition (DED-LB) of advanced materials, **2022**

[Sza20] B. A. Szajewski; J. C. Crone; J. Knap. Analytic model for the Orowan dislocation-precipitate bypass mechanism, **2020**. https://www.sciencedirect.com/science/article/pii/S2589152920300880

[Tab10] I. Tabernero et al. Numerical simulation and experimental validation of powder flux distribution in coaxial laser cladding. *Journal of Materials Processing Technology*, **2010**, *210* (15), 2125–2134. https://doi.org/10.1016/j.jmatprotec.2010.07.036

[The17] G. R. Thellaputta, P. S. Chandra, C. Rao. Machinability of Nickel Based Superalloys: A Review. *Materials Today: Proceedings*, **2017**, *4* (2), 3712–3721. https://doi.org/10.1016/j.matpr.2017.02.266

[Tho12] Thorsten Jambor. Funktionalisierung von Bauteiloberflächen durch Micro-Laserauftragschweißen, **2012**. http://publications.rwth-aachen.de/record/229125

[Tho17] Thomas Schaupp et al. Ermittlung geeigneter Wärmeführungen zur Vermeidung wasserstoffunterstützter Kaltrisse beim Schweißen höherfester Feinkornbaustähle mit modifiziertem Sprühlichtbogen: AiF-Vorhaben IGF 18.596 BR. Dissertation, Bundesanstalt für Materialforschung und -prüfung (BAM); Institut für Werkstoff- und Fügetechnik (IWF), Berlin, **2017**. ISBN: 978-3-96870-360-2

[Tho22] Thomas Molitor. Laserbeschichtung von Bremsscheiben - ein Überblick zum Stand der Technik, **2022**. https://www.laserline.com/Downloads/Flippingbook/DE/Laserline---Laserbeschichtung-von-Bremsscheiben/6/index.html

[Tia22] Tianci Li et al. A combined heat source model for the prediction of residual stress post extreme high-speed laser material deposition, **2022**. https://www.sciencedirect.com/science/article/pii/S1526612522002225

[Tjo00] S. Tjong, K. Lau. Tribological behaviour of SiC particle-reinforced copper matrix composites. *Materials Letters*, **2000**, *43* (5-6), 274–280. https://doi.org/10.1016/S0167-577X(99)00273-6

[Tof18] S. A. Tofail et al. Additive manufacturing: scientific and technological challenges, market uptake and opportunities. *Materials Today*, **2018**, *21* (1), 22–37. https://doi.org/10.1016/j.mattod.2017.07.001

[Tor19] T. B. Torgerson et al. Room and elevated temperature sliding wear behavior and mechanisms of additively manufactured novel precipitation strengthened metallic composites. *Wear*, **2019**, *426-427*, 942–951. https://doi.org/10.1016/j.wear.2018.12.046

[Toy05] E. Toyserkani, A. Khajepour, S. Corbin. Laser cladding, **2005.** https://doi.org/10.1201/9781420039177

[Tra20] K. D. Traxel et al. Model-driven directed-energy-deposition process workflow incorporating powder flowrate as key parameter. *Manufacturing Letters*, **2020**, *25*, 88–92. https://doi.org/10.1016/j.mfglet.2020.08.005

[TWI20] TWI. What is Extreme High Speed Laser Application (EHLA), **2020**. https://www.twi-global.com/technical-knowledge/faqs/what-is-ehla

[TWI23] TWI. Was ist Korrosion? Definition und Praevention, **2023**. https://www.twi-global.com/locations/deutschland/was-wir-tun/haeufig-gestellte-fragen/was-ist-korrosion

[Wan23] A. Wank et al. Environmentally Friendly Protective Coatings for Brake Disks, **2023**

[Wei18] Wei Li; X. Zhang; F. Liou. Modeling analysis of argon gas flow rate's effect on pre-mixed powder separation in laser metal deposition process and experimental validation, **2018**

[Wil14] J. M. Wilson et al. Remanufacturing of turbine blades by laser direct deposition with its energy and environmental impact analysis. *Journal of Cleaner Production*, **2014**, *80*, 170–178. https://doi.org/10.1016/j.jclepro.2014.05.084

[Wit19] H. Wittel et al. Schweißverbindungen. In: H. Wittel et al. (Hrsg.). *Roloff/Matek Maschinenelemente,* 24th ed., **2019**; S. 1067–1089. https://doi.org/10.1007/978-3-658-26280-8_30

[Wu19] C. L. Wu et al. Effects of SiC content on phase evolution and corrosion behavior of SiC-reinforced 316L stainless steel matrix composites by laser melting deposition. Dissertation, Optics & Laser Technology, **2019.** https://doi.org/10.1016/j.optlastec.2019.02.029

[Xu22a] X. Xu et al. High-speed-rate direct energy deposition of Fe-based stainless steel: Process optimization, microstructural features, corrosion and wear resistance. *Journal of Manufacturing Processes*, **2022**, *75*, 243–258. https://doi.org/10.1016/j.jmapro.2021.12.026

[Xu22b] X. Xu et al. Comparing corrosion behavior of additively manufactured Cr-rich stainless steel coating between conventional and extreme high-speed laser metal deposition, **2022**. https://www.sciencedirect.com/science/article/pii/S0010938X21007447

[Xu22c] G. Xu et al. Effects of heat treatment on hot corrosion behavior of directed energy deposited In718/316L functionally graded material. *Corrosion Science*, **2022**, *197*, 110068. https://doi.org/10.1016/j.corsci.2021.110068

[Zap23] A. Zapata et al. A model-based approach to reduce kinematics-related overfill in robot-guided Laser Directed Energy Deposition. *CIRP Journal of Manufacturing Science and Technology*, **2023**, *45*, 200–209. https://doi.org/10.1016/j.cirpj.2023.06.014

[Zek07] S. Zekovic, R. Dwivedi, R. Kovacevic. Numerical simulation and experimental investigation of gas–powder flow from radially symmetrical nozzles in laser-based direct metal deposition. *International Journal of Machine Tools and Manufacture*, **2007**, *47* (1), 112–123. https://doi.org/10.1016/j.ijmachtools.2006.02.004

[Zha20] J. Zhang et al. Numerical simulation and experimental study for aerodynamic characteristics and powder transport behavior of novel nozzle, **2020**. https://www.mdpi.com/2073-4352/11/3/282

[Zha21] W. Zhai et al. Recent Progress on Wear-Resistant Materials: Designs, Properties, and Applications. *Advanced Science*, **2021**, *8* (11), e2003739. https://doi.org/10.1002/advs.202003739

[Zha24] X. Zhao et al. Mechanism evaluations of conventional and suspended HVOF thermal spraying based on EDC and EDM combustion models, **2024**. https://www.sciencedirect.com/science/article/pii/S1359431124000735

[Zhe10] B. Zheng et al. The Influence of Ni-Coated TiC on Laser-Deposited IN625 Metal Matrix Composites. *Metallurgical and Materials Transactions A*, **2010**, *41* (3), 568–573. https://doi.org/10.1007/s11661-009-0126-5

[Zho23] Y. Zhou; F. Ning. Directed energy deposition of SS 316L/SiC composites using coincident and coaxial wire-powder feeding, **2023**. https://www.sciencedirect.com/science/article/pii/S2213846323000846

[Zho24] L. Zhou et al. Research status and prospect of extreme high-speed laser cladding technology. *Optics & Laser Technology*, **2024**, *168*, 109800. https://doi.org/10.1016/j.optlastec.2023.109800

[Zhu22] C. Zhu et al. Effect of Ti and TiC additions on the microstructure and wear resistance of high chromium white irons produced by laser directed energy deposition. *Wear*, **2022**, *510-511*, 204519. https://doi.org/10.1016/j.wear.2022.204519

Abbildungsverzeichnis

Tabellenverzeichnis

Verwendete Geräte und Anlagen

Gerät/Anlage	Name/Typenbezeichnung	Hersteller
ANSYS	ANSYS Workbench 2021*R2*	ANSYS Inc.
HPC	RWTH High Performance Computing	IT Center der RWTH
Hornet Laser cladding system	Hornet 4-axis Laser cladding system	Hornet Lasercladding B.V.
Bearbeitungsoptik	Trumpf BEO D70 90° PMF	TRUMPF Laser- und Systemtechnik GmbH
Pulverförderer	Twin-150	OC Oerlikon Corporation AG
Pulvertopf	1,5 APS	OC Oerlikon Corporation AG
Dreistrahldüse	Dreistrahldüse	Fraunhofer ILT
Triple Two Düse	Triple-Two Düse	HD Sonderoptiken GmbH
Feldelektronen	Zeiss Sigma 300 VP	Carl Zeiss GmbH
Digitales Lichtmikroskop	Keyence CHX 6000	Keyence Deutschland GmbH
EDX Detektor	X-Max	Oxford Instruments
Software EDX	SMART SEM Zeiss	Carl Zeiss GmbH
Software EDX	AZTec	AZTec
Härteprüfung	Qness 60A+	ATM Qness GmbH
ImageJ Threshold	ImageJ	Wayne Rasband

Anhang

10.1 Directed Energy Deposition

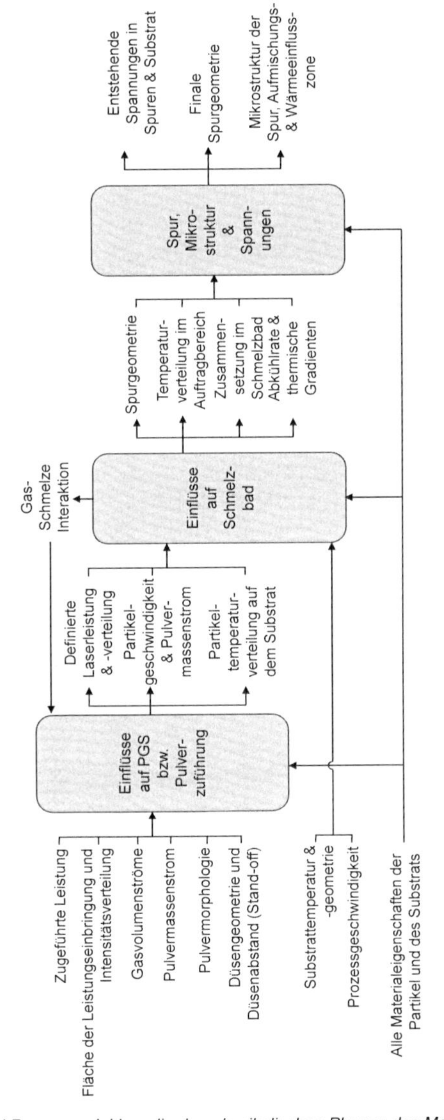

Bild 103: Teilprozesse und Prozessvariablen, die den physikalischen Phasen des Materialauftrags entsprechen nach [Pin15, Pis23]

10.2 Pulverwerkstoffe

Für das DED-LB werden Werkstoffe in Pulverform mit geeigneten Eigenschaften für den jeweiligen Anwendungsfall benötigt. Durch die gestiegene Bedeutung von AM und durch den flächendeckenden Einsatz von AM ist auch der Markt und das Angebot an benötigten Pulverwerkstoffen gewachsen und wächst noch weiter. Neben etablierten Legierungen aus konventionellen Verarbeitungsrouten werden extra für AM angefertigte Pulverwerkstoffe entwickelt. Möglich macht dies die Flexibilität und große Auswahl an unterschiedlichen Verfahren und die Einstellmöglichkeiten der Prozessparameter zur allgemeinen Verarbeitung der Materialien. Zur reinen Beschichtung von Werkzeugsubstraten mit einer verschleißfesten und widerstandsfähigen Schicht werden Keramiken und Keramikverbindungen verwendet. Diese werden mit PVD aufgebracht, da der hohe Schmelzpunkt der Verbindungen ein schmelzflüssiges Aufbringen durch Auftragschweißen technisch nicht defektfrei zulässt. In Tabelle 28 sind die gängigsten verwendeten keramischen Pulverwerkstoffe aufgelistet [Dav95, Klo17, Li21b, Shi12].

Tabelle 28: Keramischen Pulverwerkstoffe für die Werkzeugbeschichtung

Name	Kurzform	Anwendungsgebiete
Wolframcarbid	WC	Schneidwerkzeuge, Formen und Gesenke, Umformwerkzeuge, Bergbau- und Bohrwerkzeuge, Verschleißteile, Werkzeuge Automobil- und Flugzeugbau, Werkzeuge für korrosive Medien und Hochtemperaturanwendungen, Werkzeuge in der Öl- und Gasindustrie, chirurgische Instrumente, Zahnimplantate, medizinische Geräte, Uhren- und Schmuckindustrie, Schrauben und Bolzen, Schleifscheiben und Schleifsegmente [Abr96, Ber96, Noo07, Shi12]
Titancarbid	TiC	
Chromcarbid	CrC	
Titannitrid	TiN	
Chromnitrid	CrN	
Titan-Carbonitrid	TiCN	
Vanadium-Carbonitrid	VCN	
Aluminiumoxid	Al_2O_3	

Für die Vielzahl an Anwendungsgebieten ist dabei zu beachten, dass die Auswahl des jeweiligen Werkstoff- und Legierungskonzepts von den genauen Anforderungen und Möglichkeiten für die Herstellung und Verarbeitung abhängt. Keramische Pulver sind aufgrund ihrer hohen Härte prädestiniert für die Anwendung als Werkzeugbeschichtung. Um keramische Pulver auch beim Auftragschweißen verwenden zu können, ist die Generierung von Schichten aus einem sogenannten Metallmatrix-Verbundwerkstoff (MMC) aktueller Stand der Forschung [Bar17, Che22, Czu22, Nur09].

10.3 Pulverzufuhrdüsen

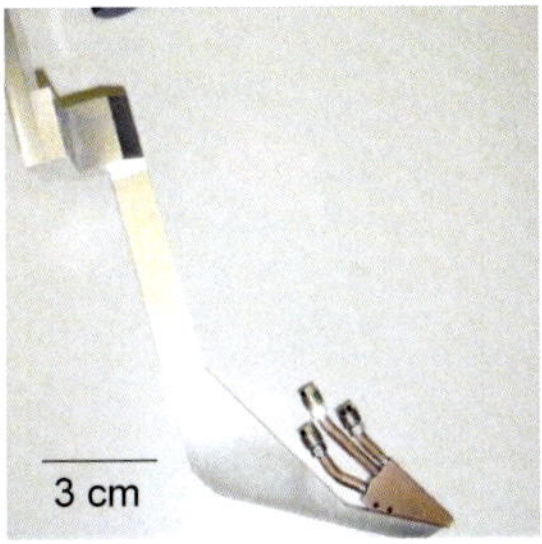

Hersteller / Bezeichnung	Fraunhofer IWS / laterale Pulverdüse
Laserquellen	alle Industrielaser
Anzahl PGS / PF	1-Strahl / 1
Stand-Off	-
Pulverkorngröße	10 – 150 µm
Ø Pulverfokus	0,9 – 2,5 mm

Bild 104: links: Aufnahme einer lateralen Pulverzuführdüse hergestellt vom Fraunhofer IWS, rechts: Beschreibung der Pulverzufuhrdüse

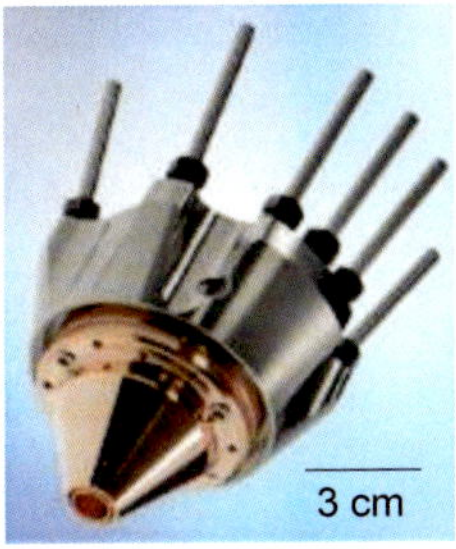

Hersteller / Bezeichnung	HD Sonderoptiken / HighNo 5.0
Laserquellen	alle Industrielaser
Anzahl PGS / PF	1 kontinuierlich / 1
Stand-Off	13 – 16 mm
Pulverkorngröße	20 – 125 µm
Ø Pulverfokus	1 – 3 mm

Bild 105: links: Aufnahme der kontinuierlichen koaxialen Pulverzuführdüse HighNo 5.0 hergestellt von HD Sonderoptiken GmbH, rechts: Beschreibung der Pulverzufuhrdüse

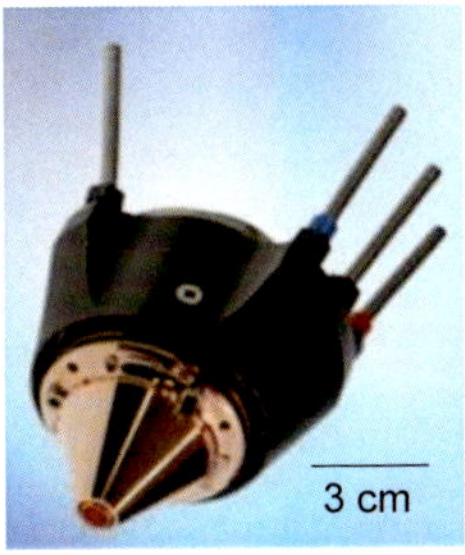

Hersteller / Bezeichnung	HD Sonderoptiken / HighNo 4.0
Laserquellen	alle Industrielaser
Anzahl PGS / PF	1 kontinuierlich / 1
Stand-Off	9 – 12 mm
Pulverkorngröße	20 – 125 µm
Ø Pulverfokus	0,5 – 1,2 mm

Bild 106: links: Aufnahme der kontinuierlichen koaxialen Pulverzuführdüse HighNo 4.0 hergestellt von HD Sonderoptiken GmbH, rechts: Beschreibung der Pulverzufuhrdüse

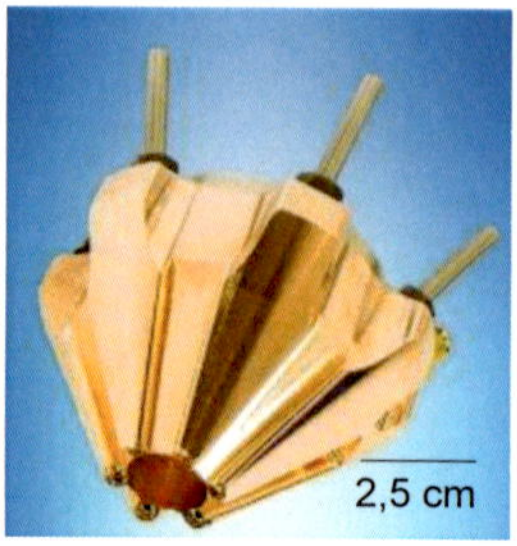

Hersteller / Bezeichnung	HD Sonderoptiken / HighNo 20-6
Laserquellen	alle Industrielaser
Anzahl PGS / PF	6-Strahl / 1
Stand-Off	20 mm
Pulverkorngröße	20 – 125 µm
Ø Pulverfokus	ca. 2,5 mm

Bild 107: links: Aufnahme der koaxialen Mehrstrahldüse HighNo 20-6 hergestellt von HD Sonderoptiken GmbH, rechts: Beschreibung der Pulverzufuhrdüse

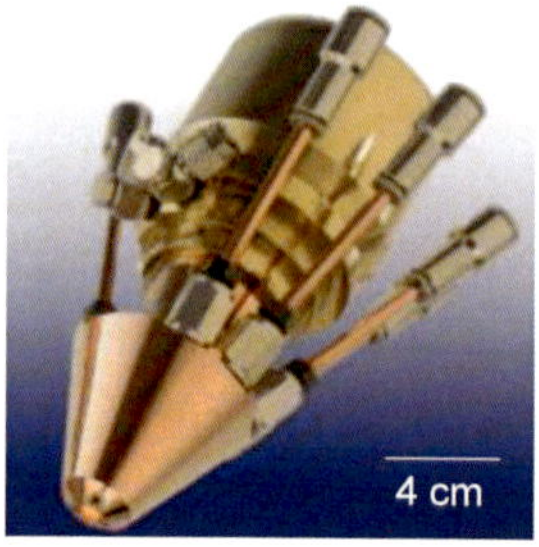

Hersteller / Bezeichnung	Fraunhofer ILT / 3-Strahl-SO16/12
Laserquellen	alle Industrielaser
Anzahl PGS / PF	3-Strahl / 1
Stand-Off	11 – 17 mm
Pulverkorngröße	20 – 200 µm
Ø Pulverfokus	1 – 3 mm

Bild 108: links: Aufnahme koaxialen Mehrstrahldüse 3-Jet-SO16/12 hergestellt vom Fraunhofer ILT, rechts: Beschreibung der Pulverzufuhrdüse

Hersteller / Bezeichnung	GTV Verschleißschutz / PN 6625
Laserquellen	alle Industrielaser
Anzahl PGS / PF	6-Strahl / 1
Stand-Off	20 – 25 mm
Pulverkorngröße	20 – 200 µm
Ø Pulverfokus	2 – 6 mm

Bild 109: links: Aufnahme koaxialen Mehrstrahldüse PN 6625 hergestellt von GTV Verschleißschutz GmbH, rechts: Beschreibung der Pulverzufuhrdüse

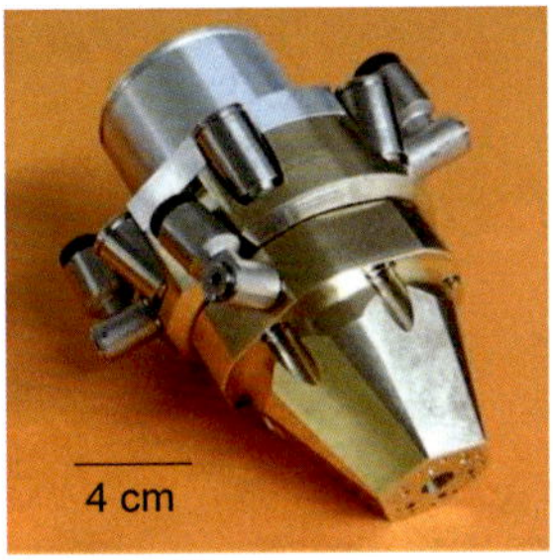

Hersteller / Bezeichnung	BLC Lasercladding / CNS/CNL
Laserquellen	alle Industrielaser
Anzahl PGS / PF	6-Strahl / 1
Stand-Off	12 – 27 mm
Pulverkorngröße	20 – 200 µm
Ø Pulverfokus	2 – 6 mm

Bild 110: links: Aufnahme koaxialen Mehrstrahldüse CNS/CNL hergestellt von BLC Lasercladding GmbH, rechts: Beschreibung der Pulverzufuhrdüse

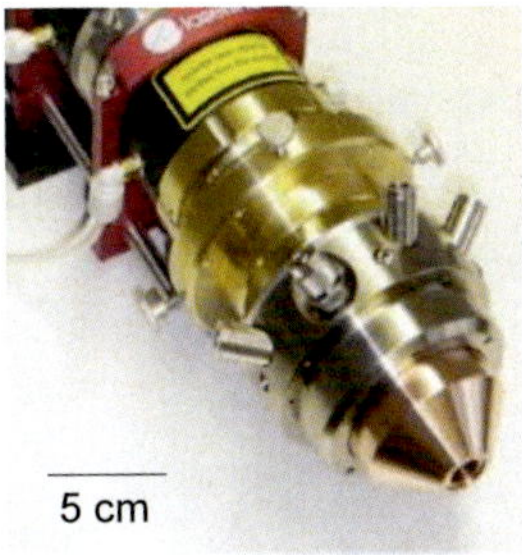

Hersteller / Bezeichnung	Fraunhofer IWS / COAX 8
Laserquellen	alle Industrielaser
Anzahl PGS / PF	kontinuierlich / 1
Stand-Off	-
Pulverkorngröße	20 – 125 µm
Ø Pulverfokus	0,9 – 3 mm

Bild 111: links: Aufnahme der kontinuierlichen koaxialen Pulverzufuhrdüse COAX 8 hergestellt vom Fraunhofer IWS, rechts: Beschreibung der Pulverzufuhrdüse

Hersteller / Bezeichnung	Fraunhofer IWS / COAX 13
Laserquellen	alle Industrielaser
Anzahl PGS / PF	kontinuierlich / 1
Stand-Off	-
Pulverkorngröße	20 – 125 µm
Ø Pulverfokus	0,9 – 3 mm

Bild 112: links: Aufnahme der kontinuierlichen koaxialen Pulverzufuhrdüse COAX 13 hergestellt vom Fraunhofer IWS, rechts: Beschreibung der Pulverzufuhrdüse

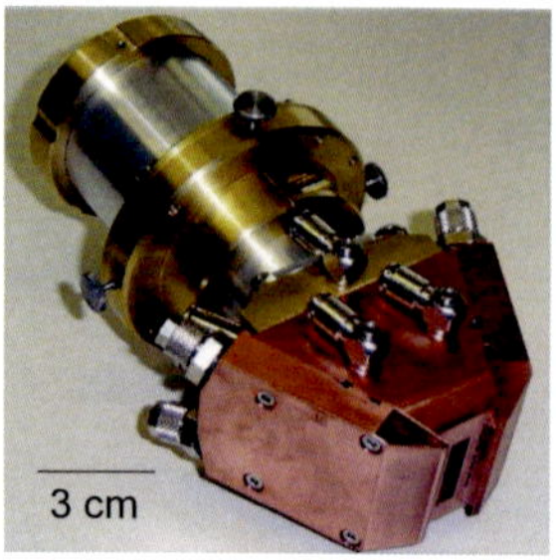

Hersteller / Bezeichnung	Fraunhofer IWS / COAX 11
Laserquellen	alle Industrielaser
Anzahl PGS / PF	2-Strahl / 1
Stand-Off	-
Pulverkorngröße	20 – 125 µm
Pulverfokus	-

Bild 113: links: Aufnahme der koaxialen Breitstrahldüse Coax 11 hergestellt vom Fraunhofer IWS, rechts: Beschreibung der Pulverzufuhrdüse

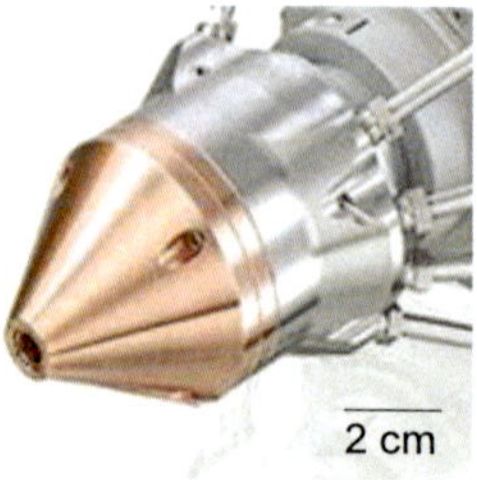

Hersteller / Bezeichnung	Laserline / Kontinuierliche Ringspaltdüse
Laserquellen	alle Industrielaser
Anzahl PGS / PF	1 kontinuierlich / 1
Stand-Off	20 – 26 mm
Pulverkorngröße	20 – 90 µm

Bild 114: links: Aufnahme der kontinuierlichen Ringspaltdüse hergestellt von der Firma Laserline GmbH, rechts: Beschreibung der Pulverzufuhrdüse [Las23]

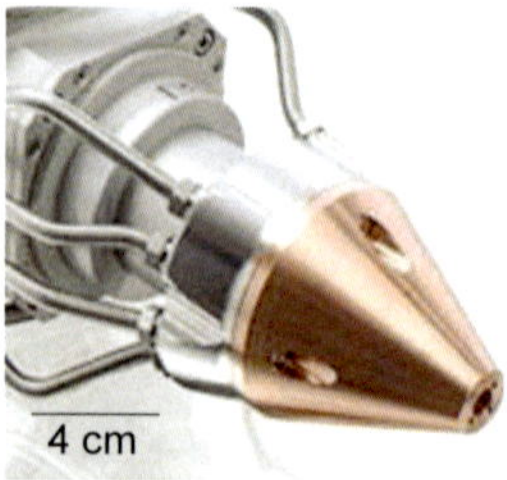

Hersteller / Bezeichnung	Laserline / Koaxiale Mehrstrahldüse
Laserquellen	alle Industrielaser
Anzahl PGS / PF	4-Strahl / 1
Stand-Off	16 – 25 mm
Pulverkorngröße	20 – 90 µm

Bild 115: links: Aufnahme der koaxialen Mehrstrahldüse hergestellt von der Firma Laserline GmbH, rechts: Beschreibung der Pulverzufuhrdüse [Las23]

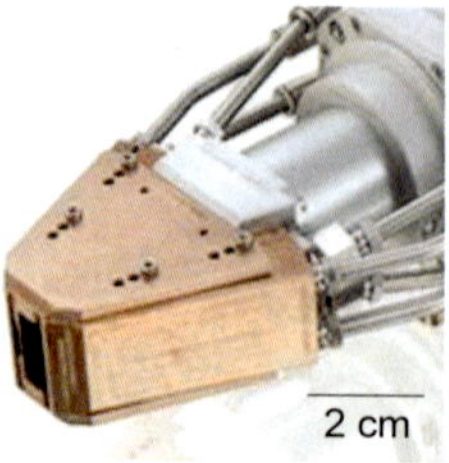

Hersteller / Bezeichnung	Laserline / Koaxiale Breitstrahldüse
Laserquellen	alle Industrielaser
Anzahl PGS / PF	2-Strahl / 1
Stand-Off	25 – 35 mm
Pulverkorngröße	20 - 125 µm

Bild 116: links: Aufnahme der koaxialen Breitstrahldüse hergestellt von der Firma Laserline GmbH, rechts: Beschreibung der Pulverzufuhrdüse [Las23]

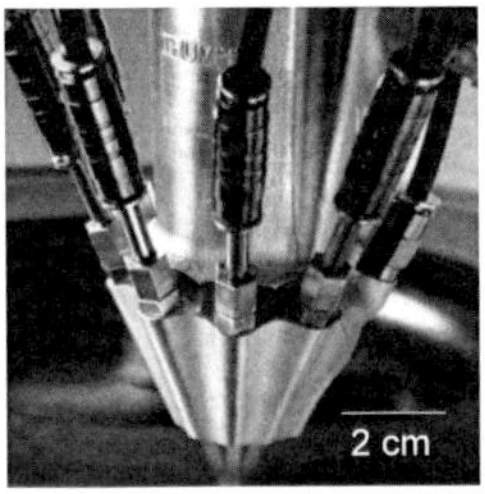

Hersteller / Bezeichnung	Trumpf/ Mehrstrahldüse
Laserquellen	alle Industrielaser
Anzahl PGS / PF	7-Strahl / 1
Stand-Off	12 mm
Pulverkorngröße	45 – 90 µm
Ø Pulverfokus	2 – 3,5 mm

Bild 117: links: Aufnahme der koaxialen Mehrstrahldüse hergestellt von der Firma Trumpf Lase- und Systemtechnik GmbH, rechts: Beschreibung der Pulverzufuhrdüse [For24]

10.4 Pulvermaterialien

Tabelle 29: Chemische Zusammensetzung 316L nach Inspection Certificate EN 10204-3.1 (Oerlikon Metco Europe GmbH)

Element	Anteil [wt.-%]
Fe	64,97
Ni	12
Cr	17
Mo	3
Si	2,2
C	0,01
P	0,02
S	< 0,01
O	0,05
N	0,17
Mn	0,6

Tabelle 30: Chemische Zusammensetzung Siliziumkarbid nach GTV (GTV Verschleißschutz GmbH, Luckenbach)

Element	C	Si
Anteil [wt.-%]	29,8	70,2

Tabelle 31: Chemische Zusammensetzung Alloy 718 nach Inspection Certificate EN 10204-3.1 (Oerlikon Metco Europe GmbH)

Element	Anteil [wt.-%]
Ni	52,41
Al	0,44
B	0,004
C	0,05
Co	0,04
Cr	19,32
Cu	0,01
Fe	18,30
Mn	0,09
Mo	3,12
Mg	< 0,010
Nb	5,18
Nb+ta	5,19
P	< 0,010
S	< 0,010
Se	< 0,005
Si	0,04
Ta	< 0,01
Ti	0,94
Ca	< 0,010
O	0,01
N	0,03

Tabelle 32: Chemische Zusammensetzung F-690-HV2 [LSN21]

Element	C	B	Ni	Cr	Fe
Anteil [wt.-%]	0,6	4,6	8	32	54,8

10.5 Düsensimulation

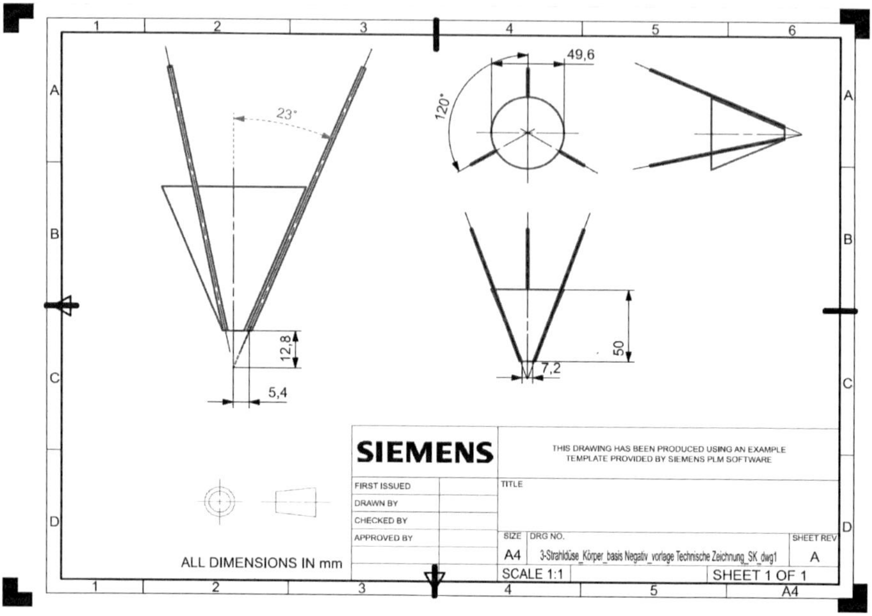

Bild 118: Technische Zeichnung des Strömungsvolumens der Dreistrahldüse

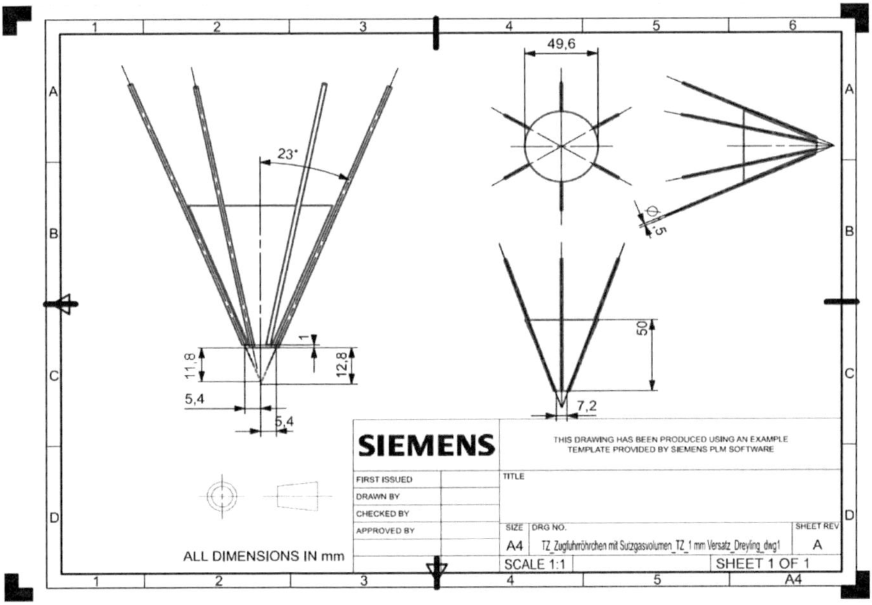

Bild 119: Technische Zeichnung des Strömungsvolumen der Triple-Two mit vertikaler Verschiebung

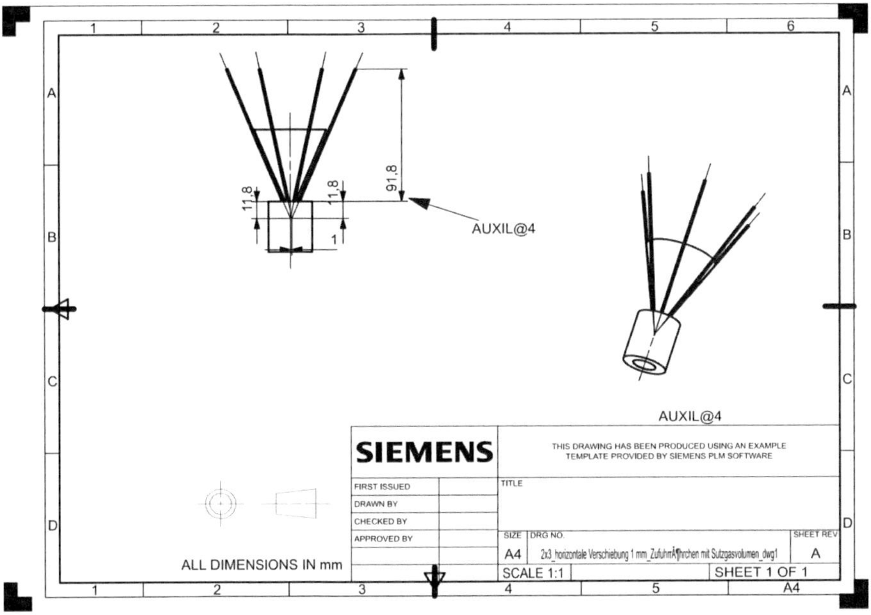

Bild 120: Technische Zeichnung des Strömungsvolumen der Triple-Two mit horizontaler Verschiebung

Tabelle 33: Elementtypen und -größen für die Vernetzung der Düsennegativgeometrien für die simulative Berechnung

	PGK	**SG oben (grau)**	**SG unten (grün)**	**Hohlzylinder**	**Zylinder**	**Ball**
Elementtyp	Lineares 6-Knoten Prisma (Wed6), Linearer 4-KnotenTetraeder (Tet4)	Lineare 5-Knoten Pyramide (Pyr5)	Lineare 5-Knoten Pyramide (Pyr5)	Lineare 5-Knoten Pyramide (Pyr5)	Linearer 4-KnotenTetraeder (Tet4)	Linearer 4-KnotenTetraeder (Tet4)
Max. Elementgröße	0,8 mm	0,8 mm	0,8 mm	1 mm	0,4 mm	0,2 mm
Prismen-inflation	Ja	Ja	Ja	Konstante Zellgröße	Konstante Zellgröße	Konstante Zellgröße
Dicke der ersten Schicht	0,005 mm	3,92 mm	0,45 mm	1 mm	0,4 mm	0,2 mm
Wachstumsrate	20%/Ebene	20%/Ebene	20%/Ebene	Konst.	Konst.	Konst.
Anzahl Ebenen	12	15	15			

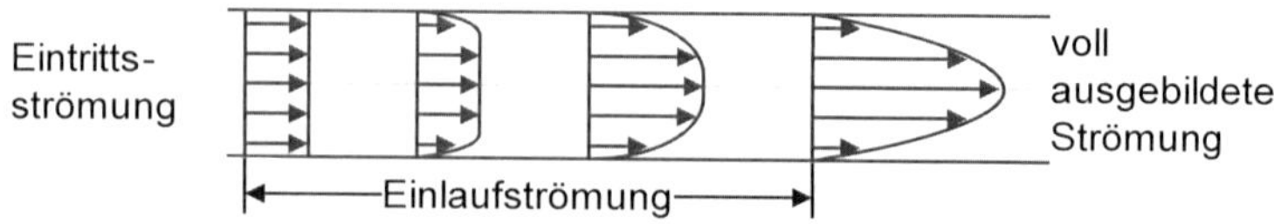

Bild 121: Graphische Darstellung des Rohrströmungsprofils einer Strömungsentwicklung

10.6 Materialmischung

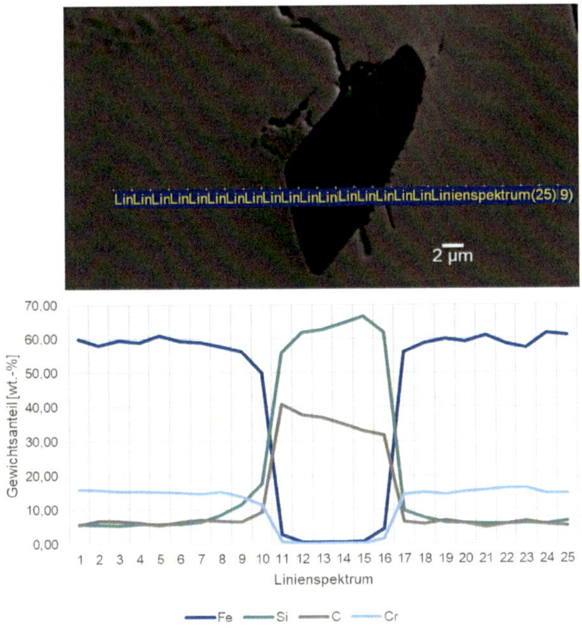

Bild 122: EDX-Messung über ein SiC-Partikel

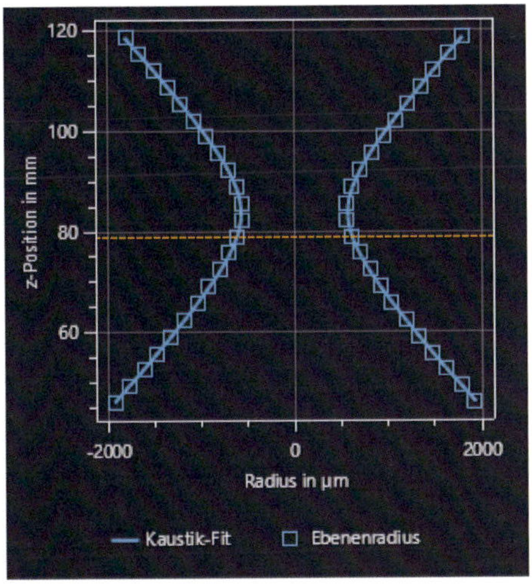

Bild 123: Graphische Darstellung der Laserstrahlkaustik in z-Richtung des Lasers TruDisk 4002

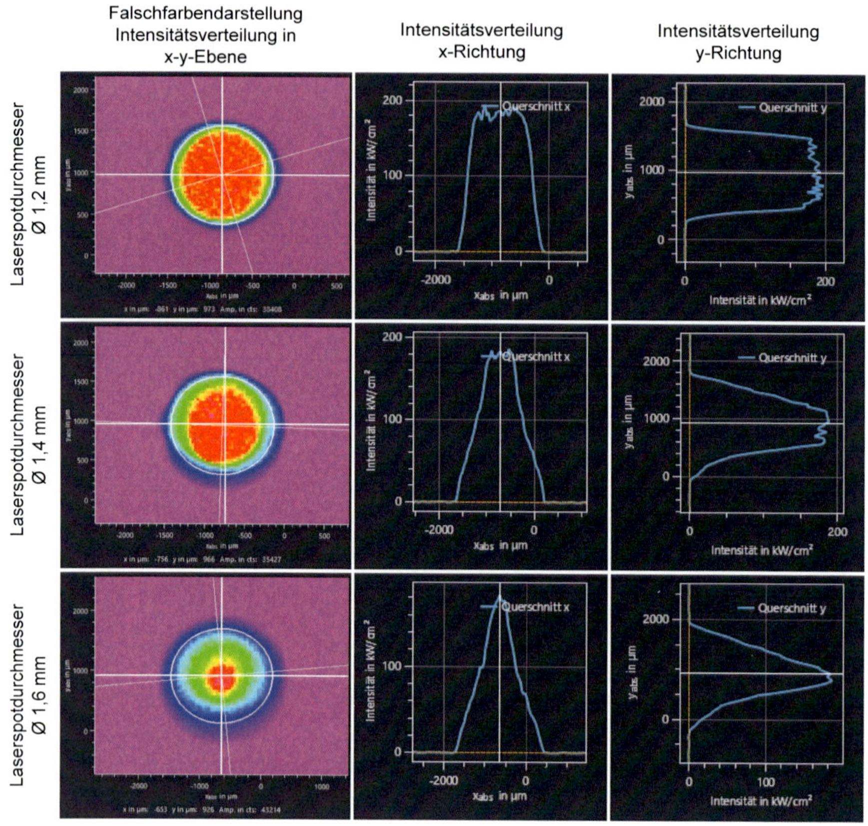

Bild 124: Graphische Darstellungen der Intensitäten und Intensitätsverteilungen in der x-y-Ebene für die Laserstrahldurchmesser Ø 1,2 mm, Ø 1,4 mm und Ø 1,6 mm

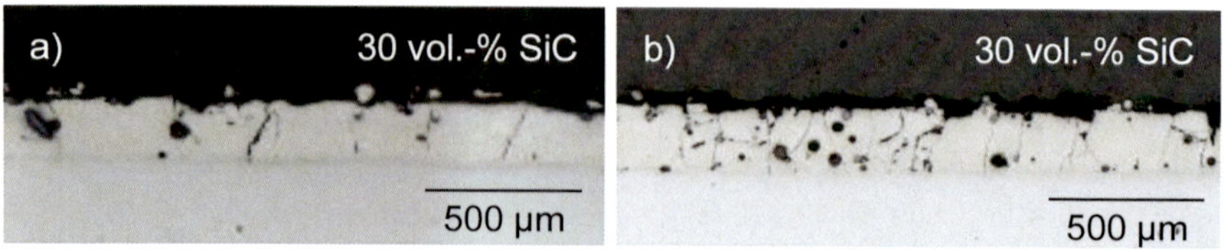

Bild 125: LOM-Aufnahme eines Querschliffes bei 30 vol.-% SiC Mischungsanteil für a) Dreistrahldüse und b) TTV

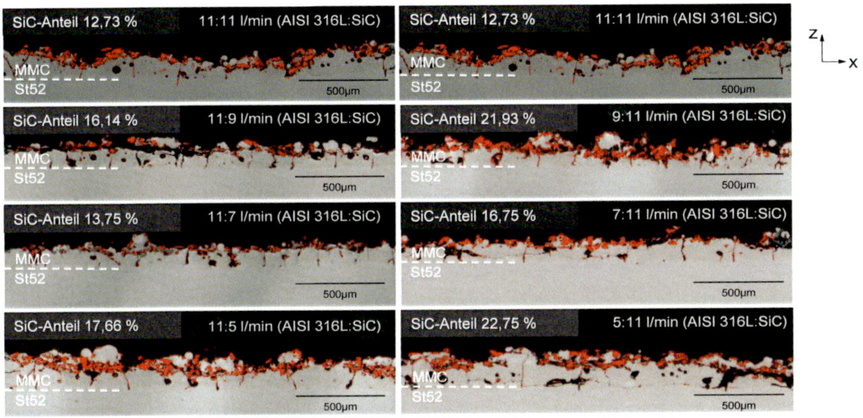

Bild 126: LOM-Aufnahmen der erzeugten MMC AISI 316L+SiC bei verschiedenen FGVS-Verhältnissen mit graphischer Darstellung der SiC-Partikel mittels Flächenanteilbestimmung anhand der Farbkontraste

10.7 Einlagig gradierte Schicht

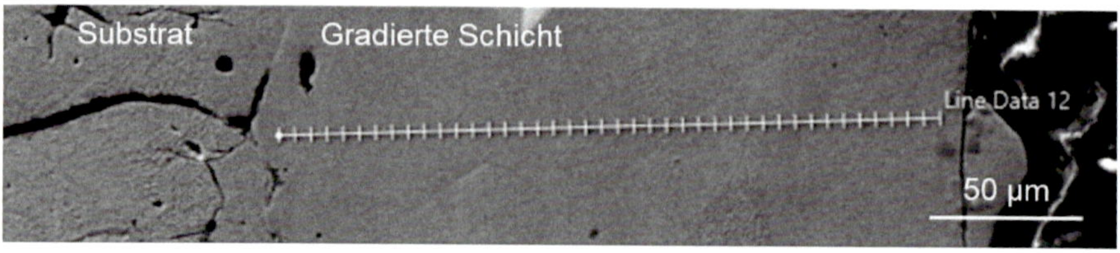

Bild 127: REM-Aufnahme einer EDX-Linienmessung bei einer einlagig gradierten Schicht auf einer Bremsscheibe hergestellt mit der TTH

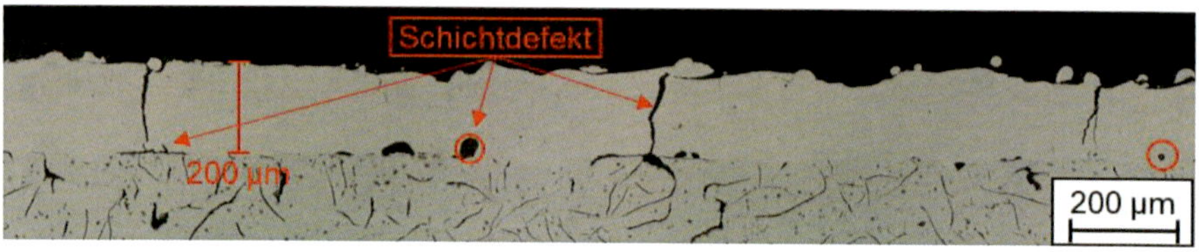

Bild 128: LOM-Aufnahme einer einlagig gradierten Schicht auf einer Bremsscheibe hergestellt mit der TTH bei der Prozessgeschwindigkeit 150 m/min

Tabelle 34: Zusammenfassung der verwendeten Prozessparameter für die einlagig gradierten Beschichtung einer Bremsscheibe hergestellt mit der Prozessgeschwindigkeit 150 m/min

Parameter	Einlagig gradierte Schicht	
	Alloy 718	F-690-HV2
Laserleistung	4000 W	
Laserspotdurchmesser	Ø 1,2 mm	
Prozessgeschwindigkeit	150 m/min	
Vorschubgeschwindigkeit	0,15 mm/U	
Pulvermassenstrom	ca. 24,9 g/min	ca. 14,4 g/min
Fördergasvolumenstrom	6 l/min	4 l/min
Schutzgasvolumenstrom	17 l/min	

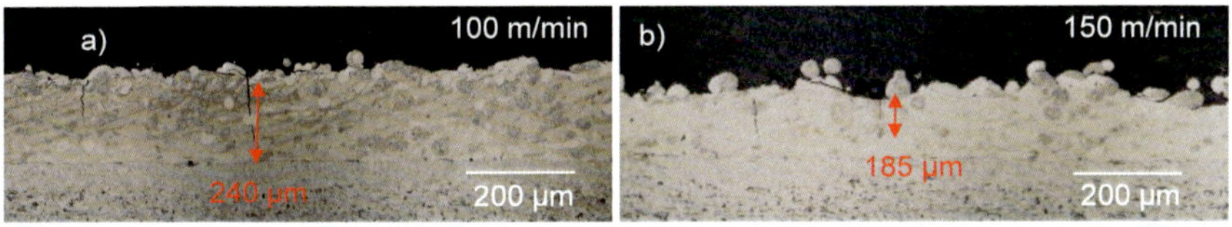

Bild 129: LOM-Aufnahme der geätzten einlagig gradierten Schicht: a) Hergestellt mit Prozessgeschwindigkeit 100 m/min; b) Hergestellt mit Prozessgeschwindigkeit 150 m/min

Tabelle 35: Prozessparameter für die Herstellung der einlagig gradierten Schichten bei für die Prozessgeschwindigkeiten bei 100 m/min und 200 m/min

Parameter	Einlagig gradierte Schicht	
	Alloy 718	F-690-HV2
Laserleistung	3800 W / 4000 W	
Laserspotdurchmesser	Ø 1,2 mm	
Prozessgeschwindigkeit	100 m/min / 150 m/min	
Vorschubgeschwindigkeit	0,12 mm/U	
Pulvermassenstrom	ca. 24,9 g/min	ca. 14,4 g/min
Fördergasvolumenstrom	8 l/min	6 l/min
Schutzgasvolumenstrom	17 l/min	

Tabelle 36: Prozessparameter für die Herstellung der einlagig gradierten Schichten hergestellt mit der Prozessgeschwindigkeit 150 m/min (s. Kap. 7.3 Bild 92)

Parameter	Bild 92 a)		Bild 92 b)	
	Alloy 718	F-690-HV2	Alloy 718	F-690-HV2
Laserleistung	3800 W		4000 W	
Laserspotdurchmesser	Ø 1,2 mm		Ø 1,2 mm	
Prozessgeschwindigkeit	150 m/min		150 m/min	
Vorschubgeschwindigkeit	0,15 mm/U		0,15 mm/U	
Pulvermassenstrom	ca. 24,9 g/min	ca. 17,9 g/min	ca. 24,9 g/min	ca. 17,9 g/min
Fördergasvolumenstrom	8 l/min	6 l/min	8 l/min	6 l/min
Schutzgasvolumenstrom	17 l/min		17 l/min	

Tabelle 37: Prozessparameterübersicht der einlagig gradierten Beschichtung auf einer Bremsscheibe hergestellt mit den Prozessgeschwindigkeiten 200 m/min, 250 m/min und 275 m/min (s. Kap. 7.3 Bild 93)

Parameter	Bild 93 a)		Bild 93 b)		Bild 93 c)	
	Alloy 718	F-690-HV2	Alloy 718	F-690-HV2	Alloy 718	F-690-HV2
Laserleistung	4000 W		4000 W		4000 W	
Prozessgeschwindigkeit	200 m/min		250 m/min		275 m/min	
Vorschubgeschwindigkeit	0,15 mm/U		0,13 mm/U		0,12 mm/U	
Pulvermassenstrom	ca. 24,9 g/min	ca. 17,9 g/min	ca. 24,9 g/min	ca. 17,9 g/min	ca. 24,9 g/min	ca. 17,9 g/min
Fördergasvolumenstrom	8 l/min	6 l/min	8 l/min	6 l/min	8 l/min	6 l/min

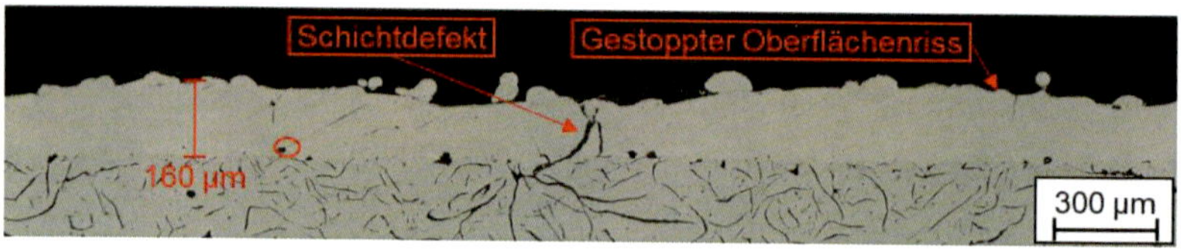

Bild 130: LOM-Aufnahme einer einlagig gradierten Schicht auf einer Bremsscheibe hergestellt mit der TTH bei der Prozessgeschwindigkeit bei 150 m/min

Tabelle 38: Prozessparameter für die Herstellung der einlagig gradierten Schichten hergestellt mit der Prozessgeschwindigkeit 150 m/min

Parameter	Einlagig gradierte Schicht	
	Alloy 718	F-690-HV2
Laserleistung	4000 W	
Laserspotdurchmesser	Ø 1,2 mm	
Prozessgeschwindigkeit	150 m/min	
Vorschubgeschwindigkeit	0,15 mm/U	
Pulvermassenstrom	ca. 24,9 g/min	ca. 14,4 g/min
Fördergasvolumenstrom	6 l/min	4 l/min
Schutzgasvolumenstrom	17 l/min	

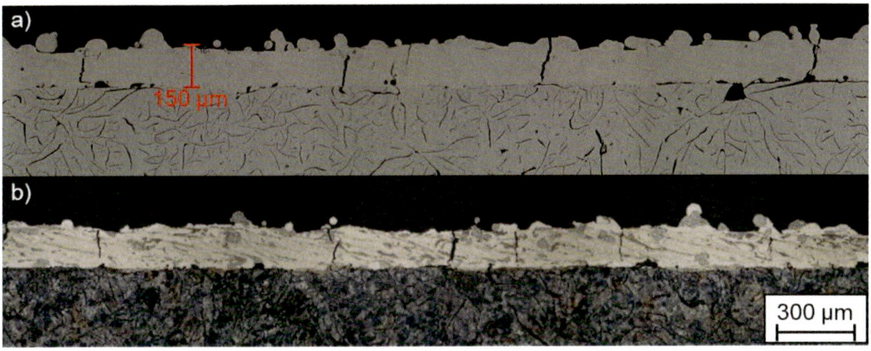

Bild 131: LOM-Aufnahme einer einlagig gradierten Schicht auf einer Bremsscheibe hergestellt mit der TTH bei der Prozessgeschwindigkeit bei 200 m/min; a) ohne Schichtätzung, b) mit Schichtätzung mittels V2A-Beize

Tabelle 39: Prozessparameter für die Herstellung der einlagig gradierten Schichten hergestellt mit der Prozessgeschwindigkeit 200 m/min

Parameter	Einlagig gradierte Schicht	
	Alloy 718	F-690-HV2
Laserleistung	4000 W	
Laserspotdurchmesser	Ø 1,2 mm	
Prozessgeschwindigkeit	200 m/min	
Vorschubgeschwindigkeit	0,165 mm/U	
Pulvermassenstrom	ca. 24,9 g/min	ca. 14,4 g/min
Fördergasvolumenstrom	6 l/min	4 l/min
Schutzgasvolumenstrom	17 l/min	

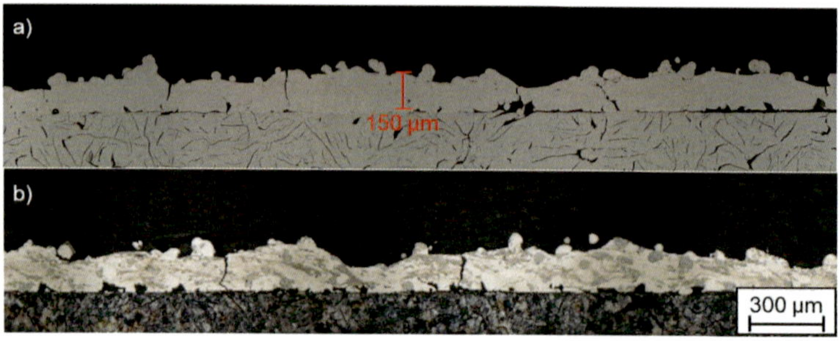

Bild 132: LOM-Aufnahme einer einlagig gradierten Schicht auf einer Bremsscheibe hergestellt mit der TTH bei der Prozessgeschwindigkeit bei 275 m/min; a) LOM-Aufnahme ohne Schichtätzung, b) LOM-Aufnahme mit Schichtätzung mittels V2A-Beize

Tabelle 40: Prozessparameter für die Beschichtung einer Bremsscheibe mit einer einlagig gradierten Schicht bei 275 m/min

Parameter	Einlagig gradierte Schicht	
	Alloy 718	F-690-HV2
Laserleistung	4000 W	
Laserspotdurchmesser	Ø 1,2 mm	
Prozessgeschwindigkeit	275 m/min	
Vorschubgeschwindigkeit	0,12 mm/U	
Pulvermassenstrom	ca. 24,9 g/min	ca. 14,4 g/min
Fördergasvolumenstrom	6 l/min	4 l/min
Schutzgasvolumenstrom	17 l/min	

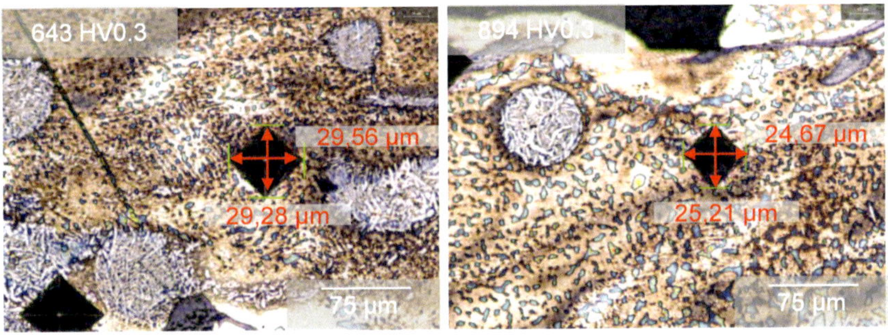

Bild 133: LOM-Aufnahme von zwei Härteeindrücken bei einer einlagig gradierten Schicht Alloy 718/F690, links: Härteeindruck im Bereich der mittleren Schichthöhe, rechts: Härteeindruck im Bereich Schichtoberfläche

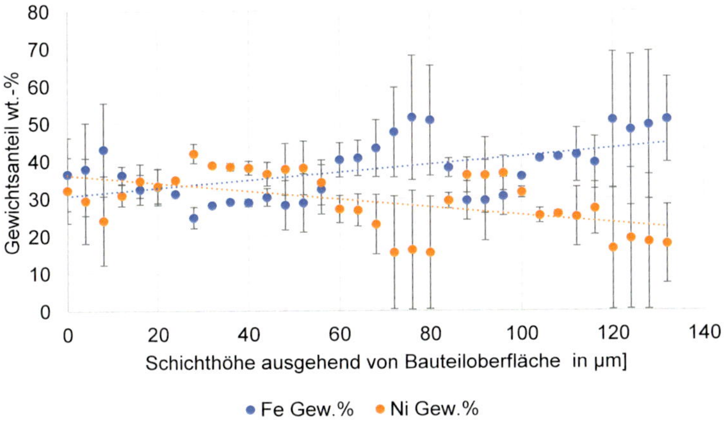

Bild 134: Graphische Darstellung der EDX-Messergebnisse der einlagig gradierten Beschichtung einer Bremsscheibe hergestellt mit der Prozessgeschwindigkeit 200 m/min

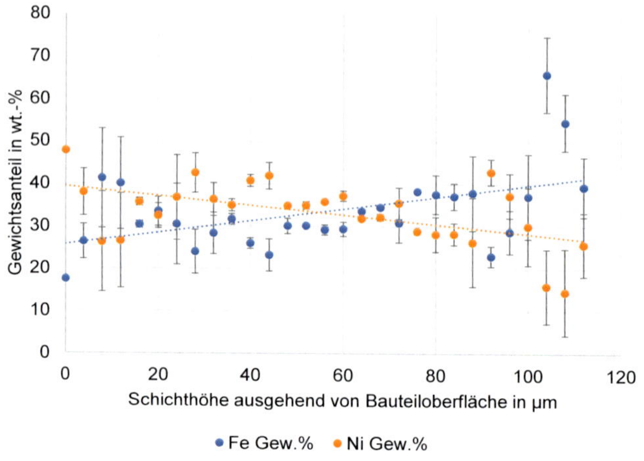

Bild 135: Graphische Darstellung der EDX-Messergebnisse der einlagig gradierten Beschichtung einer Bremsscheibe hergestellt mit der Prozessgeschwindigkeit 225 m/min

FSC
www.fsc.org
MIX
Papier | Fördert gute Waldnutzung
FSC® C083411

Kolibri 360 GmbH
Ferdinand-Jühlke-Straße 7
99095 Erfurt, Deutschland
produktsicherheit@kolibri360.de